新共生思想

新・共生の思想

黑川纪章 ［日］ 著

覃力＼杨熹微＼慕春暖
吕飞＼徐苏宁＼申锦姬——译

覃力——校

中国建筑工业出版社

丛书序

在我社一直从事日文版图书引进出版工作的刘文昕编辑，十余年来与日本出版界和建筑界频繁交往，积累了不少人脉，手头也慢慢攒了些日本多家出版社出版的好书。因此，想确定一个框架，出版一套看起来少点儿陈腐气、多点儿新意的丛书，再三找我商议。感铭于他的执着和尚存的理想，于是答应帮忙，组织了几个爱书的学者、建筑师，借助他们的学识和眼光，一来讨论选书的原则，二来与平面设计师一道，确定适合这套图书的整体设计风格。

这套丛书的作者可谓形形色色，但都是博识渊深、敏瞻睿哲的大家。既有20世纪80年代因《街道的美学》、《外部空间设计》两部名著，为中国建筑界所熟知的芦原义信，又有著名建筑史家铃木博之、建筑批评家布野修司，当然，还有一批早已在建筑世界扬名立万的建筑师：内藤广、原广司、山本理显、安藤忠雄……

这些日文著作的文本内容，大多笔调轻松，文字畅达，普通人读来，也毫无违碍之感，脱去了专业书籍一贯高深莫测的精英色彩。建筑既然与每一个人的日常生活息息相关，那么，用平实的语言，去解读城市、建筑，阐释自己的建筑观，让普通人感受建筑的空间之美、形式之美，进而构筑、设计美的生活，这应该是建筑师、理论家的一种社会责任吧。

回想起来，我们对于日本建筑，其实并不陌生，在20世纪80、90年代，通过杂志、书籍等媒介的译介流布，早已耳熟能详了。不过，那时的我们，似乎又仅限于对作品的关注。可是，如果对作品背后人的了解付之阙如，那样的了解总归失之粗浅。有鉴于此，这套丛书，我们尽可能选入一些有关建筑师成长经历的著作，不仅仅是励志，更在于告诉读者，尤其是青年学生，建筑师这个职业，需要具备怎样的素养，才能最终达成自己的理想。

羊年春节，外出旅游腰缠万贯的中国游客在日本疯狂抢购，竟然导致马桶盖一类的普通商品断了货，着实让日本商家莫名惊诧了一番。这则新闻，转至国内，迅速占据了各大网站的头条，一时成了人们茶余饭后的谈资。虽然中国游客青睐的日本制造，国内市场并不短缺，质量也不见得那么不堪，但是，对于告别了物质匮乏，进入丰饶时代不久的部分国人来说，对好用、好看，即好设计的渴望，已成为选择商品的重要砝码。

这样的现象，值得深思。在日本制造的背后，如果没有一个强大的设计文化和设计思维所引领的制造业系统，很难设想，可以生产出与欧美相比也不遑多让的优秀产品。

建筑亦如是。为何日本现代建筑呈现出独特的性格，为何日本建筑师屡获普利茨克奖？日本建筑师如何思考传统与现代，又如何从日常生活中获得对建筑本质的认知？这套丛书将努力收入解码建筑师设计思维、剖析作品背后文化和美学因素的那些著作，因为，我们觉得，知其然，更当知其所以然！

黄居正

2015年5月

序

作为21世纪新秩序的"共生的思想"

迄今为止，已经对《共生的思想》（1987年初版）进行了几次修改，修改后的新版《共生的思想》，已于1991年出版。同时，伦敦的 Academy Editions 出版社与美国的 The A.I.A Press，也出版了英文版的《共生的思想》及其简装本。

该书在重新出版的时候，"共生"一语已经成为时代的关键词。本来"共生"这个词，是我把佛教的"共存"和生物学的"共栖"重叠组合创造出来的概念，但是，它现在已经不仅仅是一个新概念，而且还成了非常流行的语言。

这种情况不只是日本国内，就是在海外有关"共生思想"的讲演也多了起来，现在《共生的思想》英文版的读者也明显地增多了。

今年1996年，英文版的《共生的思想》已经在我的网页上全文发表，通过互联网每天都有来自各国的超过2000人次的访问，并阅读该书。

利用互联网，还可以收到海外读者对《共生的思想》的最新反映。目前看到的最多的，是对人生观变化的感悟和惊叹。也有异议和批评，其中较多的是："共生的思想"如果是以佛教思想为基础而产生的，那么能否适合其他的宗教文化和生活方式。对生物学中"共栖"（共生）的解释完全不一样的抗议也有。

"共生的思想"是35年前提出的，我认为它可作为适合于各个领域的21世纪的新理论。它主要源自于我在中学时代学习的椎尾先生的"共生佛教"，根源于印度4世纪的唯识思想，所以才会被人误解为是佛教思想的延伸。

其实，"共生的思想"在包含着佛教思想的同时，也是向世界各个领域扩展的新思想，与生物学中的"共栖"（共生）一样，是以佛教思想为根基，但也并不排斥其他宗教。日本文化的形成过程，不就是不断地将外来的东西与日本的生活方式和审美意识加以同化嘛。

我的朋友东大寺的高僧森本公诚，既是佛教高僧，又是研究中世纪伊斯兰制度的第一人，他还撰写过有关中世纪伊斯兰哲学家伊本·哈勒敦的著作。

共生思想与日本的传统文化和传统的审美意识有着深刻的联系，但是，这并不是在强调日本文化的特殊性。希腊、罗马以来的西方文化历史中，也有德谟克利特、卢克莱修（Luretius）的原子倾斜说、莱布尼茨的巴洛克式自然科学观等等，很多与共生思想相近似哲学思想。但是，这些思想在大多数情况下都属于非主流派，只有在巴洛克初期，才存在着类似共生概念的多义性的审美意识。此后，19世纪末至20世纪初，现代主义出现以后，西方便进入了合理主义的二元论、西欧中心主义和理性主义支撑的现代社会。

日本也不例外，明治维新以来便走上了追随西方、模仿西方的现代化道路。在这种现代化的过程中，共生的思想，以及日本文化中的暧昧的多义性思想，都被视作是非现代化的东西而遭到排斥。

这也就意味着，共生思想还有使明治以后被遗忘的日本传统文化再生的意义。同时，它也是克服现在的西方思想、西方欧美社会一边倒的新思想。

在共生思想中，我曾经提到从江户时代吸取营养的理由，那是因为在明治的西方化、现代化之前的江户时代里，有共生意识的遗留。

这本书的内容超越了我的专业范围，在建筑、城市规划、国土规划、社会工学之外，通向更加广阔的领域。读者可能会对此感到惊奇，但是在21世纪，我们已经生活在一个必须要以长远的观点、综合的观点，来展望未来的时代。

"共生"的定义与新的展开——面向21世纪

现在的时代可称为是"价值观改变"的时代，包括整个世界各个领域在内的整体结构性的"雪崩"式的大转变到来了。

在这种情况下，我们就必须超越现代化过程中所形成的、分割式专业领域，只有综合地整体性地把握这些变化，才能去展望未来。

这一时期，即使对各专业领域中的某一特定领域拥有广博的知识，也不能很好地解决问题，而必须综合地掌握各种知识，自由驰骋跨越于各个领域之间，对每一个专业领域内变化微妙的预兆有所感悟，才能够预见未来。

共生思想不只包括艺术、文化、政治、经济、科学和技术等领域，而且，共生概念还涉及人与自然的共生、艺术与科学的共生、理性与感性的共生、传统与尖端技术的共生、地域性与全球性的共生、历史与未来的共生、不同年代的共生、城市与乡村的共生、海洋与森林的共生、抽象与象征的共生、部分与整体的共生、肉体与精神的共生、保守与革新的共生、开发与保护的共生等等，不同层次内容的共生。

当然，对于这些"共生"的定义、概念的限定，也有人给予明确的批评。

然而"共生"这一新的概念和思想仍在创建过程中，现在要把共生的定义、概念在辞典中确定下来，还为时过早。但是，迄今为止，在对共生思想的研究与发展的过程中，我们可以看到共生与调和、共存、妥协等类似词语之间的差别。

共生，是在包括对立与矛盾在内的竞争和紧张的关系中，建立起来的一种赋有创造性的关系。

共生，是在相互对立的同时，又相互给予必要的理解和肯定的关系。

共生，不是片面的不可能，而是可以创造新的可能性的关系。

共生，是相互尊重个性和圣域，并扩展相互的共通领域的关系。

共生，是在给予、被给予这一生命系统中存在着的东西。

那么共存、调和、妥协等概念指的是什么呢？

"美苏共存"所说的"共存",是指相互敌对的双方处在一种想要消灭对方、同时又避免被对方消灭的并存关系。

"色彩美丽协调"中所使用的"协调",是一种没有本质上的对立、而只是对差异要素平衡调整得很好的情况。

"两者妥协"情况下的"妥协",也不是要在对立双方的利害关系中积极地创造出一种新的关系,而只是消极地寻求共通点、彼此让步的关系。

这样说来,"共存"、"协调"、"妥协"与"共生"概念的不同之处,就可以从某种程度上清晰起来。

保持着对立、竞争、争斗关系的双方,在形成共生关系的过程中,大多会在时间上延迟冲突,在空间上设置缓冲地带。

这种延迟和缓冲也就是所谓的中间领域,在共生思想的形成、发展过程中,"中间领域理论"一直起着重要的作用。

修订版的《共生的思想》中,补充了中间领域论和圣域论的内容,还新增了"意义的生成"这一章节。

这次出版的《新共生思想》一书,又对章节的构成重新进行了编排、补充了一些文章。重写了"序言"、增加了"作为21世纪新秩序的共生"、"从机械时代走向生命时代"、"经济的共生"、"共生的条件"、"抽象、象征"、"亚洲的共生"等新的章节。

希望这本《新共生思想》能够被更多的读者阅读,并能够对21世纪新思想的发展起到促进作用。

译者的话

《新共生思想》一书的作者黑川纪章是日本著名的建筑师，他的很多建筑作品如：国立民族学博物馆、广岛市现代美术馆、澳大利亚墨尔本中心、吉隆坡新国际机场、荷兰凡·高美术馆等等，在日本国内和国际上都有一定的声誉。他获得过美国、英国、法国等国家的政府和建筑协会的嘉奖、授勋。他也是获得日本文化艺术界最高荣誉——日本艺术院院士称号的为数不多的建筑师之一。

黑川纪章和与他同时代的日本著名建筑师一样，在从事建筑创作的同时，还出版了大量的建筑理论著作，被公认是长于理论的建筑师，《共生思想》便是他一生中撰写的影响最大的一部建筑理论著作。

《共生思想》一书初版于1987年，是黑川纪章以其"共生哲学"为主线，对他几十年来形成的设计思想进行的总结和阐述。该书出版以后，在建筑界产生了较大的影响，是20世纪的经典建筑名著之一，曾被翻译成多种语言，在世界各地出版发行。

《新共生思想》是《共生思想》一书的修改版，出版于1996年，《新共生思想》在原书的基础上进行了较大的修改，增加了许多新的内容，同时，还提出了"共生思想"是21世纪社会各个领域中的新秩序，这一超越建筑领域的观念。此次的中文版《新共生思想》是根据2005年的第5版进行翻译的。虽然该书从初版至今已经10余年了，但是书中的很多观点，现在看来仍然是非常具有启发性的，许多内容也都有很大的影响力，所以《新共生思想》的翻译出版，不仅可以拓展建筑理论研究的视野，而且仍然有着不可低估的现实意义。

作为作者，黑川纪章先生对《新共生思想》中译本的翻译工作十分关心，曾经多次过问翻译工作的进展情况，只是由于《新共生思想》一书理论性极强，涉及的知识领域也非常广泛，再加之书中大量的外来语及日语古文，所以翻译的难度很大，因而进度比较缓慢。不过，经过大家的不断努力，《新共生思想》的翻译工作，终于在 2008 年底完成了，遗憾的是黑川先生在生前没有能够看到它。但是不管怎样，中文版的《新共生思想》在克服了重重困难之后，最终还是得以在中国出版，这也可以算是对黑川纪章先生最好的纪念吧。

覃力

目录

1

21世纪的世界新秩序——共生的秩序

迈向重视个人、地域性与创造性价值的后工业化社会

我将 21 世纪的世界新秩序称之为"共生的秩序",或是"共生的时代"。

世界一直在不断地发展变化。这些变化由众多的微小变化积累而成,当然,也有突然引起人们注意的较大变化,也有在短期内就消失的、却具有革命性意义的重大变化。而有些时候在某一特定领域内,发生的反复变化的情况也很多。

但是,现在人类正面临着的变化,是包括经济、科学、技术、艺术、文化、政治、思想、哲学,以至生活方式在内的巨大变化,这是一种思维结构(Paradigm Shift)上的重大转变。

这种涉及全世界各个领域的巨大变化,或许数百年才会出现一次,这一巨大的变化目前还处于正在变化的过程之中,其最终形成的世界新秩序,即是我预言的"共生的秩序"或是"共生的时代"。这是我仔细地观察和思考发生在各个领域中的变化之后所得出的结论,我非常自信地把这种世界新秩序,称之为"共生的秩序"或"共生的时代"。

新的共生秩序的时代征兆,可以从各个不同的侧面得到验证。

首先,是工业社会开始向信息社会或"后工业社会"转变。

其内容将在后面的章节里详细讨论,这里只阐述一下这种变化"与共生秩序之间的关系"。

与工业社会大量生产均质性产品,以及被称之为"劳动者"的抽象的人这一均质性社会相反,信息社会是利用信息产生的附加价值,使人的个性、创造性,以及地域文化特征的价值,都能够得到充分展现的社会。

日本的国民生产总值 GDP 中,非制造业已经占到了 70% 以上,这是一个连工业或者说制造业,已经到了不得不重视类似设计这种由信息附加

值带来利益的时代。

所谓重视个性或者创造性的社会，必然是一个多样化的社会。它正在由大企业、大集团、大规模的技术开发项目所主宰的时代，向着中小企业、风险企业，以经营者的个性、才能和创造力为武器，堂堂正正地与大型企业分庭抗礼的时代转变。

当然，这是一个以"个性"和"创造力"竞争的时代，也是多样性的价值观共生的时代。同时，这还是一个"人的个性"的觉醒、不提高自己的创造力，就无法在激烈的竞争中生存的时代。所以，从某种意义上讲，这是一个比工业社会更加严峻的时代。世界也将进入国家无论大小、民族文化的觉醒，和包含着宗教在内的文化对立、摩擦的时代。而另一方面，由于交通与通信技术的发达，世界正在进入无国界的时代，不仅仅是经济，还包括科学、技术、艺术、文化等各个领域，都再也不会维持闭关锁国的状态。

对于整个世界来说，在竞争、对立的同时，也必然伴随着异质文化的共生、对话与合作。

由线性向非线性经济发展的转变

第二，是由罗斯托（W.W.Rostow）的线性经济发展阶段学说，向非线性经济发展的变化。

20世纪60年代，美国经济学家罗斯托的经济发展阶段学说，曾经为世界所推崇。该学说认为：任何一个国家的经济发展，如果从阶段上来划分的话，都要经历起飞期、成熟期，进而走向高度大众化的消费时代，具有顺次阶段性发展的特征。西欧社会不必多说了，美国和日本也显然是按

1.1　NIES是"新兴工业国家和地区"（Newly Industrializing Economies）的简称，当初叫作NICS（Newly Industrializing Countries）。自从1988年高峰会议之后，考虑到台湾、香港是中国的一部分，改为现在的名称。"新兴工业国家和地区"也可以称作"中等发达国家和地区"。主要指的是20世纪70年代"发展中国家"中的那些高速工业化、工业占GNP总额的25%~40%，接近"发达国家"的国家和地区。

照这样的顺序进入工业化社会的，并在经历了高度的大众消费社会以后，再进一步迈向信息化社会。

但是，信息化的进程，无论是发展中国家、还是新兴的中等发达国家，都与经济的发展阶段毫不相干，它波及了世界上的每一个角落。卫星广播电视、卫星通信，已使得无论任何国家都可以接送信息。发达国家也罢，发展中国家也罢，互联网在瞬间可以将世界各地连接起来，共同组成毫无分别的世界性交流平台。我的网页，每天就有超过 1000 人次光顾，他们分别来自发达国家与发展中国家。每个上网的人都可以通过互联网，来观看建筑作品、读书、回答各类民意测验，并且参与讨论。

总之，信息社会的秩序，不是金字塔形或是树形结构的秩序。所以，即使是处于各个经济发展阶段的国家，也都可以充分地运用其资源、产业结构、气候、风土和文化特质，来支撑起世界经济系统中的一片天空，迎接新的经济共生时代的到来。

最近 NIES[1.1] 和发展中国家正在飞速发展，当然，决不能忽视发达国家的经济援助和投资的作用，但是毫无疑问，罗斯托的经济发展阶段学说已经脱色，这是不争的事实。

我在马来西亚，正在参与拥有 5 条跑道的新国际机场和以信息技术为基础的生态媒体城市（ECO MEDIA CITY，共生都市）的设计工作。新国际机场的规模是日本关西国际机场的两倍，也是使用最新科学技术来建造的全世界最大级别的国际机场。生态媒体城市，则是世界上最早使用生态保护技术和多媒体技术相结合的试验性城市。

亚洲地区的集装箱货物运输业正在飞速增长，稳坐集装箱和货物吞吐量头把交椅的是新加坡，紧接着是釜山、高雄和香港。

以新加坡为首的各国，都在积极地制订亚洲信息基础设施的框架战略，亚洲有可能在十年内超过欧洲。

此外，亚洲还拥有众多的经济圈，北方的三角洲、南亚的金三角等，都具有跨越国境充满活力的特征。发达国家、NIES、发展中国家，这些工业社会时代的进阶制度，将会受到以交通和通信为主导的崭新的信息化时代的冲击，新的产业功能分化和经济网络化正在形成。处于这样的时代，美国的霸权主义也好，日本的主导作用也罢，发达国家、西方7国集团、美国的军事力量、核保护伞等等，原有的强权均不能再简单地发挥效用了。在这里，我们已经可以看到亚洲共生时代的新格局。

由权力时代向权威时代的转变

第三，是由权力时代向权威时代的转变。

冷战结束以后，不仅是美苏两个超级大国大规模地进行裁军，而且，原来在美苏两国的核保护伞下的世界各国，也都加速了各自裁军的步伐。从世界舆论对法国核试验的反应情况来看，裁军和无核化势必成为不可阻挡的潮流。

至今为止，世界大国一直依仗着军事实力和经济实力来维护世界秩序，科学技术也充当着军事实力和经济实力的支撑。但是，仅仅凭借这样的实力来维持世界秩序的时代已经结束。

依靠文化、传统作为支撑的权威是不容忽视的，以权威来从事外交、经济活动的新时代即将开始。

从此以后，人们只有通过对思想的阐释，对文化艺术的理解，从战略上描述未来的理想，发挥领导才能，才会获得世界的敬重。

中国作为世界大国之一之所以不容忽视，不仅仅在于其拥有十几亿人口或是一个军事大国，而更在于其拥有数千年沉淀下来的伟大的文化和传统。

对这样的权威需要尊敬。当人们面对能够充分认识中国文化传统的领导人时，自然便会感到权威的力量。

马来西亚的马哈蒂尔首相是非常优秀的领导人。他提倡的 EAEC 设想，经常被人误解为是要与 APEC 相对抗。但是，事实并非如此。APEC 的主导思想包含着美国对该地区安全保障的承诺，以及作为另一支柱的市场自由化的经济战略。与之相对，EAEC 的构想则是试图建立一个以亚洲的传统文化为前提的、较为缓和的经济共同体，与 APEC 绝对不是矛盾与竞争的关系。

亚洲、太平洋文明的时代将以"生命原理"为基础

第四，是由地中海文明时代向太平洋文明时代，特别是亚洲的时代转变。

这种变化与 20 世纪机械原理时代向生命原理时代的转变同步，我在后面的章节里会对此进行详细的解释，这里仅就其要点稍加述及。

20 世纪是蒸汽机车、水力火力发电、原子能、飞机、汽车等一系列肉眼所看得见的技术的时代。而与此相对，21 世纪则是生物工程技术、计算机通信、软件工程、微观机械、环境技术等看不见的或是不容易看得见的技术的时代。

当然，像机械原理那样，运用分析、组织结构对 21 世纪的技术功能组成进行说明，已经变得越来越困难了。换言之，即是仅仅依靠理性和科学的手段出现了困难。这表明，以地中海为中心发展起来的现代主义、合理主义的二元论时代，开始面临着碰壁的危机。例如，被称为 21 世纪尖端技术的环境技术、生物工程技术都是和生命、自然本身息息相关的，仅仅依靠目前的科学分析方法是无法顺利地使其发展的。拥有丰富的自然环境和众多物种的马来西亚的热带雨林及其气候，为亚洲各国开展研究提供了极为有利的条件。而且，亚洲人的生活方式，是一种和自然共生的生活方式，是一种感性与理性兼备的生活方式。

多媒体技术中的文字、图形及其使用影像和动画的 3D 模拟系统，呈现飞速发展的趋势，无论是软件的设计者、还是使用软件进行工作的设计师和艺术家们，如果不依靠其丰富的感性、创造性，就无法不断地推陈出新。这也是预见亚洲时代到来的原因之一。

开始向子整体或网络结构的秩序转变

第五，从拥有中心的放射性结构，或是树形的以干为轴向枝叶伸展的有序化线性秩序，开始向着无中心、多方向的、各部分能够自律的子整体（holos）结构或是网络、矩阵型秩序转变。

也可以讲，这是由放射状结构向环状结构的转变。特别是在国土规划、城市规划以及社会制度的各个层面中，这种向着新秩序转变的情况更为明显。这也可以解释为是部分与整体的共生。

多样性的共生——"非布鲁巴基体系"、"复杂系科学"

第六，学术领域中也正在从布鲁巴基（Bourbaki）体系向非布鲁巴基体系转变。布鲁巴基体系来源于法国数学家安德烈·韦伊（Andre Weil）创建的学术组织的名称，其目的是为了追求"一贯的整体性"，用来指代现代主义的科学、哲学体系，也就是康德（Immanuel Kant，1724~1804 年）、牛顿（Isaac Newton，1642~1727 年）、亚里士多德（Aristotle，384~322BC）、达尔文（Charles Robert Darwin,1809~1881 年）、拉瓦锡（Antoine-Laurent de Lavoisier,1743~1794 年）时代的学术体系。

有关非布鲁巴基体系的详细内容，将在后面的章节中论述。非布鲁巴基体系包括：凯斯特勒（Arthur Koestler）的子整体学说，黎曼的空间几何学（Riemannian Geometry）、普里高津(Ilya Prigogine)的耗散结构论(Dissipative System)、哈肯（Hermann Haken）的协同学（Synergetics）、曼德尔布罗特的（Benoit Mandelbrot）的分形几何学（Fracfale）、埃德加·莫兰（Edgar Morin）的杂音、混沌理论（Chaos）、马古利斯（Lynn Margulis）的连续性共生学说（The Serial Endosymbiotic Theory）、司各特·罗素（John Scott Russell）的孤立子理论（Soliton Theory）、大卫·博姆（David Joseph Bohm）的内藏秩序理论（Implicate Order）、大卫·彼得的共时性（Synchronicity）、生物学家鲁珀特·谢德瑞克（Rupert Sheldrake）的形态场域（Morphic Field）理论等。

非布鲁巴基体系的科学属于复杂系科学。

埼玉大学的西山贤一教授,称这类复杂科学的时代为"免疫网络的时代"。

非布鲁巴基体系在强调非线性（没有建立纵向联系顺序），注重可塑的水平关系，考虑偶然性与即兴性，关注混沌场域中的潜在价值，重视多样性的共生等方面有着共通点。用有些夸张的话来说，最近的十年间，所有的学术最尖端课题几乎都指向了"共生"。

西山先生指出，布鲁巴基体系好像神经系统的信息，都是清晰单纯的，而非布鲁巴基体则是免疫系统的信息，多是模糊黏稠的。免疫系统由多种多样的免疫细胞，通过信息网络来维持相互之间的关系，并最终实现危机管理的体制。

这种体系乍看上去十分散乱，但正是这种模糊体系，才能灵活应变、对付各种突发和偶发事件，才能够对入侵的异物立刻出击，起到保护整个体系的作用。

由农耕地缘社会向游牧迁徙社会转变

第七，是由农耕地缘社会向游牧迁徙社会的转变。

我在 20 世纪 70 年代时曾预言迁徙社会、无疆界社会将要到来。并撰写了《动民》（Homo Movens）这本书。《动民》是我为"流动人类"创造的词汇。20 世纪 80 年代，我又撰写了其续篇《游牧时代》（The Era of Nomad），有意识地埋下了一系列的伏笔。

其主要内容是预言 21 世纪人们的生活方式，将会转变为新型游牧流动生活方式。

同时，还对信息城市（信息时代的城市），将会成为类似游牧时代的绿洲的这一假说，进行了一系列的论证。

与航海时代冒险性的交流、丝绸之路时代世界范围内的贸易活动有所不同，我们现在所经历的流动性社会，是一种借助于喷气式飞机、高速铁路和高速公路，而形成的具有惊人的流动速度的时代。而且这些并不是冒险，只是一种日常生活中经常性的流动。21世纪将出现三个半小时就能够连接纽约和东京的HST（超级超音速）客机，超导新干线将达到时速550公里，仅用50分钟就能够从东京到达大阪。还远远不止这些，世界将以每秒十亿比特数据的大容量信息网络设施相连接，卫星电视、卫星通信，这样的大容量、高速度的数字化无线信息设施将构成全球性网络。

人们只要拥有便携式手提计算机，便可以很方便地在任何地方处理文字和图像信息，甚至，还可以在移动中交换3D模拟数据。

这种计算机交流时代最大的特征在于，无论是发达国家还是发展中国家，都可以随时随地收发信息进行互动式的信息交换（Interactive），而不再依赖从中央发送信息的单行线式的传媒了。

在农耕社会固定居住的区域内，经验丰富的长老们是人们依仗的对象，集团行动本身成了最有效的处理危机的管理方式。只要遵守自上而下的指令、不自行任意采取行动，就可以获得和平相处的环境。

家族、地域社会、城市、国家、相邻国家等地域、空间的人际关系，随着由农耕社会向工业社会的发展，生活行动圈子逐渐扩大，由自然社会（Gemeinschaft）向利益社会（Gesellschaft）发展，从地缘社会向社缘社会（因公司内部人际关系而形成的社会）转变。这种居住在不同的地方，但因互为同学、公司同僚、俱乐部会员、酒友、同好会、宗教宗派等等，而形成的在某个相同的时间共同行动的群体，我在《动民》一书中称之为"时间共同体"。除了人际关系、地域社会等生活行为之外，在企业中也出现了无论大小企业，都进入了跨国公司、全球化产业，或国际网络化企业的时代。

最近，日本住友商事决定，将自己的家电产品、计算机相关产品营业本部，由日本转移到新加坡。现在，几乎所有的日本家电、音像、计算机相

* 《动民》中央公论社出版，1969年

关产品的制造商，均在东南亚各地拥有生产零部件的工厂或是组装工厂，从这些工厂直接向欧美各国出口各自的产品。这样一来仅仅因为经营或贸易而在日本设置母公司就没有必要了。

银行、证券公司、运输公司、建筑公司、大学等等，所有的企业、组织都在急速地向国际化和全球网络化的方向转变，而旅游业的全球化更是显而易见。

迈向任何人都可以成为流动一族的"流动社会"

人们能够自由地移动、交流的新世界，我们称之为"动民社会"或是"流动时代"。

游牧民族由数百人乃至数千人组成一个集体，驱赶着家畜一边移动一边生活。绿洲对于他们而言是交换信息、寻找人才、进行物物交换的宝贵场所。在流动中与其他部族相遇的时候，如何能够从远处就迅速判断出敌我，是游牧民族生存的关键。

至少在千米以外，就要迅速准确地判断出深夜黑暗中迎面而来的人群是敌是友。稍有大意就可能发生冲突，一瞬间人头就会落地。在草原上生存，需要有凭借远方吹来的空气味道与湿度，就能够判断出牧草的位置、降雨的情况，以及绿洲的方向等敏感的探知能力。他们这种在夜间也具有极为准确的判断能力，得益于对自然的感悟和天体星辰的观察。

经常以团队为单位迅速移动的游牧民族，无论男女老少，都肩负着十分重要的责任，积极而灵活地完成自己的使命。在碰上自然、气候变化或与敌人遭遇等经常发生的突发事件中，不可能每次都询问长老们的意见，所以游牧部落与议会式的禀议体系无缘，非常需要具备"即兴的"、"直观的"瞬间反应，以及"互动的"团队协作精神。要经常保持一种理性和感性共生的状态，否则不但自己的生命有危险，甚至还会关系到整个部落集体的命运。

从这层意义上来讲，21世纪的社会秩序，将是人类由"农耕社会"的生活方式，朝着更加贴近"游牧社会"生活方式的转变。

这是符合信息社会非布鲁巴基体系秩序的。

由一、二、三产业整合而成的生态环保技术

第八，21世纪的新秩序，将是第一产业、第二产业和第三产业共生的时代。

世界上通常认为产业的发展，是从由农业、渔业、林业、畜牧业等组成的第一产业；逐渐向以制造业、化学工业等轻工业，以及大众消费产业、计算机、电子等精密工业等组成的第二产业发展；再向第三产业，也就是服务业、信息产业推进。但是，如果从正在到来的信息社会的情况来看，这种观念已经过时了。

21世纪是农业迅速成长的时期。

目前人类必需的食品大致可分为精粮（小麦等）一亿吨、粗粮（饲料）一亿吨（转化为肉、蛋类），鱼贝类一亿吨。

从发展中国家到发达国家，随着生活水平的提高，人们的生活方式从直

接吃米、面，到消费较多的肉禽类食品。因此，作为饲料的谷物的需求量大大增加。直到不久前还是粮食出口国的中国，现在也已经转变为粮食的进口国就是这个缘故。苏联也曾是这样。现在，唯一的粮食出口大国是美国，如果美国的粮食因为气候的原因而减产的话，国际粮食价格就会猛涨。

今后以亚洲为中心的发展中国家的生活水平将会得到显著提高，曾经有人测算，到 2020 年左右，印度尼西亚等国家的经济规模将会超越德国。而且，还可以预测，以中国为首的亚洲国家的人口增加，将会更加刺激以谷物为中心的对于食品的需求。

这些均预示，21 世纪将是农业大幅度增长的时代，同时，也将是渔业和林业（木材产业）需求扩大的时代。为了满足巨大的市场需求，农业、渔业等新型的第一产业，将会频繁使用基因重组等生物工程技术（共生技术），从而获得品种改良、单产量提高等显著效果。特别是在拥有丰富的自然肥沃的土壤与良好气候等优越条件的亚洲，尤其是东南亚各国，对于发达国家的投资家来说将是极有魅力、引人注目的地方。

这不仅仅是生物工程技术等高新技术与农业的结合，以及农产品的加工业和水耕栽培等第一产业与第二产业的共生，我们甚至从中还可以看到以多媒体技术，例如互联网等崭新的流通销售系统为平台的，第一、第二、第三产业共生时代的前兆。

今天人们渴望着能够与自然共生的生活，工作之余向往自然，到海边、山中去休养。同时人们开始在城市中引入自然，营造人造林等。新型的城市与森林、城市与自然共生的时代正在兴起。

林业已经不仅是只生产建筑材料和纸浆原料的产业，还要为城市的林荫大道和公园的景观提供树木，特别是落叶树的需求量正在急速扩大，因此必须培养大面积的人工苗圃。

如同第 10 章所述，世界年捕鱼总量的 50%（5000 万吨），是在仅占全球海洋面积 0.1% 的地方捕捞到的。这些渔场，正是那些落叶树林的土壤中的养分，经过河川被注入大海的地区（在这里植物营养元素会增加）。这一区域，也是涌升流会将深层海水中的养分带到距离海面 30m 以内，阳光可以照射得到的地方。

为了再次开发近海的渔业资源，林业和渔业就必须并肩作战，必须认真关注森林和海洋的共生关系。

同时，为了实现城市和自然的共生，应该在市区和城市周边创造人工森林，例如可供郊游的阔叶、落叶树的人造森林。而对于那些不能进入的由杉树或针叶树组成的森林，或是生产木材的森林，必须将其中一部分变成可供生活的森林。

而且，为了保护林业物种的多样性，也为了树种的改良，更应该关注遗传基因的保存技术和遗传基因的改良技术。这里值得一提的是，世界遗传基因保存中心所属的物种登记中心，应该设立在亚洲，特别应该设在马来西亚等自然、气候条件都非常好的地方。

异质文化共生时代的安全保障

第九，21 世纪需要什么样的安全保障系统，后面将在其他的章节中叙及，这里不加详述。但是至今仍依靠军事实力，特别是像核保护伞那样的安全保障体系，已经几乎失去了效力。

如同维持社会安定需要警察一样，美国作为世界安全保障的支柱之一，在 21 世纪是否还能起到"警察国家"的作用呢？但是，美国和苏联各自以核保护伞和军事实力，作为资本主义与社会主义两大阵营的安全保障的时

代已经结束了。

异质文化共生的时代已经开始。在这种共生的时代中，无论国家大小、无论什么样的国家、经济状况如何，只要拥有包括宗教在内的独特的文化，就能够自立于世。这就是异质文化共生的时代。

在这样的时代里，仅仅依靠美国军事实力提供的安全保障已经不能奏效。虽然经济实力也可以作为获得领导权的衡量标准，但是尽管日本、德国在经济实力上都处于领先地位，然而，由于背负着不光彩的历史，这两个国家都不可能以经济实力取得领导权。现在以亚洲为中心的经济分化正在形成，到2020年左右，日、美、德很可能不再拥有超级经济大国的地位。

异质文化共生时代的安全保障，将把军事上的安全保障、经济上的安全保障（包括粮食）、文化（包括宗教）上的安全保障，以及环境的安全保障等等，一起作为一个整体系统来构筑。人类面临的威胁已经不仅仅局限于军事战争，经济、金融系统的混乱、对环境的破坏、粮食危机、宗教（文化）摩擦等等，都构成威胁人类生存的因素。

有时我会根据场合的不同，举出海湾战争中各国政府支付高达近万亿日元军费的例子。我提倡以一种灵活的、全球性视野考虑经济援助问题。这种发达国家和发展中国家由经济援助而形成的相互关系，从多元化的安全保障的角度来看也是很有必要的（详细后述）。这和我支持的马哈蒂尔首相提出的EAEC构想具有同样的理由。与在太平洋地区以军事大国美国

1.2 NAFTA是"北美自由贸易协定"（North American Free Trade Agreement）的简称。1989年开始的"美国、加拿大自由贸易协定"里加上墨西哥，并于1994年1月1日开始生效。北美三个国家在北美实行无关税销售。

的安全保障为前提的 APEC 相比，NAFTA[1.2] 和 EAEC 更提倡相邻国家之间建立强有力的纽带，包含经济、文化和环境在内的安全保障，更需要以文化交流作为必要条件。APEC 和 EAEC 之间绝对不是矛盾的。

日本应具有这种纵观 21 世纪全局的思想意识。日本不是亚洲的领导者，而是应该为亚洲的共生出力，应该身体力行地成为共生思想的实践者。

生命在保持动态关系的同时创造出信息的发信源

另外一个变化是从机械原理时代向生命原理时代的转变。因为下一章中有详尽的解释，所以这里便不再赘述，只作一些简略的说明。

生命的新定义是："保持动态关系的同时，创造出信息的发信源"。在持续不断的代谢循环的同时，发生变异或是突然变异，这就是充满活力的生命本身的原理吧。

我在 1958 年对 CIAM[1.3] 以机械原理为基础的现代建筑运动提出了异议，并预言 21 世纪将是生命原理的时代。这一预言已经过去了 38 年（此书出版于 1996 年——译者注），现在预言已经成为现实。

以生命原理为基础的世界新秩序，不仅仅意味着苏美冷战时期的社会主义和资本主义二元对立的意识形态体系的终结，也表明为扩大领土、争夺军事实力、经济（技术）实力的霸权时代的终结。仅仅依靠广大的领土、

1.3　CIAM（Congces Internationaun d'Architecture Moderne）　法语"国际现代建筑协会"的缩写。1928年，由吉迪翁（S.Giedion，1888~1968年，德国建筑师）与柯布西耶（参照注释2.1）为发起人组成的学术团体，以反传统主义为宗旨，提倡"功能性城市"和"社会性建筑"。

雄厚的军事实力、核武器和强大的经济实力，已经不能主宰世界了。

　　兼备信息、传统、文化、经济（技术）实力与丰富的自然环境，则成为主宰世界的必备条件之一。特别是信息或传统、文化，即使是发展中国家也拥有自己的文化传统。发展中国家、弱小国家等都有可能突然成为世界新秩序中的重要组成部分。

　　军事实力、经济实力催生权力，而传统和文化则产生权威。发达国家与发展中国家的经济对立，已经不再像以往那么简单了。

　　大国主宰的以军事实力（核）为保障的安全体系，也变得越来越不可靠了。

　　与苏联相比，中国尝试着有自己特色的现代化道路，在保持社会主义体制的同时，引入市场经济的原理（自由竞争的原理），以完全不同于以往二元对立的方式飞速地前进着。

　　可以说，这就是共生原理的实验，中国无疑将成为世界的主导国家之一。

　　在取代大国联盟的地位以后，地域同盟的作用变得越来越重要。以宗教、文化、语言为基础的邻国，譬如 EU、EAEC、NAFTA 等地区性同盟，不只在经济上，在文化上也具有亲缘关系。这正是多样性时代所寻求的文化亲缘关系。这些地域同盟，不同于以往的保护主义、封闭式的地域联盟，而是自立的、和缓的、灵活同盟关系。作为同盟的成员，仍然可以同世界上其他地域同盟的成员建立自由的关系，这是充满活力的关系时代的开端。

　　国家和国家之间好像朋友关系，地域同盟也不只是军事安全保障或经济活动。通过文化交流，相互尊重，形成精神上的纽带，同样也能发挥与军事力量、经济实力相同的作用。

以上我从各个方面预言了21世纪的新秩序。读者们从任一层面、任一切入点中都不难发现，这些观念全都包含在我所提倡的"共生思想"之中。

共生思想源于佛教，同时与日本的文化（特别是到江户时代为止的文化）特质有所重叠。但是，共生思想是以我的视角对佛教和日本文化进行探讨和再发现，绝不只是照搬佛教思想本身，也并非日本文化特质的再发现。

共生思想，是我对21世纪世界新秩序的预见。

2

从机械时代迈向生命时代——「生命原理」、「代谢」、「循环」、「共生」

2.1 勒·柯布西耶（1887~1965年）　出生在瑞士、活跃在法国的建筑师，同时也是著名画家、作家。创作活动涵盖了从住宅到城市规划的广泛领域，确立了底层架空、屋顶花园、自由平面、自由立面、横向长窗现代建筑的五项原则，主导了现代建筑运动和现代建筑理论。

"机械时代"的20世纪

21世纪将会成为"生命原理"的时代，"共生"则是生命原理中最重要的原理。

1959年我作为建筑师开始设计创意活动，至今已经37年了（本书初版的1996年——译注）。在这37年中，我一直对"机械时代"提出质疑，并预言"生命时代"建筑的到来。

现代建筑的理想社会是工业社会。蒸汽机、火车、汽车、飞机的出现，把人类从劳动中解放出来，通往未知世界的旅程变得简易可行。普通大众也能够买得起的"T型福特汽车"，结束了只有有钱人才能拥有汽车的特权时代。支撑工业社会的中坚，正是那些受到"机械时代"恩惠的中产阶级。

勒·柯布西耶[2.1]宣称"住宅是居住的机器"，爱森斯坦（Sergei Eisernstein）[2.2]说"电影是机器"，未来派的马里内蒂（Filippo Tommaso Marinetti）[2.3]则宣布"诗是机器"。勒·柯布西耶喜欢把最新式的汽车放在自己作品的前面；未来派的圣伊利亚（Antonio Sant' Elia）的未来城市，也着力于表现机械的活力。其实，不只是艺术家和建筑师，就连普通大众也都认同，机器是开拓未来、带来希望的救世主。

机械时代是重视"型号"、"规范"、"理想"的时代。就像T型福特汽车[2.4]

2.2 谢尔盖·爱森斯坦（Sergei Eisernstein, 1898~1948年） 苏联电影导演、电影理论
　　家、"蒙太奇"理论的奠基人。1925年完成代表作《战舰波将金号》（Bronenosets
　　Potyomkin），该作品中，乘坐着小宝宝的婴儿车跑落敖德萨台阶的镜头，是电影史上
　　最著名的场景。
2.3 菲利波·托马索·马里内蒂（Filippo Tommaso Marinetti） 意大利诗人。1909年发
　　表《未来主义者宣言》，指引未来主义运动。

　　的成功所代表的那样，标准车型批量生产给大众带来"均质"、"平等"
的幸福感，人们深信机械本身就是美好未来的承诺。这样，中产阶级自
身成了机械化批量生产的市场。建筑师所依赖的业主，也有一部分很自
然地由大资本家和王室，逐渐地转变为富裕的中产阶级。

　　现代建筑提倡的"国际风格"（International Style）也体现了"机械时
代"的型号和规范。根据均质的工业产品化的原则，创造出来的"国际
风格"的现代建筑，受到了其生产者资本家和使用者中产阶级双方的欢迎。

　　机械时代的"型号"、"规范"、"理想"，实际上是由"普遍性"这一欧洲
精神所支撑的。从希腊、罗马时代开始直至现代，"规范"、"理想"以及"普
遍性"一直是欧洲哲学中的基本概念。而天主教的原意就意味着"普遍性"。

机械时代的"进步"是意味着接近欧洲

　　机械时代，是"欧洲精神"的时代、是"普遍性"的时代。因此，20世
纪的机械时代也可以称作是"欧洲中心主义"（Euro centrism），或是"理性
中心主义"（Logos centrism）的时代。"理性中心主义"认为，如果世界上
的真理是唯一的话，那么依靠人类理智的力量，必定能够探究并证明出来。
"理性中心主义"把依靠理性而达成的科学、技术放在首位，把艺术、宗教、
文化等等和感性相关的领域放在其次。

2.4 "我也可以买得起的T型福特"。自动化大量生产的第1辆汽车。

2.5 村野藤吾（1891~1984年） 佐贺出生的建筑师。主要作品有大阪十合百货公司、东京崇光百货、读卖会馆、日本生命日比谷大楼等。

科学技术的飞跃发展、经济的发展、产业的发展，都可以说是重视"理性"的成果。在重视理性的20世纪的机械时代里，产生了"理性中心主义"、产生了"资本主义"与"社会主义"这两大意识形态。毫无疑问，20世纪是资本主义与社会主义的争斗时代，是以欧洲文化、欧洲精神称霸世界为目标的时代。

如果世上的真理真是唯一的话，那么，用这一真理在世界上普及就是正义、就会成为人类共同追求的目标。资本主义与社会主义的对立，接近西方文化就是进步的思维方式，也都想当然地被认为是正确的。日本从江户时代开始、经过明治维新进入现代化、国际化的改革目标，就是模仿、吸收西方文化，并尽快地接近欧洲。所谓的"进步"，就是衡量其在多大程度上接近欧洲、再无其他指标可言。

前人曾经认真地议论过日本的现代建筑，究竟应该采用哪一种欧洲西洋建筑样式，认为公共建筑应该全部建成西洋风格的建筑。现在保存下来的东京车站、日本银行、旧最高法院、横滨正金银行等等西洋风格的建筑，全都是在当时的"现代化政策"下建成的。洋食（西餐）、洋服（西服）等词汇，也使用了表示西洋的"洋"字。教育制度、经营体制、政治制度，以及宪法和法律等等，几乎所有的领域都把西方的制度作为在现代化进程中的范本。

第二次世界大战后（以下简称"二战"）的日本，也深深地残留着这种

2.6 白井晟一（1905~1983年） 京都出生的建筑师。主要作品有松井町市政厅、浅草善照寺本堂、亲和银行总部等。除了建筑设计以外，作为书法家、装帧家也很知名。

2.7 前川国男（1905~1986年） 新潟出生的建筑师。主要作品有日本相互银行总部、京都会馆、东京文化会馆、东京海上火灾保险公司大楼等。

2.8 丹下健三（1913~2005年） 大阪出生的建筑师。主要作品有东京都政府办公大楼、东京代代木体育馆、东京总教堂等。著作有《人与建筑》、《建筑与城市》等。

对西方的崇拜和骨子里的西方情结，对于村野藤吾 2.5、白井晟一 2.6、前川国男 2.7、丹下健三 2.8 那代人来说，西方建筑是接近绝对"神圣"的存在。村野藤吾在拿到新的项目之后，必定先到欧洲去旅行，将著名建筑的细部草图画好后再开始设计。这种倾向也存在于矶崎新和更年轻一代的建筑师当中。对西方建筑博学多识者受到尊敬，而阐述日本传统则会让人忌讳，这种不可理喻的现实，直至今天依然存在。这只能以在绝对的西方崇拜中形成的西方情结来加以解释，此外则无话可说。

支撑 20 世纪 60 年代日本经济高速增长的经济理论之一，是美国经济学家罗斯托的"经济发展阶段学说"。该学说认为，发展中国家需要经过"成熟期"、"起飞期"之后，向"大众高度消费期"迈进。这与达尔文主义有着同样的进化史观。

在重视经济的机械时代里，所有发展中国家固有的文化，均被认为是属于发展过程中的东西，是"非现代化"的障碍物。争当前卫的日本建筑师，或是那些非西欧国家的建筑师们，都同本国的历史传统拉开距离，或是对历史传统持否定的态度，这也是"欧洲中心主义"情结所致。

渗透到建筑中的机械时代

20 世纪机械时代的建筑，是基于 20 世纪进步史观的建筑时代，机械时

2.9 汉斯·霍莱因（Hans Hollein，1934~） 奥地利建筑师。主要作品有门兴格拉德巴赫市立美术馆等。

2.10 矶崎新（1931~） 日本大分县出生的建筑师。主要作品有大分县立大分图书馆、群马县立美术馆、北九州市立图书馆·博物馆等。

2.11 诺姆·乔姆斯基（Noam Chomsky 1928~） 美国的语言学者。提倡"生成语法"、"数理语言"等。著作有《语法的结构》、《各种语法理论》等。

代的建筑是"人文主义"的建筑。重视理智存在的"理性中心主义"认为，只有人是具有理性的，人是仅次于神的最高级生物，其他动物、植物等生命的存在不被重视。甚至，曾经认为人的生命比地球还要重要，世界是以人为中心运转着的。这种"人类中心主义"、"理性中心主义"还认为，人所创造的城市和建筑是永恒的，为了人类社会经济、技术的发展，海洋、河流与空气的被污染，森林采伐，以及野生动物灭绝等等，都是迫不得已而又不可避免的。

主张"建筑是因为建筑本身而存在"的汉斯·霍莱因（Hans Hollein）[2.9]和矶崎新[2.10]的"建筑至上主义"，也与这种"理性中心主义"一脉相承。矶崎新主张的"大写的建筑"（Architecture with capital A）、形式主义建筑，以及诺姆·乔姆斯基（Noam Chomsky）[2.11]的深层结构、普遍文法的评价中，都带有理性中心主义和机械时代的普遍倾向。

"人文主义"把"人"从中世纪的"神的时代"中解放出来，其作用不容置疑。但是到了机械时代，"人类"产生了驱使机械可统治全宇宙，可以和统治着世界的"神"平起平坐的错觉。现在"人文主义"已经等同于"人类至上主义"、"理性中心主义"。然而，机械时代的"人类中心主义"，在重视生态学、地球环境的生命时代到来时必将成为过去。

从美学的角度来看，机械时代的审美意识具有简洁、单纯、正确、纯粹、目的明确、抽象和明晰的特点。勒·柯布西耶的机械时代的建筑如同他的

2.12 表层（机械印象）的独立而获新意的香港汇丰银行。

绘画一样纯粹，必须像帕提农神庙一样规范，也必须像地中海强烈太阳照射下的光与影一样的清晰。可称得上是欧洲精神的坚实而永恒的纪念碑。

更加详细的内容我将在第 7 章里另行介绍。布鲁诺·陶特（Bruno Taut）和格罗皮乌斯（Walter Gropius）来日本之后，曾高度赞扬了伊势神宫和桂离宫所展现出来的现代建筑意识。但是，这只是他们对那里所表现出来的直线的单纯性、效率性或经济性，以及无色彩的简朴、装饰极少的抽象性的评价（当然，他们只是根据自己的需要，列举出与他们的建筑理论相吻合的部分而已）。

作为现代建筑的一个极端表现形式，高技派建筑（高技术就是机械本身的逻辑形态的引用）、俄罗斯构成主义建筑、理查德·罗杰斯和伦佐·皮亚诺的蓬皮杜文化中心，还有诺曼·福斯特的香港汇丰银行，乍一看好像是机械时代建筑的代表，其实不然。与 20 世纪机械时代建筑的功能单纯性、经济效率性、理性中心主义的欧洲精神的表现相比较，上述建筑并非是由结构的合理性、效率或者经济性来决定其形态的。在这里，表层（机械的印象）获得了自立，具有崭新意义。这也可以说，正是这个具有"装饰性"的机械表层 2.12，成为从机械时代迈向下一个时代的过渡性的实验品。

2.13 《淮南子》汉高祖之孙淮南王刘安编写的书。该书原名《鸿烈》，现存21篇。其父第一代淮南王及刘安都被称为淮南子，著作与人物同名。

机械时代审美意识的"抽象性"及其思考

之前我提到过，20世纪机械时代的审美意识具有抽象性。现代建筑、现代绘画、现代雕塑、现代文学和现代哲学，共同具有的性格之一就是"抽象性"。

勒·柯布西耶在关于纯粹主义艺术的谈话中说过，世界是由圆锥、圆柱和立方体等"抽象形态"所组成的。他认为，现代建筑所偏爱的"单纯性"审美意识正是接近"抽象性"的手段。依靠单纯性而提高批量生产效率的工业化目标和现代建筑的单纯性与明晰性，都是与生命的多样性相反的"理性主义"的胜利。现代建筑有意识地排除历史象征、装饰、场所的固有性和地域文化的行为，正是抽象性这一"机械时代精神"的产物。

但是，几何形态并不是现代建筑固有的东西。埃及的金字塔、中国西汉《淮南子》[2.13]中的"天圆地方"说、中国、日本的古墓形式，以及巴比伦塔的圆锥形等等古代的几何形态，就早已被用来表现宇宙的绝对性和神秘性。

法国的克劳德－尼古拉·勒杜（Claude-Nicolas Ledoux）是一位经常使用几何形态的建筑师。我认为，与其说他使用圆或者球体等几何形表现抽象性，不如说他是表现象征性、神秘性更为恰当。抽象性很明显的是现代建筑、现代精神的产物，但是圆锥、圆球、正方形等并非现代建筑特有的东西。关于这一点，我将在后面的"生命时代的建筑"中展开进行论述。

何谓机械时代的"欧洲精神"？

下面我想就"机械时代是'欧洲精神'的时代"展开讨论。

胡塞尔（Edmund Husserl）在《欧洲诸学派的危机和超越论的现象学》中讲到：所谓20世纪的机械时代，是客观主义的合理主义时代。也就是说，现代合理主义时代的自然科学、几何学、物理学、心理学的本质，是以真实而唯一的客观存在为前提，将世界客体化，将世界转换成为可以进行量化测定，可以进行还原（分解）的。并由唯一的规则，将整个世界均质化、等质化，进而对世间万物进行说明。这种做法与机械可以被还原成零部件，通过规范化而形成标准，并经由批量生产，并普及到全世界的过程十分相似！

如前所述，欧洲的精神支柱基督教、天主教的"普遍性"，从某种意义上来说，也是先确定一个理想存在，即"神是唯一的存在"。作为这种哲学基础的二元论，是使还原主义的分析方法成为可能的"机械原理"。部分与整体、肉体与精神、科学与艺术、善与恶、生与死、人类与自然、理性与感性等等，整个世界都可以用二项对立来把握。"民主主义原理"的多数表决制，也是通过"是"与"否"的二元选择来决定的。二元论的巅峰则是计算机技术。

以超人的高速反复在1和0二元之间进行选择、推进的原理，可以说正是二元论确立的成果。这样的二元论世界在现实中是无论如何也不会存在的。暧昧领域、多义性的中间领域都被排除了，对立中存在的共生、混合状态也被作为混乱或者不合理的东西而被处理掉。

如上所述，20世纪机械时代的建筑与艺术的表现手法，是根据分析

（analysis）、结构化（structuring）、组织化（organization），并经过普遍性的综合（synthesis）而产生的。这种方式与机械是由零部件构成而发挥性能的过程酷似。机械中是不允许暧昧性、异质物质，以及偶发性、多义性存在的。

隐喻不能具有文学性或诗意，必须是外显（denotation）的。引用（introduction）、衔接（connection）、明确化（clarification），调整（coordination）受到重视。

在已经建成的现代建筑作品中，均表现出一种明确性，也就是说，能够令人展开线性联想的做法已经成为规范。学校就要像学校，医院就要像医院，办公大楼就要像办公大楼，自然住宅也要像住宅。

但是，学校就要像学校，这种客体化了的规范真的存在吗？养老院、精神病医院、急救医院，或者只以健康检查为目的的医院（诊疗所）等等，这些医院之间的差异，有时可能比医院与学校之间的差异还要大。就像在现实世界中，没有文字中"人类"这一抽象的存在一样，在男人、女人、大人、孩子、A先生、B先生等等固有存在以外，并不存在着所谓的规范化了的"人类"。

机械时代、现代主义的20世纪，在暴露出种种矛盾的同时走向终结。机械时代终结的同时，"欧洲中心主义"（Euro centrism）、"理性中心主义"（Logos centrism）、工业社会也同时走向了终结，世界开始新的变动。

在21世纪，所有这些都将因为世界性的革命而揭开新的一幕。机械时代、欧洲精神时代的全部哲学及其经济技术的繁荣，都将被彻底否定吗？一个全新的时代就要开始了吗？

我并不这样认为。我想新世纪，应该是在背负着20世纪机械时代的矛盾的重任的同时，与新技术共生、共进。

2.14 给达尔文进化论画上根本性问号的DNA螺旋结构。

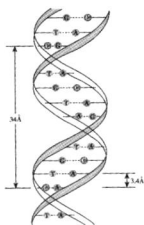

生命时代的建筑

相对"机械时代"，我将21世纪的新时代称为"生命时代"。前面说过，从1959年开始到现在的37年里，我一直以对"机械时代"提出质疑，预言"生命时代"建筑的到来为己任。

1959年我参与发起了"新陈代谢"运动。"新陈代谢"（metabolism）这一关键词，是我从metamorphosis（突然变异）、symbiosis（共生）这二个词中提炼出来的。是一个可以表述生命原理的词汇。

机械本身不能生长、变化和新陈代谢，这是宣称生命时代到来的绝好的关键理念。生命所拥有的惊人的"多样性"与机械时代的"均质"、"普遍性"相比较，其差异和对比极为鲜明。

由细胞的组合、DNA螺旋结构[2.14]所传递的遗传信息，使得生命个体呈现出各种差异。根据达尔文的进化论，人类是进化的顶点，由人类理性创造出来的技术文明、经济繁荣，将导致自然淘汰其他生命物种。现在我们不得不质疑这一理论，不得不提出强烈的异议。

所谓的不发达国家、发展中国家、中等发达国家、发达国家和先进国家这一进步阶段学说，也与达尔文的进化论（进步概念）有着共通之处。20世纪60年代美国经济学者罗斯托提出的经济发展阶段理论，即如我在前面所讲的，是由机械时代的进步概念支撑的理论。机械时代极具"普遍性"

的主角——经济和技术，现在也被迫进行反省和变革。

所谓生命时代，就是正视生命物种的多样性所具备的高质量丰富价值的时代。关注地球环境、重视生态学（Ecology），正是为了保持生命物种的多样性。

生命就是创造意义。生命的个体和物种所拥有的多样性，与地球上存在着的民族、语言、传统、文化、艺术的多样性紧密相连。机械时代的"普遍性"，将被异质文化共生的时代所替代。

经济、技术也存在着向多样性转化、应对的问题。多种文化、异质文化的共生，将与经济、技术的发展占有同等地位。发达国家向发展中国家提供经济援助的同时、进行文化霸权入侵的时代将成为过去，不久的将来，我们将会迎来一个不考虑发达国家或是发展中国家的、而是为了多样化和艺术创造的真正的经济援助的新时代。

"技术转移"也是发达国家的一种霸权思维方式，是机械时代"普遍主义"的延伸。在生命时代，将探求发达国家的技术如何去适应不同地域的历史性传统技术，并与之共生。将来，原子能发电、核聚变未必就是适合全世界的普遍技术，而我们更应该针对不同地域和文化去进行适当的技术变形，以适应不同的需要。

传统技术、文化共生技术的变形是必要的，文化与技术的共生也是必要的。这种具有多样性和可适应性的经济、技术，将是生命时代经济技术的发展方向。

我所提倡的共生建筑（intercultural architecture），就是这样一种生命时代的建筑，它是能够和异质文化要素共生的建筑，是通过传统与尖端技术的共生而创造出来的建筑，是与自然环境共生的建筑。

从功能的表现向意义的表现转变

如果说机械时代的建筑是功能表现的话，那么生命时代的建筑将是意义的表现。生命的多样性即是遗传基因的多样性，差异证明着生命的存在，而且，这种差异还创造了意义。人类生命体的功能虽然存在着性能上的差异，但人体机能是共通的。

不过，人体的外表、也就是姿容，表现出独立于人体机能的多样性，如爱、信赖、友情、尊严、喜恶等人类所拥有的感情，以及肤色、头发、身高等。而生命时代的建筑，就是这种表层自立和意义创生的建筑。

机械时代以工业社会为背景而成立，生命时代则是以信息社会为背景而存在的。在日本，GNP（Gross National Product，国民生产总值）中非制造业所占的比重已经超过了70%。金融、媒体、出版、软件、研究、教育、设计、艺术、服务、流通等非制造业，不是以生产产品为目的的产业，而是创造附加价值的产业。

信息社会和信息产业以差异、意义的创生而成立。人们乐于购买流行服装是因为具有设计这一附加价值。据说在已经生产出来的钢琴里，有相当比例的钢琴从来就没有被使用过，而仅仅是起居室里面的陈设。在这种情况下，钢琴与其说是作为演奏的乐器，还不如说是"喜好音乐"或者是富裕的象征一种表现。

这种现象在工业社会中是被否定的，但是，在信息社会里作为意义的创生，具有充分存在的价值。这正是让·波德里亚（Jean Baudrcllard）所谓的"拟仿物"（Simulacra）（参照第 12 章）。

后现代建筑敏感地察觉到了这种从工业社会向信息社会的转变。后现代在物理学、化学、数学和哲学等领域受到了重视。但是，非常遗憾的是，

2.15 吉田五十八（1894~1974年） 东京出生的建筑师。主要作品有日本艺术院会馆、五岛美术馆、大和文华馆、梅原龙三郎宅邸等。

后现代建筑却仅仅停留在历史样式这一极为狭窄的风格问题上。如果后现代建筑不能表现时代的巨大转变，而仅仅是回归历史主义的话，那么后现代建筑就没有希望。

因这种狭义的后现代建筑的败北，而回归机械时代现代建筑老路的倾向，也同样没有希望。就像遗传产生生命的多样性一样，建筑的多样性也是来自对历史传统的继承。继承历史传统有多种不同层次的手法，在使用历史形态的同时，引进新技术、新素材，一点点地逐步进行改革，这是日本的数寄屋使用的手法。千利休、织部、小崛远州（以上请参照第7章）以及现代的吉田五十八 [2.15] 和村野藤吾的数寄屋建筑均属于这个范畴。

我所提倡的"花数寄"式的数寄屋建筑，也是历史与现代共生的例子。欧洲的帕拉第奥建筑，也是与日本的数寄屋相同的继承传统的实例。

第二种手法，是将历史传统形态分解后，在现代建筑中自由装配、再编重组的手法。这种情况下，历史传统形态将在一定程度上失去原有的意义，但是在再创造的过程中又能获得许多新的意义。这种手法与历史主义建筑有着根本性的差异。

还有一种手法，是将历史象征、历史形态中所存在着的看不见的思想、审美意识、生活方式、历史记忆、心像风景等，作为现代建筑表现的手段。这种手法是对看得见的历史象征或是历史形态加以智慧的操作，使用抽象、讽刺、打趣、倾斜、偏离、诡辩、隐喻等方法去表达。当然，要在现代

2.16 罗伯特·文丘里（1925~）和迈克尔·格雷夫斯一起，成为美国的后现代主义建筑师的代表。著作有《建筑的复杂性和矛盾性》，开辟了反现代建筑的运动。

2.17 迈克尔·格雷夫斯（1934~）和罗伯特·文丘里一起，成为美国的后现代主义建筑师的代表，普林斯顿大学教授。因为设计欧洲古典建筑风格的舞台布景样式的建筑，也被称为是建筑历史主义者。主要作品有法格·穆尔海得文化中心、波特兰大厦等。

建筑中引入这种看不到的历史记忆，需要广博的知识与诙谐的精神。

对于不同条件不同建筑，会采用不同的手法对历史传统加以继承。但是，从机械时代迈向生命时代的关键，却在于要从"西欧中心主义"和"理性中心主义"，转向"异质文化的共生"和"生态学"的视点看问题。

后现代主义的旗手罗伯特·文丘里[2.16]、迈克尔·格雷夫斯[2.17]和矶崎新，他们的共同点在于，他们不仅仅过于倾向历史主义，更存在于"西欧中心主义"的延长线上。同时，他们还不能摆脱美国和日本所共同拥有的"欧洲情结"的微妙影响。

从"理性中心主义"衍生的"人类中心主义"，带着人类自我中心的有色眼镜去看待其他生命，轻视其他生命，这种偏见在生命时代将成为过去。人类只是地球上多种生命物种中的一部分，依赖其他生命的存在而生存，这里面包含有生命时代与生态学的观点。

生命时代的建筑，对于地域文脉、城市文脉与自然和环境来说，将是一种开放性的结构，向着自然与人类的共生、环境与建筑的共生发展。

生命时代将从二元对立转向共生

生命时代否定单一理想化、模式化，否定还原主义或分析主义的根本点——二元论与二元对立。生命时代将从二元论转向共生思想。

共生思想与协调、妥协、共存、混合、折中有着根本性差异。共生是承认不同的文化、对立的双方、异质要素之间存在着"圣域"，并对此表示尊敬。正因为对方的个性或地域性传统文化中的"圣域"可能是个未知领域，也可能对另一方而言含有不合理的要素，所以，才更有必要对这种"圣域"表示敬意。

如果双方的"圣域"范围过大，共生将不太可能。为了寻求共生，需要长期的对话和互相交流，需要努力发现互补要素。仅从民族的相对个性来考虑"圣域"的排他性的民族主义和封闭的地域保护主义，都不符合共生思想。

共生成立的第二个条件是"中间领域"。"中间领域"使二元论、对立双方之间的共同规则、共同理解成为可能。我也称之为"假设性了解领域"。"中间领域"并不是从一开始就固定存在的，它是一种假设的、流动性的领域。正是"中间领域"的存在，才使得双方在紧张的对立中的共生成为可能。

随着对立双方之间的互相渗透、互相理解，"中间领域"的范围也会不断变动。这说明"中间领域"本身就是具有多义性、双重性的暧昧领域。生命时代的建筑也正是因为拥有"中间领域"，而展现出多义性、歧义性等生命原理的特点。

没有清晰明快的界线、内部与外部互相渗透的性格，是日本的艺术、文化、建筑中最有个性的特征。我在 37 年间写了很多关于"间"、"缘 ＝侧"、世阿弥能学书中的"不为间暇"（表演和表演之间的沉默）、"道空间"、"利休灰"、"透过性 ＝ 透明性"、"格子"、"花数寄"等等，有关日本文化传统的论文和著作，就是为了阐述"中间领域"这个概念。

可以说"共生"中蕴含着作为日本文化根基的佛教思想，这说明生命时代的建筑和日本文化有着很强的关联性。所以，我的建筑一直把"生命原理"

和"日本文化"同时作为追求的目标。

"中间领域"有时候还能够起到诱发突然变异的触媒作用。"突然变异"是生命所特有的现象之一。没有什么能够像从毛毛幼虫变成蝴蝶（变身）、从蛋到鸟、从卵变成鱼那样，能够形象地展现生命原理的例子了。

从建筑的角度来看，入口大厅、超大尺度的空间等非日常性的空间，经常会给人们带来视觉冲击或感动。这是因为那种非日常性的跳跃、突然变异的戏剧性，给人以不能仅仅用功能来解释的东西。道路空间、广场、公园、水景、街道景观、城墙、城门、河流、作为地标的高塔、高速公路等基础设施，构成了城市中的"中间领域"，起到使单体建筑跃向城市、发生突然变异的触媒作用。

大家现在也许能够理解，我作为建筑师从 1959 年到现在（1996 年）的 37 年里，为什么选择了"新陈代谢"、"突然变异·变身"（metamorphosis）、"共生"等和"生命原理"相关的概念和关键词的理由了吧。

当然，这些使生命时代的建筑成立的哲学，在西方社会的历史中也不是没有。但是，在压倒性的二元论哲学、客观主义的合理主义之前，他们一直是少数派。

与柏拉图、亚里士多德的主流派持有不同理念，倡导原子论自然主义、主张世界秩序将崩坏论的德谟克利特、卢克莱修、伊壁鸠鲁（Epicurus），认为自然本身拥有制造自身力量的巴洛克自然科学家莱布尼茨和斯宾诺莎、维特根斯坦（Wittgenstein），针对西欧中心主义"看的文化"而提倡"听的文化"的存在论者海德格尔，在本体论中提出两义性的梅洛－庞蒂（Merleau-Ponty），结构主义者列维－斯特劳斯（Claude Levi-Strauss）的文化相对论，黎曼的几何学，创立差异哲学的德勒兹（Gilles Deleuze）和瓜塔里（Felix Guattari），提出表层自立、拟仿物和经济之死的让·波德里亚,宣称解体再筑"西欧中心主义"、"理性中心主义"的德里达,说明了"复数的我"之"多元逻辑"(polylogue)的克里斯蒂娃(Julia Kristeva),以非线性分析阐明了一直被认为是无秩序中有秩序的非线性数学家大卫·博姆(David Joseph Bohm)的内藏秩序理论(Implicated Order),曼德尔布罗特(B.B.Mandelbrot)的分形几何学,论及"部分和全体的共生"的子整体结构的提倡者凯斯特勒,普里高津的耗散结构论,哈肯的协同学,与整体化理性相对的阿多诺的非同一性思想,宣告现代理性的解体和脱中心化的米歇尔·福柯,以符号论著名、写有《福柯摆》与《玫瑰之名》的翁贝托·艾科(Umberto Eco),还有安东·韦伯恩(Anton Webern)的序列音乐(serial music), 卡尔海因茨·施托克豪森(Karlheinz Stockhausen)的[第11号钢琴曲],前不久来日本的皮埃尔·布列兹(Pierre Boulez)的[第3号钢琴奏鸣曲]等等,都是针对机械时代的布鲁巴基体系,在哲学、科学、文学、音乐领域提出质疑(Problematik),与我提倡了近40年的共生思想互动着。

不仅是科学、哲学,技术领域也迎来了生命时代的转折期。相对于机械时代、现代建筑的时代是蒸汽机、汽车等"看得见"的技术,而生命时代的技术,将会转向信息、生物工程、遗传基因等"看不见"的技术。

相对于隐喻机械的机械时代的"高技派建筑",我们面临着如何表现那些看不见的技术的"生命时代的高技派建筑"的困难。表层自立的手法可以成为新的象征主义建筑的可能性。生命时代的建筑技术的表现,在表层自立的同时,应进一步以抽象或象征的手法表现生命时代不为肉眼所见的技术与精神。

今后我的建筑创作活动,也将会以"新陈代谢"、"突然变异·变身"和"共生"这三个关键概念为中心,继续探索共生思想和生命时代的建筑[2.18]。

2.18 本章第一次刊登于：新建筑社出版的《The Japan Architect》（1992年3月．No.3）中的"从机械时代迈向生命时代——共生思想"。

3

经济的共生——经济与文化的共生

关于经济的"共生讨论"

最近,企业界关于"共生"的讨论多起来了。工业化社会原动力的企业界,从自由竞争变为"共生"的提倡者,在某种意义上可以说是一种自我否定的大胆转折,恐怕是明治以来日本最为重大的变革。

"共生"始于文化领域,并逐步向经济技术等领域发展,我也一直注视着企业界会有什么样的反应。最近有两篇论文非常吸引我,一篇是《产经新闻》刊载的富士 XEROX 社长(当时)小林阳太郎的"日本的共生哲学",另一篇是《文艺春秋》在 1992 年 2 月号刊登的,索尼会长(当时)盛田昭夫的"危险的'日本式经营'"。

小林的那篇论文阐述了三个论点。其一是关于"在什么样的情况下,企业与消费者、国家与国家之间能够共生"。其二是"日本的共生会期待对方同样回报的想法是幼稚的。要考虑如何避免单相思式的共生,需要顽强精神和为对方着想。"其三是"共生不是目的,而是实现愿望的手段与必要条件","共生哲学"是实现生活大国(相对于经济大国,指生活质量优秀的国家——译者注)的必要手段。

另一方面,盛田昭夫认为:日本企业之所以能够以低廉的价格大量出售品质优良的产品,是因为日本企业与外国企业有着很大的差异。日本企业应该在休假、工资、环境对策,以及向地方自治团体的贡献等方面,争取向欧美各国的水平靠近。由此商品价格可能会有所提高,但是,好的产品不怕卖不出去。现在应该做的是以"生活大国"为目标,改变整个社会体系。

这可以说是阐述了"共生"概念的论文,对于盛田的观点我非常赞同,但是他的论文没有明确说明经济变革后"世界新秩序"是什么。

小林与盛田都非常赞同宫泽内阁[3.1]的"生活大国",日本首次将生活作官泽内阁以广岛县选出的众议院议员官泽喜一为首相，1991年组成的自民党内阁。以经济发展为中心，提出"资产倍增论"和"生活大国"等主张，随着泡沫经济的崩溃、政治改革的浪潮等，在任620天就解散了的短命内阁。

为目标的观点我也非常赞同。

可是，仅仅将住进更宽敞的住宅、普及下水道、高速公路等作为衡量生活水平的标准，国际社会依然会认为日本是"没有脸面的日本"。第三世界也会批评日本只顾自己享受生活，算是"共生"吗？

现在企业界讨论的"共生，共生"，只是将词汇简单地罗列起来，将生物学的共栖（共生）概念引用进来，而没有什么实在的内容。要创造以"共生社会"为目标的经济世界新秩序，就必须具体地探讨这个问题。

"共生思想"的原点

在其他章节中也提到过，我曾经就读于名古屋东海学园，这是一个净土宗创建的学校。那时的学园长椎尾弁匡先生于1922年创立了共生佛教会，开展新佛教运动，当时他还是芝增上寺的主持。

椎尾弁匡老师在佛教讲演中时常讲到"共生"。

"人不吃肉与蔬菜就生存不下去，没有无机物矿物质也无法生存。不仅如此，由于人体内寄生着各种各样的生命（细菌），人类才得以生存。人类依赖于其他生命、自然而得以生存。人死成灰入土之后，也会被其他动植物吃掉。这种生死关系就是'共生'，佛教的根本思想也在于共生"。

这不就是现在人们讨论的与地球、环境的共生吗？对我而言，这位老师

3.2 探索了各种"共生"关系的"阿斯彭国际设计会议"。

的教导成了我的"共生"思想的原点。

此后，我立志于成为一名建筑师，在京都大学学习的时候，我有幸拜读了中村元老师的《东洋人的思维方法》。该书探讨了从印度开始的佛教思想怎样与中国（尤其是在其西藏）、日本文化交融、变化，从这本书中我明白了印度的唯识思想。

唯识思想的本质为"阿赖耶识"、"无记"的等概念。是将世界分为善与恶、肉体与精神、人与自然的二元论，但是那并不是相互对立的世界，而是重视两者共生的中间领域状态的思想。

我想这种唯识思想正是共生思想的原点，不仅在建筑和城市理论中，在整个人生中，这种思想成为我的信念。

在 1978 年举办的"阿斯彭（ASPEN）国际设计会议"[3.2] 的前提下，1980 年我作为执行委员长，筹办了以"迈向共生的时代"为主题的第一届日本文化设计会议。除了建筑师和设计师参加这个会议之外，还有哲学家、企业、金融界人士以及官员、政治家。这是一个非常独特的会议，每年夏天举行。

我接受了作为议长参加会议的邀请，并悄悄拟定了一套作战方针，把被称作日本异质性的各种东西作为议题来进行讨论。

日本人自认定的日本的异质性的东西，对于美国人来说，可能会有不能充分不理解的地方，以及被误解的地方。如果把这些拿出来讨论，不理解

3.3 小松左京（1931~） 作家。本名小松实。以科幻小说为主，其《日本沉没》一书成为创纪录的畅销书。

3.4 广中平佑（1931~） 数学家。1970年获数学最高奖菲尔茨（FIELDS）奖。京都大学教授。

3.5 三宅一生 时装设计师（参照注释12.4）。

3.6 芳贺彻（1931~） 文学家。东京大学比较文学教授，主要著作有《天皇的使节》等。

的可能就会成为可以理解的。

我将"日本和日本人"作为主要议题，试图探索美国和日本的共生之道。

探索日本和美国共生的"阿斯彭会议"

作为分组会的讨论题目，我选出了"稻米"、"禀议"（书面申请）、"锁国"、"树篱"、"檐廊"、"新干线"等有些特别的题目。我认为，这些是了解日本的关键词，也是探索日本和美国的共生的关键。

比如在"稻米"的分组会中，大家都承认作为粮食，加利福尼亚的大米与日本的稻米一样好吃，但是，加利福尼亚没有像日本那样的种植稻米的民间艺术、民谣、祭祀及制酒和乡村风景等稻米文化。我的稻米圣域论、稻米文化论，以及反对将美国稻米进口自由化的看法，从这次阿斯彭会议到现在始终都没有改变过。

在"禀议"的分组会中，相比美国企业的上级下属（top-down）式的决策—执行方式，对日本企业传统的由下向上堆积而成的民主式"书面请示"的决定方式给予了肯定的评价。虽说看上去像是异质的东西，其实美国也可以试着采用。

"闭关锁国"的分组会认为，与其认为江户时代完全孤立于世，倒不如看作是选择吸取了自己需要的东西，是半封闭的社会系统。

3.7 大岛渚（1932~ ） 电影导演。主要作品有《青春残酷故事》、《圣诞节快乐，劳伦斯先生！》等。

3.8 池田满寿夫（1934~ ） 版画家、作家、电影导演、陶艺家。其代表作《献给爱琴海》1977年获芥川奖。

3.9 一柳慧（1933~ ） 作曲家。把偶然性音乐介绍到日本。活跃于前卫音乐、音响设计、环境音乐等广泛领域。

"树篱"、"檐廊"的分组会，肯定了日本的人与自然的共生，以及建筑与自然的共生的传统。

这次会议举办得非常成功，日本方面有小松左京 [3.3]、广中平佑 [3.4]、三宅一生 [3.5]、芳贺彻 [3.6]、大岛渚 [3.7]、池田满寿夫 [3.8]、一柳慧 [3.9]、横尾忠则 [3.10]、小林阳太郎 [3.11] 等人出席了会议。

会议的官方语言为日语和英语，但分组会的题目只用日语表示，对于这种强制性做法，起初遭到了不少反对。对于美国人来说，参加在美国召开的会议，却这么频繁地听到日语恐怕还是头一回吧。可是会议结束以后，有位国务院的官员一边与我握手一边说："这次会议第一次让我知道了英语只不过是一种地方方言而已，非常感谢！"这件事给我的印象极为深刻。

还有另外一个参加者非常感慨地说："我终于明白了日本的传统与日本人的现代生活是怎样密切相关的，我坚信日本与美国可以达到共生"。

通过这次会议我感到，如果互相认同对方文化的异质性，文化的异质性是可以互相被理解的。为了将这次讨论深化下去，组成了以参加这次会议讨论的成员为核心的日本文化设计会议。

这个会议邀请了20世纪60年代起一同探讨"共生"的法国评论家、城市学家弗朗索瓦丝·肖艾（Fracoise Chay）女士，波兰电影导演安杰伊·瓦依达（Andrzej Wajda），在亚利桑那的沙漠中建设环保城市的保罗·索莱里（Paolo Soleri），设计蓬皮杜艺术中心的建筑师伦佐·皮亚诺，以及传说中的沙漠诗人阿多尼斯[3.12]。日本方面除了阿斯彭国际设计会议的成员以外，还有梅原猛[3.13]、草柳大藏[3.14]、高阶秀尔[3.15]、针生一郎[3.16]、山本七平[3.17]、观世荣夫[3.18]、界屋太一[3.19]、木村尚三郎[3.20]、井上厦（Hisashi）[3.21]、芥川也寸志[3.22]、筱田正浩[3.23]、牛山纯一[3.24]、山口昌男[3.25]、深田佑介[3.26]、正村公宏[3.27]、安藤忠雄[3.28]等人。

在各种各样的讨论会上，有关自然与人的共生、异质文化的共生的讨论，不断出现新的议题，令我记忆犹新。

什么是共生时代的障碍

在亚利桑那沙漠里设计并建造了沙漠实验城市——阿科桑地（Arcosanti）的保罗·索莱里认为：人与自然的共生，是人们在残酷无情的自然条件下不断创造的新东西，通过改变自然达到自然与人的共生。

为了达到无情的自然与有情的人类的共生，人类必须参与自然的变化，没有变化的自然是根本不存在的。

对于这种看法，山本七平认为：保罗·索莱里所说的共生是西欧型的共生，日本人是无法在那种人工城市里居住的。

他认为，彻底从属于自然、融入自然，才算是日本人所说的人与自然的共生，不从属于自然、不同化于自然的东西是不自然的。所以，日本

3.15 高阶秀尔（1932~）　美术史学家、美术评论家。独特的日本美术与西洋美术的比较研究，受到了高度评价。主要著作有《文艺复兴的光与影》等。

3.16 针生一郎（1925~）　美术、文艺、社会评论家，和光大学教授。主要著书有《针生一郎评论集》（全六卷）等。

3.17 山本七平（1921~1995年）　出版人、评论家。提出了独特的"日本人论"。主要著作有《我心中的日本军》（上·下）等。

人的共生概念应该是预先协调好的"和"，即"调和"。在对共生的讨论中，各人的论点反映出文化上的差异，非常有趣，这给共生讨论的深化带来了极大的暗示。

另一个具有争议性的问题，是由阿拉伯世界的伟大诗人、结构主义符号论理论家阿多尼斯提出来的。

他认为第三世界共同的问题是，从外部讲西方文化损害了传统文化；从内部讲，传统文化又妨碍了现代文明的创造与革新。而政治又利用大众习俗和传统文化来维持着其统治力量。所以，若不从西方文化与传统文化中解脱出来，是不可能达到异质文化的共生的。

山本七平与阿多尼斯提出的，什么是迈向共生时代的障碍这个问题，一直在我的脑子里思考，直到1987年，我总结出《共生的思想》（第一版）一书。

如前所述，西方文化基本上是以二元论和二项对立的思想作为理论基础的，把混合、暧昧的东西作为不合理、难以理解、非科学的而加以排斥。

现在，世界迎来了走向新时代的转换期，伴随着经济、技术的发展在寻求新秩序的同时，所有的专业领域都在尝试着排除合理主义、重新认识一直被排斥的混合、暧昧的中间领域。

日本的唯识思想传承于大乘佛教，对日本文化以及日本人的生活方式都给予了深远的影响。我将异质、对立的东西的共生，以及从中提炼出来的日本的传统审美意识，借助世阿弥的说法，取名为"花数寄"。

3.18 观世荣夫（1927~） 能乐师。主要演出新剧与歌剧，同时也是演员。

3.19 界屋太一（1935~） 作家、经济评论家。本名池口小太郎。着重于未来经济小说，主要著作有《疏忽大意》、《知价革命》等。

3.20 木村尚三郎（1930~） 历史学家。专攻西洋史，东京大学名誉教授。

3.21 井上厦（1934~） 自称为戏剧作家，当代受欢迎的作家、戏曲家之一。主要著作有《道元的冒险》、《手锁心中》等。

　　日本人经常被批评为态度暧昧，日本的政治家也同样被评为说话暧昧、不知所云。但是我所说的"花数寄——共生的审美意识"，并不是这种模棱两可的暧昧，而是积极的、有创意的暧昧。

　　如同山本七平所说，把佛教的共生思想及日本传统文化的共生审美意识，原样照搬到现代国际社会中是不会被接受的。

　　但是，我们都期待着已经成为经济大国的日本，能够在世界新秩序的构筑中发挥重大作用。

　　对日本来说，提供资金当然是重要的义务，但是，提供人才，以日本的思想、文化，参与建筑世界新秩序也同样非常重要。日本的佛教以及传统文化中的共生的思想，可以被转化成为被世界接受和广泛使用的现代思想。

日本的状况岌岌可危

　　世界秩序正在发生重大的改变。苏联解体、美苏冷战终结、美国势力的削弱、少数民族的独立等等，都使人们预感受到了"世界新秩序"的诞生。

　　在这种时代背景之下，西方社会内部也开始呼吁重新评价西欧中心主义与现代合理主义。物理学、生物学、几何学、哲学、艺术、医学、经济学、建筑学等所有的领域，都开始吸纳共生思想。共生思想就是世界的新秩序，若把共生思想说成是 21 世纪的思想也并不为过。

3.22 芥川也寸志（1925~1989年） 作曲家。主要作品有《弦乐三乐章（Triptych）》等。

3.23 筱田正浩（1931~） 电影导演。主要作品有《心中天网岛》、《海峡内少年棒球团》等。

3.24 牛山纯一（1930~） 电视制片人、日本电视纪录片节目的开拓者。主要作品有《老人和鹰》等。

3.25 山口昌男 文化人类学者、评论家（参照注释8.16）。

3.26 深田祐介（1931~） 作家。擅长表现日本和西洋文化、习惯差异的作品。主要著作有《炎热商人》等。

用"从机器时代向生命时代转换"的思维方式思考，就比较容易理解这一新思想兴起的原因。

回溯30多年前，1959年日本举办了有史以来最大的世界设计会议，我作为筹备委员准备会议时，就在如何面对当时盛行的西方霸权主义。

会议得到的结论是，如果我们称到现在为止的时代为"机器时代"的话，那么从现在开始的时代就是"生命时代"。而在未来的"生命时代"里，最根本思想就是"共生"，"共生思想"将帮助我们摆脱西方中心主义。

以前人们曾把希望与梦想寄托于技术与机器。

机械时代追求的是工业化社会。以一种模式在工厂中被批量生产，产品在全世界普及，于是人们开始认为，地球将会变成一个大同世界。

人们相信，由工业化、批量生产出来的材料，如钢铁、玻璃和混凝土建造出来的建筑，能够超越文化上的差异得到普及，因此而被称作"国际式"。同时，装饰、传统材料等则被作为非现代化的东西而受到排斥。最先进的文化是西方文化，其他均是非现代化的，所谓进步，就是靠近西方文化。

为了经济发展，难道必须丢掉传统文化吗？诗人阿多尼斯的苦恼，代表了发展中国家和第三世界的苦恼。

在这样的背景下，日本选择了放弃江户，把传统文化视作非现代文化的东西，走上了"全面西化"的道路。明治政府这种彻底的大转换，使日本成了西方文化学校里的优等生，甚至超过老师，实现了惊人的经济发展。

3.27 正村公宏（1931~）　经济学家，专修大学教授。主要著作有《经济体制的选择》等。
3.28 安藤忠雄（1941~）　建筑师，擅长使用清水混凝土。主要作品有"住吉的长屋"等。
3.29 包豪斯，根据德国建筑师格罗皮乌斯（参照注释7.25）倡导的追求功能的现代建筑"国际式"而于1919年在德国魏玛创建的造型学校。

可是现在，日本的状况可以说是处在悬崖边缘、岌岌可危的状态。

曾经是老师的西方世界开始自我批评，致力于制定新的发展目标。而超过了老师的日本，现在却不知道该不该自豪，更不知道如何是好。

迈向"多样化的存在才是丰富多彩"的生命时代

近代社会中西方文化的绝对优势在于思想、宗教、经济、产业、科学、技术、艺术、文化等各个方面，都用同一节拍演奏出了雄伟的交响曲。

亚里士多德、笛卡儿以来的合理主义二元论，达尔文的适者生存进化论，基督教、天主教的普遍性信念，科学实证主义，赞美工业化的包豪斯[3.29]教育，赞美机器时代的诗人及艺术家，讴歌自由竞争的资本主义经济，批量生产遍及世界的工业产品等等，所有这些相互关联的东西汇聚到了一起，并互相影响，形成了宏伟而单纯的社会目标。

以自由竞争为基础的适者生存、强者的霸权主义，选择了合理主义，排斥所有暧昧和异质的东西，彻底追求速度、效率和均质性，而发展起来的现代科学技术和经济的根基，正是机器时代的精神。

而新时代——生命时代的精神，则是把异质共生、不断变化的动态均衡、突然变异、新陈代谢、循环、成长、保持遗传基因的固有性、物种的多样性等等，以生命原理作为目标的时代精神。

3.30 宣告了"生命时代"的到来。签订了生物多样化条约的巴西环境与发展大会。

这其中可以说"共生"是最具代表性的生命原理。从机械时代向生命时代的转换,是与工业社会向信息社会的转变同步进行的。

机械时代,企业利用企业规模的优势,以低廉的成本批量生产优质产品来提高竞争力。消费者经常想买到物美价廉的东西,降低成本,提高产量就成了机械时代的典型想法。那么,什么是生命时代的思想呢?

最近,在巴西举行的环境与发展大会[3.30]签订了生物多样化条约。

这是宣告生命时代到来的划时代条约。按照达尔文的进化论,适者生存、自然淘汰,生物物种的灭绝是不可避免的。那么,为什么还要保护濒临灭绝的生物物种呢?

其根本原因就是"多样化的存在才是丰富多彩的",这一生命时代出现的新价值观受到了重视。

机械时代,西方文化拥有绝对霸权地位,以均质世界为目标。而新时代,将尊重各个民族的固有文化,追求异质文化的共生。

新型经济援助

"共生思想"如果运用在经济界会怎样?中小企业和大企业之间的关系、跨国公司和当地企业的地位都会发生变化。

共生时代的大企业与中小企业、当地企业的关系,应该是平等的"共生"

3.31 机器时代里呼唤人性回归的卓别林的电影"摩登时代"。

关系。

在信息社会中，工业产品也不得不面临高附加价值、多样化等结构性的变革。批量化生产的工厂也与卓别林的"摩登时代" [3.31] 完全不同。现在，日本的非制造业已经占据了GNP70%以上，必须创造附加价值，不然就没有任何优势。以实现大众化为目标，而突飞猛进的 IBM 所面临的危机，说不定也是在这个大的时代背景下发生的。

今后，"共生"将在新时代所有的领域中展开。人与自然的共生、理性与感性的共生、科学技术与艺术的共生、经济与文化的共生、国有与民营的共生、大企业与中小企业的共生、异质文化的共生、休闲与劳动的共生、企业与社会的共生、民族主义与世界经济的共生、城市与农村的共生、不同年代、性别的共生等等，所有层次、领域中都会萌发"共生"现象。

这些不同层次意义的共生，构成了世界的新秩序——共生的秩序。

迄今为止，普遍存在的技术与经济上的霸权主义，在共生的世界里是不起作用的。发展中国家一直试图以靠近西方文化为实现现代化的目标，但是，无论多么努力，最终也只不过成了发达国家的潜在市场。

如果发展中国家不去追求西方式的现代化，而是独自探索自己的道路又会怎么样呢？应该能够创造出更加多样的文化吧。一直被人们认为是理所当然的经济与技术的普遍性，也会发生很大变化。经济援助将不再只是有钱人帮助贫穷人，人们不得不考虑包括援助发达国家在内的新的经济援助方法。

发达国家把技术直接嫁接给发展中国家的做法，也将发生根本性的变化。

比如将原子能发电、核裂变技术转让给印度与非洲是不是合适 [3.32]？

现在，印度的一般家庭做饭时使用的燃料仍是干燥的牛粪。如果使用发达国家的原子能发电，让人们放弃用牛粪，会产生什么结果呢？

使用牛粪燃料根植于印度人将牛看作是神圣的动物这一文化，如果追寻异质文化的共生，这就不仅仅是简单的技术问题，而应当考虑使电力与牛粪燃料共生的技术变革（转换），技术与文化共生便成为重要的课题。

类似的例子暗示着在新的共生秩序时代里，经济与技术是不能脱离文化和传统而发展的。对于一直深信经济与技术的普遍性，靠采取扩大路线发展起来的产业界来说，在共生时代需要的是另外一个剧本。

权威基于文化的力量

共生时代追求的是包括所有少数民族在内的异质文化的共生，为了保持文化的多样性，必须考虑改变经济援助、技术转让的方法。

例如，全世界所有国家都建造高速公路、普及汽车一定是好事吗？在保持各个国家独自的传统生活方式的同时，探索技术协作的道路不是更重

要吗？

我曾经经历过这样的事情。由于意外地发现了撒哈拉沙漠的北部，萨里尔的地下数百米有大量的地下水源，我便应邀参加了抽取地下水，建设以沙漠农业为中心的数万人的城市规划设计。

看着一望无际的沙漠，我想，如果能把这些取之不尽的沙子作为建筑材料的话，那该多好。

与山沙不同，沙漠中的沙子完全是球粒状，而且砂粒小，一般不能混合在水泥里使用。不过，我们得到了英国沙漠研究所的大力协助，终于成功地制造出了使用沙漠沙为原料的沙砖。

厨房、卫生洁具等也根据贝督因人的生活方式进行了改造。考虑到维护维修等问题，我们采用了自古以来沙漠地区使用的风井来替代冷气和暖气（第15章详述）。

这些尝试，不是直接引进尖端技术和发达国家的批量工业产品，而是根据当地的传统、气候和风俗等经过改进的技术，并使之能够与当地的文化共生。

如果仅仅固守民族传统，就成了落后的旧民族主义。如果把发达国家的经济和技术模式，简单地照搬到发展中国家，那么当地的文化和生活方式将招致毁灭。所以，将两个方面很好地合二为一是非常重要的。

有了经济才有文化，经济下的文化援助（MECENAT）[3.33] 等理论已经行不通了。

成为世界新秩序的领导者的条件不仅在于权力，还在于"权威"。经济实力、技术实力、军事实力、政治实力等等能够带来权力，却不能带来权威。权威是通过文化的力量产生的。

无论是多么贫穷的艺术家或是学者，都可能拥有打动人心的权威。这

3.33 MECENAT　法语的意思是"文化的拥护"，语源于奥古斯都大帝时代很好地保护了文学、美术作品的古代罗马大臣名字。后指企业的文化援助活动，日本从20世纪80年代开始类似活动，但是也有人指出各企业的活动并没有跳出宣传与促销的阶段。

是才智的力量、文化的力量。外界对日本不留情面的批评就是：日本是经济暴发户，但却没有权威。

世界各地的民族文化、地域文化，即使在经济、技术上比较落后，也仍然各自拥有独特的个性。只有尊重这些传统文化的权威性和自豪感，异质文化才可能实现共生。

还有一个要点就是"圣域"，这个概念很重要。

对于关系很好而且没有竞争与对立的朋友来说，"共生"是没有必要的。"共生"存在于激烈地对立、互不相融的要素之中。从这个意义上讲，山本七平指出的日本式"预定和谐的共生"和作为"世界新秩序的共生"，是完全不同的。

但是，冷战时代的美国和苏联之间虽然是对立的，却不可能"共生"，因为他们相互之间都认为对方的存在是没有必要的。

而我讲的"共生"是指，竞争、对立和斗争关系存在的同时，彼此之间仍然需要对方。所以"圣域"是必要的。在互相认可彼此神圣不可侵犯的领域的同时，在共同的规则下保持竞争、对立关系，从而达到共生。这种相互关系才是世界的新秩序。

美国也有圣域

近几年的日美协定让我感受到，美国的立场是"美国的规则就是世界的规则"，它可以超越各个国家的文化差异，所有国家都应该遵守这个规则。可是，这不正是典型的霸权主义，是旧时代的普遍主义吗。

如果能在相同的条件下自由竞争当然是好事。可是，保留异质并不是坏事。美国也不会对伊朗说，取缔伊斯兰教、改变伊斯兰生活习惯吧？在认同彼此的差异性和圣域的基础上，进行竞争才是共生的秩序。

说到日本，天皇制、稻米、相扑的横纲，可以说是日本的圣域吧！

天皇制虽然只是一个单纯的象征，但它对日本社会的稳定有着不可替代的作用，二战后美国之所以积极地维护天皇制也是基于这个原因。

关于稻米前面已经提到过了，它不仅仅是粮食，它与日本文化有着复杂的关系。相扑的确立，也是跟天皇制有着很大关系的传统仪式。

因此，圣域论与单纯的保护主义是有着根本差异的。不能忘记的是美国也同样有自己的圣域。坚持霸权主义、普遍主义的美国站在自己的立场，很难说自己也有圣域。正因为如此，为了构筑共生的秩序，日本方面有必要指出美国的圣域，只有这样日本才能够守护自己的圣域。

那么，美国的圣域是什么呢？我想是汽车、棒球、好莱坞。没有这些就没有美国人的生活方式，这些可以说是美国人骄傲的源泉吧。

如果只考虑经济原则，作为经济大国的日本，完全可以收买好莱坞的电影公司、成为美国棒球队的所有人，或是赢得美国汽车产业。日本企业也声称，美国的消费者喜欢购买优质的日本车，是美国要求日本收购的。

但是，美国的经济界和国民的愿望并不是一致的。必须注意，经济与技术是与国家的文化、国民的生活方式和国民的感情相关联的，美国国民会

3.34 M&A Merger & Acquisition的略语，意思为企业的合并／收购。泡沫经济的顶点
　　　时期曾经盛行于日美，1991年以后逐渐减少。最近由于其风险较大，将M换成了A
　　　（Alliance=协作）即A&A，通过业务协作增加共通项目，逐步进行。

受到很深的伤害。

　　正如盛田先生所说，不要将日本独特的企业作风推向欧美，也不要踏
入对方的圣域，保持每个国家的独特文化，强化经济和文化的关系是非
常重要的。在构筑共同的规则的同时，寻求共生的道路是非常必要的。

　　共生是动态变动的关系。有时适用于日本企业的作风，有时适用于对方
国家企业的作风，并会不断摸索、尝试，寻求共通的规则。

　　所以日本企业不应该只想到要全面收购、单独经营，而应该与对方企业
共同拓展事业。不是 M & A[3.34] 全面收购，而是通过反复地探究、对话，
通过资本参与，共同经营。不是收购建好的大楼，而是参加城市的建设、
再开发，花时间建立共生的关系。

　　建立共生的新秩序与迄今为止的自由竞争不同，共生是一个艰难的目标，
必定需要付出更多的时间和努力。

4

超越现代主义——克服二元论

4.1　世界语（Esperanto）　波兰籍犹太人柴门霍夫（1859~1917年）1887年发表的国际辅助语言的一种，Esperanto的意思是"希望者"。它以不给任何语言的使用者以语言优势的理想平和主义得到了许多人的共鸣。是各种国际辅助语言中最为广泛使用的一种，但是极少应用在各国之间的政治、文化交流上。

默认西方优越性的普遍主义、国际主义

自20世纪20年代后期的近半个世纪的现代社会的特征，可以从下面三个方面说明：

1. 基于工业化的普遍主义；

2. 基于功能的分离主义；

3. 等级秩序的统一原理。

所谓"基于工业化的普遍主义"，从语言上可以认为是一种世界语（Esperanto）[4.1]。

钟表、汽车、飞机等工业产品诞生的时候，曾被认为是非常奢侈的物品。但工业社会是以把这些产品，低价地大量提供给消费者作为发展目标，迅速成长起来的。

工业社会将物质文明最大程度地大众化，批量生产超越了贫富差异，其结果就是使我们能够生活在自己掏钱买得起手表和电脑的时代里。

巨大的工业社会浪潮，造就了建筑界的"国际式建筑"。由钢铁、玻璃、混凝土建造出来的盒子就是现代建筑。

但是，好好想想就会看到，现代社会的普遍性规范，是基于西方文化价值标准的普遍性规范，就像世界语是基于西方语言被创造出来一样。

现代化是源于西方文化价值的工业化、西方化。依靠工业化向现代化发展

4.2　长城饭店，典型的国际式玻璃盒子建筑物。在大陆性气候的北京，暖气及冷气的成本非常高。

的所有发展中国家，理所当然地把西方化当作发展目标。

后面我们将会提到沙漠中的加利福尼亚式住宅，国际式建筑就是无视所在国家、地区的风土人情、传统文化，而蔓延到全世界的。

在中国的现代化进程中，北京也落成了玻璃盒子样式的高层建筑——"长城饭店"[4.2]。但是，北京地区属于冬冷夏热的大陆性气候，建造这样的玻璃盒子，仅仅暖气和冷气的运行成本就会非常高。

气候、维护问题是国际式建筑的重大弊病。如果发展中国家只想到进口最新设备、不考虑零部件以及维修等问题的话，后果是可以想象的。

丰田公司在美国开始销售汽车时，便首先在美国全境设置了几百个维修服务网点。没有维修体系支持，高度工业化的产品也会马上变得没有生命力。

发展中国家引进高精尖技术时，需要与自己的文化、风土结合起来，并适当进行技术改造，使之适合于当地的具体情况。这种技术与传统文化共生的观点是极为重要的。

西方的"普遍就是神"的世界语式的构想，也面临着改变，国际化是可以通过深化本国的语言、积极与他国交流来实现的。

如果三岛由纪夫和川端康成，用世界语写《金阁寺》和《雪国》的话，那是无论如何也写不出日语那样的文学深度。正是由于他们使用了丰富的、意味深长的日语，才写出了这些文章，他们的作品才称得上是不朽的文学作品。

日语表现的文学作品只有日本人才能够理解吗？当然不是，全世界的人都可以通过翻译，阅读三岛、河边、谷崎，还有安部公房与大江健三郎的作品。高水平的日本文学经过翻译，也同样具有通行于世的高质量。

我想在这里明确地说明，虽然我反对默认西方优越性的普遍主义、国际主义，但这并不表明我赞同传统主义或是民族主义的立场。

今后，地域文化的特质将被重新审视，国际社会中异质文化的价值标准也将互相冲突、互相影响，这种"新的国际性"（相对于国际主义我称之为国际文化主义）时代即将到来。

意外脆弱的激进化、个体化的纯血统文化（企业）

越成熟的文化，越具有向心性，越具有保持自己纯粹性的力量。

也就是把对自己不利的、对立的、异质的东西排除，构筑独自的秩序。因此，其自身也就变得越来越激进。

这样激进化、个性化的文化，可以叫作纯血统文化，随着不断地成长，这种纯种文化变得意外的脆弱。它与异质混杂的文化不同，环境稍有变化就不能适应了。

欧洲文化正走向夕阳，这与他们为了保持希腊、罗马文化的纯正性，一直排斥东方、伊斯兰文化，排斥周边的异质文化的历史不无关系。

这种纯血统"弱"、杂交"强"的特点，在企业组织中也完全相同。

如果一个企业只生产一种产品，并采取只针对这种产品制造、销售的经营战略，那么这个企业对这一产品一定拥有非常强势的技术与情报。

比如产品是汽车，那么这个企业在汽车产业中，就会是一个后无来者的强大存在。

G·德勒兹（1925~1995年）　德勒兹哲学的特征是否定传统的形而上学认识论，把人的意志、欲望作为本质以分析现代社会。他跟瓜塔里共著的《反俄狄浦斯》（1972年）建立了精神分裂症（schizophrenie）和偏执症（paraphrenia）两项标准。认为在现代社会中可看到后者内闭，前者外突的结构。德勒兹认为，想知道世界全体的"现代的知"的欲望，是以无视生命本身的无秩序性，把世界整序化的欲望（弱=虚无主义）而起。这个欲望使现代资本主义社会中人们之间孤立的压抑感重新被唤起，转换这种失去方向的欲望本质，如何克服现代虚无主义，是目前的课题。

但是，当某种外在条件的变化、汽车产业全体陷入低迷状态时，这个企业将脆弱得不堪一击。交通工具革命、石油危机、贸易摩擦等，很多因素都可能成为其崩溃的原因。

以前称得上颇有人气的煤矿产业，现在不断消失的同时，甚至牵连所在城市也衰败了。化纤产业也已经不再是日本的中心产业。再看看国营铁路、石油化工、钢铁、造船等产业的现状，就知道纯粹以单纯的技术体系和巨大组织构成的产业，在时代的变迁中是多么脆弱、容易崩溃。

为了具有更好的适应能力，现在很多企业都在尝试着多边化发展。原来是纺织企业的"东丽"、"嘉娜宝"等公司，现在的主力产品却是与纺织品不相关的化妆品、时尚产品、体育运动用品与医药等等。这些企业可以说是多边化战略的范例。国营铁路民营化，以及经营的多样化也同样是很好的例子。

导入异端、非主流的德勒兹和瓜塔里的"锁列"与"根茎"

混血具有将异质的、敌对的元素融入自身的灵活应变性。这种灵活性、应变性，表明其自身仍然处于未成熟的状态。

无论是组织还是文化，老化以后就会产生对异质的排斥反应。反过来说，处于绝对主流地位的文化，能否吸收非主流性的东西，是能否保持青春，

4.4　瓜塔里（1930~1992年）　精神科医生，被称为法国5月革命（1968年5月）的"私生子"。跟G·德勒兹共著的《反俄狄浦斯》，被称为寻求转换现代知识的根本的思想运动先锋。瓜塔里针对以英国为中心的"反精神医学"，提出"另一种精神医疗"的精神医疗改革运动。这个运动不仅针对精神医疗的理论和技术提出了异议，更对因社会差异而引起的社会现象本身提出异议，可以说是旨在解除引起差异的专业性条条框框。在思想上瓜塔里从以往的精神医疗专业框框中跳出，被赋予拿着新式武器"逃走"。

4.5　雅克·拉康（1901~1981年）　拉康曾说"回归弗洛伊德"，主张正确解读弗洛伊德，

得以长寿的关键。

法国的新哲学团体经常讲到关于非主流的再评价问题，其实也是对现代社会的警告。

德勒兹[4.3]和瓜塔里[4.4]将其著作《卡夫卡》的副标题，确定为"为了非主流文学"，以表示非主流事物的重要性。

他们屡次使用"大写的文学"这一词汇，也许是从拉康[4.5]的"大写的主体"中得到了启示。大写，即绝对主体中包含着多样性，尊重其中的少数者、异端者，使部分和整体之间保持良好的紧张状态，从而获得空间上的自由。

德勒兹和瓜塔里所尝试的"对非主流文学的再评价"的基本理念，是"不能将某几个人的集合体称为集团，而只有在异质性的集合体同时存在时，才能称得上是集团"。

也就是说，集团的形成，需要同时聚集时代的异端的、非主流的事物，并将其纳入到纯粹化了的主流当中来。

德勒兹和瓜塔里经常使用的概念有"锁列"和"根茎"。这一概念表达的既不是上下关系，也不是水平关系，而是横向的流动性的关系。经常向主流世界中投入异质，就会产生这种动态秩序。

德勒兹和瓜塔里的这一概念，挣脱了二进位制、二元论、二项对立的框架。为了超越二元论，他们创造了"根茎"、"多样体"、"机械"等一系列的新词汇来阐述自己的概念。

重视弗洛伊德的精神分析学的分析患者的"言词"。拉康排除以弗洛伊德的"无意识"为实体的庸俗的弗洛伊德主义，主张将患者的没有理性的"言词"通过象征性的唤喻和隐喻的分析重新捕捉的"结构主义精神分析"的方法。"有意义"（signifiant）比"被赋予意义（signifie）"更具优势，使用S（大写）表示前者，s（小写）表示后者。即被赋予意义的东西并不重要，作为象征的有意义的事物的连续、缩短、省略、置换的结果更为重要。重视无意识的"大写"的召唤，认为在那个语言场中产生了人类。众所周知，阿尔杜塞、瓜塔里等很多现代思想家都曾听说过拉康的讲座，拉康对今天的

"根茎"（rhizome）是相对"树形"（tree）原理而提出的。

"树形"是代表二元论秩序的模式。首先，生成有中心的主干，然后依次长出树枝，绝对不会先长树枝后生树干。

然而"根茎"是不能分类的群体，异质超越顺序而自由结合，甚至经常处于流动变化的状态，处处生根互相错落，难以区分主次、顺序。

"机械"（machine）是相对静态固定的"机构"（mechanics）使用的。所谓"机械"，指各自独立的异质集合体，是生机勃勃的、动态的。

我认为，信息社会给予我们一个将固定的树形结构的工业社会等级秩序解构重组的机会。

但是稍一大意，信息社会的网络结构，也可能形成更加粗壮的中心（树干）式结构。因此，能否创造出动态的、生机勃勃的"根茎"，将是今后制胜的关键。

将异质（杂音）引入生活方式

勒内·基拉尔[4.6]的著作《欲望的现象学》中有如下的记述。

一个结构完成了的时候，其自身便开始封闭。一个文化，一个社会，一个国家，都会在完成的同时走向封闭，外部东西会变得难以进入。

人也是一样。随着成人、结婚，确立了自我生活方式以后，便本能地开

"后结构主义"思想产生了巨大影响。

4.6 勒内·基拉尔（1923~） 基拉尔通过"替罪羊"来看文化的本质，提出了题为"欲望的模仿"的文化论。基拉尔认为"欲望不属于个人"。他举出三角关系的例子。在A、B、C三角关系中，B对C抱有欲望，是与A把C作为欲望对象有关。在"欲望三角形"中，欲望相互模仿，这种关系不断蔓延的结果使世界呈现暴力性混沌状态，共同体因此而面临危机。共同体组织为了保护自己把互相模仿变成为共同体对一个个人的个人关系。该"个人"就是"替罪羊"，既作为给共同体带来了混沌的邪恶象征，也是拯救共

始选择信息，建立封闭结构，与周围隔离。这个结构就是生活方式、是个性，或者说是个人的社会。

也就是说随着人的成长，在逐渐确立自我的同时，开始封闭自己，避开冒险，避开与异质的交流以保持自身的安定。

但是勒内·基拉尔认为，人思考的根本过程就是有差异的，差异的原点是危机，或是某种戏剧性的要素。

人为了保持肉体和精神的年轻，为了不断证明自己活着，在生活方式中融人异质杂音尤为重要。

换句话说，就是只有从秩序（权力结构）中排除异质物（找出替罪羊），才能够保持秩序。这就是基拉尔的"替罪羊"理论。正因为如此，经常给静态的稳定秩序（权力结构）以振动的异质物质（杂音）十分重要。

法国的社会学者、哲学家埃德加·莫兰在其著作《时代精神》的第二卷中，也讨论到"危机"和"事件"的概念，并阐述了"杂音"理论（Order from Noise）。皮亚杰的思想中也有同样的观点。经济学家雅克·阿塔利在《Communication》第 25 号（1976 年）的"危机"特刊中，也刊登了题为"L'ordre par lebruip"（Order from Noise）的论文。

莫兰所说的危机或者杂音，也有对立的、异质的意思。这不是和平的可协调的异质，而是感到危机的震撼，使整体秩序转向新的水平、次元，推进向上的过程。这个理论也导致了对列维－斯特劳斯[4.7]的结构主义的

同体的神圣象征，是两义性的存在。基拉尔以这样的视角看耶稣，希望摆脱现代"替罪羊"的状况。

4.7 列维–斯特劳斯（1908~ ）　斯特劳斯认为，认识事物并非从特定的理论、视点进行，认为从结构看待事物的态度非常必要。事物不是因为自己与其他的区别而存在，而是因为和其他事物之间的差异才成为其本身。事物间的差异体系就是结构。在这里没有称为实体的主体，只有表示差异的关系。斯特劳斯从这样的立场分析了人类学、特别是亲属、神话的结构。认为任何一项不是考虑其自身，而是关注它与其他项之间的关系，和

批判。

列维 – 斯特劳斯的结构主义，是根据调查民间神话和家族的存在方式，判明各自内部存在的某种关联，这就是形成某种结构。然而除了被结构化了的东西以外，还有许多被排除在外的未知状态的东西。而"杂音理论"所批判的正是这一观点。

我认为，从社会或是文化中排除杂音，那就是加速其夕阳化的进程。新时代的国际性应该是，不被单一的价值标准束缚，通过容纳异质文化，来对自己的文化进行再认识。

日本本是位于大国中国旁边的小国，有着不断引进外国技术、文化以求生存的智慧。但是与此同时，农村又有着严格的集团主义观念。不遵守村规的、有个性的人，被视为古怪、疯癫的人，甚至会被赶出村外以保持秩序，对待村外的人也非常小心谨慎。正是因为这种保持秩序的封闭性和在秩序中吸取新文化的开放性的良好平衡，才使得日本得以存在至今。

直到明治时代彻底打开国门，在打开国门和锁国的不断摸索中，一直可以看到日本人这种极好的平衡感。说是锁国，其实从来也没有真正中止过对外贸易和信息往来。通过中国的书籍（西学的中文译本），日本充分地吸收了西方的知识和信息，贸易途径也从来没有完全被割断。

真正成为问题的倒是明治以后的日本。

如前所述，明治以后的日本全盘西化，努力地否定日本文化，而不是将

由此产生的结构。对斯特劳斯而言，事物的意义在于它们之间的差异关系。斯特劳斯的思想成为对重视自立个人的现代人生观的尖锐批判。譬如他认为文明和未开化不是哪个更具有优势的问题，而应看作一个示差性体系结构。由此发现野生的思考这一"非理性的思考"，证明了"现代的思考"等于"理性"，只是在欧洲这一特殊文化内部通用的思维方法。并且他批判以这种理性的主体、存在为原理的欧洲思维方式是压抑的意识形态。

西方文化作为杂音吸取。明治以后，重视留学欧洲和美国，西餐、西式建筑、西服作为想当然的样式在日本扎下了根，日本人开始按照欧美的价值观念生活。

这种欧美一边倒的倾向现在仍然没有改变。被世界认可，或是活跃在外国，在日本指的是在欧美很活跃、被认可。而在更广阔的世界中，如伊斯兰文化圈、中国、东南亚、澳大利亚、东欧圈，以及俄罗斯等地被认可的观念理所当然地欠缺。

在政治方面，日本也需要把伊斯兰圈、中国、东盟（ASEAN）、东欧圈放在与西欧同等地位的新外交政策。

但是，如果地方时代这个口号变成了地方主义，那就意味着灭亡。

我们经常可以听到以"地方主义时代"为借口，不管什么都只由地方来做。反对外来资本的进入、反对起用外部人才，这种闭关自守的地方主义是必定要走下坡路的。

希望大家还记得京都在保持传统的同时，大胆致力于工业用水（水渠）这一大型土木事业，在日本最早引入市营电车，积极起用外国人和外来人才的事情吧。

现在，京都的传统之所以被保存下来，其实是取决于积极、大胆的开放政策。大胆地引进未来，就是引进杂音（异质）的本意。

这种杂音理论与山口昌男先生所提倡的"边缘性概念"有着一定的共

通性。

如果仅仅将注意力指向中心文化，即使可以提高其纯粹性，但是还是离不开走下坡路的命运。我们应该将注意力转向自己周围的异质的、怪异的、有个性的东西，并保持倾听、吸取的胸怀。

如果我们不纠正"有个性的人会拖后腿"，这种日本特有的集团主义（农村的生活方式）的观念的话，日本就没有未来。

时间分配与"兔子窝"

首先，什么是"基于功能的分离主义"呢？

基于功能的分离主义，是把社会制度、建筑、城市空间，或者是企业按照功能进行分类、分离的行为，是一种最极端的表现。TPO（Time、Place、Occasion）生活方式也是这样，住宅可以被分解为就寝的卧室，吃饭的餐厅，合家团聚的起居室，以及连接这些功能房间的走廊。这是现代主义的观点。

若是按照分离主义的观点去划分建筑的话，那么卧室只能用作卧室，餐厅也只能用作餐厅，这样一来住宅就非要相当宽敞才行。

日本的住宅常被称作"兔子窝"（Rabbit Hatch）。不过，日本的住宅虽然狭小，但是由于榻榻米房间的特性，适用于多种功能，所以才没有受到分离主义侵害。

榻榻米房间，从壁橱中取出被褥铺好就是卧室，摆上饭桌就是餐厅，铺上坐垫又成了客厅，而在壁龛里插上一枝花，则又可作为茶室。

随着标志物（装饰）的变换，一个房间可以成为具有不同含义的空间。空间的多义性使时间分配得以实现，由此，也在某种程度上克服了空间狭小的问题。

时间分配的想法，可以为东京这种超高密度的大城市改变面貌提供一些启示。

东京中心部的商务街区，白天的使用率将近100%，但是从深夜到早晨又几乎是无人地带。如果停车场、衣柜等能够在使用系统上下功夫，白天和夜晚由两个不同公司来使用，一种更有效的空间利用应该不是不可能的。

又例如酒店业，如果不只是提供夜间住宿，白天还提供宴会、会议、商务或者午休的空间，甚至，转变方向作为情人旅馆使用，就可能会大大地提高使用率，提升利润。

一个场所、一件东西，只要巧妙地利用时间分配的观念，都有可能适应多种需求，从而提高使用效率。

这样，在分离主义盛行的情况下引入这种概念，逐步恢复多元性，就可以创造出新的财富和新的生活方式。

最近，大都市特别是东京的地价超乎寻常地飞涨，如果置之不理，必将成为日本经济的绊脚石。

关于这一点，我认为有必要像第16章中叙述的那样，果断地进行东京大改造计划。这是一个在东京湾建设新的人工岛、将供给关系正常化或是逆转的建议，而不是重新开发现在的东京。

当然，这是净化东京湾、保护东京的街坊（特别是旧城区）、恢复武藏野森林、建造防灾运河的再生计划，是开发与再生共生的思想。

我认为，除了地价和防灾问题，东京是世界上最有趣、最富有魅力、并且面向着未来的城市。

其中最重要的一点，就是东京是个时间分配的城市。

的确东京的住宅是狭窄的，但是东京的街坊中，有着各种各样精致的

4.8　穆卡洛夫斯基（Jan Mukarovsky）　20世纪30年代的捷克思想家。其结构论的特征是带有辩证法的色彩。他主张，结构在保持一定的规则性、连续性的一贯性倾向的同时，还有着扰乱这一系列性、一贯性的破坏性要素。这一贯性倾向是结构内部的限制力，而破坏性是遵从结构的性格从外部而来的。因此，结构是不断地均衡—骚乱—重建的重复。根据协调＝肯定、反抗＝否定的二律背反力学原理，结构保持其内部平衡。而穆卡洛夫斯基把重点放在否定方面，也就是说，因为否定而在结构内部形成不稳定，平衡崩溃、主调构成要素更新、重新平衡。他认为结构处于不断地重组之中。

辅助设施。

　　虽然，下班后将外国朋友或客人带回家来聚会是比较困难的事，但是，日本式的酒馆、小吃店或者俱乐部随处可见，从不缺少待客的地方。尽管自己家里没有游戏场所，但是，外面有许多麻将店、台球房、电子游戏机室、卡拉OK、扒金宫（弹子房）等等。自己家里即使没有网球场和游泳池，外面也不缺乏体育俱乐部、高尔夫球场，或是高尔夫练习场与网球场。

　　这一切都是客厅、游戏室、游泳池、网球场的替代场所，也可以说，这就是你的"别墅"。这些以时间为单位毫无浪费的共有空间，是"时间分配"的"别墅"。换个角度来看的话，正是因为时间分配，东京才拥有其他国家所没有的、世界各国的风味餐厅和各种各样的娱乐场所。

　　如果再进一步，有钱的人可以在市中心购买（或者租）一室一厅，作为自己的别墅（书房、游戏室或会客厅）来使用的，而在地价比较便宜的郊外买房子供家庭生活，这种生活方式大概可以实现了吧。

分离主义和二元论缺失的东西

　　现代主义的功能分离主义，不仅表现在住宅上，也表现在城市空间上。在CIAM（国际现代建筑协会）的《雅典宪章》中，城市被划分为工作功能、居住功能、再创造功能，以及连接这些功能分区的交通功能。

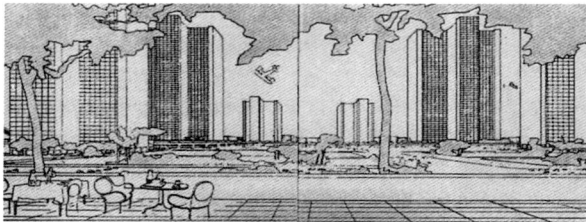

4.9 勒·柯布西耶的"光辉城市"真的光辉闪耀吗?

我们现在熟悉的,将土地利用规划、用途分区制度下的城市空间,在平面图上用色彩加以区分的做法,就是依据这种功能分离的想法。当然,对以勒·柯布西耶为中心的功能主义,当时也不是没有反对意见的。

20世纪30年代,捷克布拉格结构主义小组成员穆卡洛夫斯基[4.8]提出:"全体是各种各样功能生存的源泉,人的行为不可能被哪一个单一的功能所限定"。批判了勒·柯布西耶的单一功能论,主张多重功能论的观点。

但是,在工业社会这个时代背景下,基于单一功能论的分离主义还是主流。不管怎样,分离主义就像是零部件构成机械的道理一样简明易懂。不仅如此,它还是打破当时根深蒂固的学院派和封建意识的有力武器。

悠久历史积蓄的结果,使得混沌的、混合的功能重叠被认定为"非现代的"。功能的纯粹化、扩展的空地、绿地、新鲜空气等口号、柯布西耶的"光辉城市"[4.9],被当作向混沌的城市空间中吹进的现代化新风。[4.10]此后,超高层建筑和广场、绿地这些未来城市的标识,便作为具有普遍意义的现代化,从巴西利亚向世界各地蔓延。

按照这个原理,城市中不仅出现了住宅区、工业区等单一用途的功能地区。在纽约等城市中,还可以看到唐人街、哈莱姆区等按人种进行分离的区域,以及按照收入划分的住宅区。以城市中心为商贸区,以郊外为居住区的分离政策,现在在很多地方仍然存在。

在福利政策上,为残疾人和老人而建的服务设施,不仅被从市中心分

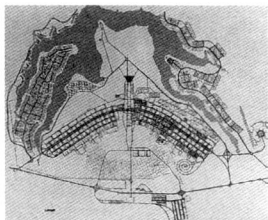

4.10 由超高层建筑、广场和绿地组成的未来城市——巴西利亚，这个现代主义的人工城市所丢弃的、欠缺的是什么呢？

离出来，而且还被迫从人际关系和家庭中分离出来，成为置于国家服务体制之下的分离主义。

这样一来，如果把这些随处可见的分离主义和二元论，当作是现代化、现代建筑的原理的话，那么，现在应该是重新认识被这个原理所抛弃的东西的时候了。

那些本来很难分清的、混沌共生的事物，互补的功能，因为分离而被割舍的中间领域，因为被明确而失去的暧昧性，都是现代主义和现代建筑所欠缺的。

亚里士多德、笛卡儿、康德的金字塔结构

分离主义这种把各种零部件、各种空间，严格划归为某一单纯功能所属的概念，并不是从现代主义开始的，这本是西方合理主义的基本概念，其根源可以追溯到古希腊建筑思想。

亚里士多德[4.11] 在其所著的《形而上学》（Metaphysia）中这样论述："美的主要本质在于 taxis 和 symmetria 以及 horismmenon，与数学相关的学科尤其如此。"所谓 taxis 就是秩序，所谓 symmstria 是由 syn（共通）和 metreo（测定）组合而成的，表示把整体按一定的尺寸或量化进行分割。而所谓 horismmenon 则是限定的意思。把混沌（chaos）的事物按理性分割、定义，

4.11 亚里士多德（公元前384~公元前322年）如果说柏拉图哲学对基本问题的解释是天上的普遍性，那么亚里士多德所阐述的则是地上自然界中各种各样的存在。被称作"尊重合理的伟大的常识家"亚里士多德认为所有事物都是按照各自恰当的顺序被整理、归纳的。亚里士多德统合了东希腊爱尔尼亚的物质观和希腊柏拉图的精神观，留下了大量生物学、物理学等著作，开创了逻辑学、发展了天体论，阐述了形而上学。

这就是古希腊的秩序、思想。

其实，按理性进行分离、分割的原理，是贯穿于各个时代的西方思想的主调。无论是把世界分为善神与恶神、希望之光的神的世界与物质的恶世界、造物主和被造物等等的神话、宗教二元论；还是笛卡儿的精神、物质的二元论，康德哲学的物质本身与现象、自由与必然的二元论，实际上都是这一主调的延伸。

现在，分离主义和二元论，正逐渐成为所有先进国家的建筑、城市以及社会结构的构成原理。

但是，由此人们将会失去很多。

可以看出，人类与技术、科学与宗教、善与恶、局部与全局之间的对立，呈现出一种来回摆动的钟摆现象，一方减小，另一方就会增大，这就是二元对立现象。

包含着二项对立的、流动的、多样性的原理——共生思想

对西方社会的现代化起到巨大作用的二元论思想——二项对立的分析手法，已经深深地扎根在我们的思想和生活方式之中。因此，我们经常会陷入"为了否定二元论而不得不举出二项对立"的矛盾之中。我这里论述的共生思想，也常常是在举出二项对立的同时再去克服它，这也是共生思想

的最大弱点。

梅洛·庞蒂的哲学，被称为"两义性哲学"或"暧昧性哲学"。为他的《行动结构》一书作序的德·瓦莱，对比萨特和庞蒂说："萨特其实只是强化了笛卡儿的心身二元论（肉体和精神的二元论），而庞蒂却把心（精神）和身体之间存在着的微妙之处提了出来。"

比如有人被关在铁笼当中，根据身体是否能从铁笼的栏杆之间钻出来，对放在铁笼外的饭食的认识（精神）是完全不同的。肉体存在是精神的基础，还是精神是脱离肉体而存在的呢。

批评他的人，例如拉康认为，拘泥于身体和意识的二分法，二项对立本身，就已经陷入了笛卡儿的二元论。同样，以共生思想批评二元论时，如果只局限在二项对立和二分法的范围内，就无法逃脱二元论的框框。

共生思想本是流动的多元论，既不是扬弃二项对立的辩证统一，也不是像庞蒂那样，寻找超越二项对立的统一原理。共生思想既包含有二项对立，又有庞蒂的统一体，而且它还是与二者都不同的、流动的多样性原理。

被二项对立、二元论逼到绝路的后现代主义

人是肉体的，人是精神的，人是肉体加精神的统一体。我们还可以说，人不是上述任何一种概念的生物体。

这种"哪个都不是"的"中间领域"是共生思想的重要概念。中间领域的"哪个都不是"的概念，并不是相对于二元论的"三元论"。

在中间领域当中，比如可以设定"肉体10—精神1"，到"肉体1—精神10"的10个阶段，其间可有无数项的多元论。实际上若是并不拘泥于对立项，而是可以自由组合，形成有流动性的精神、思想。这么说也许更容易让人理解。

我之所以对法国哲学家德勒兹和瓜塔里的"根茎"，有着强烈的共鸣，就在于流动性关系这一点上。过去的新学说，革命性思想都是完全否定了它之前的学说和思想，而被承认其存在价值的，经常是以新创造出来的二元对立否定过去的二元对立。

而共生思想则是不断地否定和吸收。此前占主流的各种思想和制度（思想学说、社会制度等等），例如对共生思想最应该否定的现代主义，也是在否定的同时有所吸取，而非一概否定。以完全否定现代建筑而出笼的狭义后现代主义建筑（也可以说是历史主义建筑），最终也落入了老套的二元论。重视功能合理和效率的现代建筑，虽然是被视为否定对象。但是我认为，对未来的展望既要包含着不断地否定它，又要去拓展它。

在游牧世界里日本应该加强民族认同感

共生思想是流动的、自由的、轻快的、新时代的游牧思想。

定居社会里人们居住在各自的土地上，由分界线或缓冲地带隔开。这种情况下，和平取决于互相不干涉对方的内政，不侵犯边境，形成相对封闭的社会。

但是现在，我们居住在以移动、交流来创造价值、发现事物的流动社会，形成了超越意识形态差异、文化差异和经济技术水平差异的交流的世界。如果发挥个性、多样性的社会，被当作共生社会的话。那么，世界也将由各种各样的文化的共生来支撑。因此，定居社会中不是特别重要的国家、民族特质，这时就显得极为重要。

试想游牧世界的沙漠中，突然出现来历不明的一群人，一定会被警惕的

4.12 威廉·莫里斯（1834~1896年）　英国诗人、画家、工艺美术家、社会改革家。1857年参与牛津新联合讲堂的建筑。1861年，成立莫里斯·马绍尔·福克纳商会，生产制造室内装饰、彩色玻璃、金属工艺品、墙纸等。反对商业主义，提倡将手工装饰艺术融汇到日常工作之中。作为诗人、艺术家，在歌德复兴中强调中世主义，认为在社会主义社会中是可能实现的。出版有《地上乐园》、《无何有乡漫步》等著作。

眼光来判定是否是盗贼或者有无恶意。游牧世界里，首先必须要明确地表达自己的来历、来此的目的，以及有没有攻击对方的意图。

现在的日本，就像突然出现在沙漠上的、无言的黑色骑兵军团一样，没有比笑而不语的群体更令人困惑的了，甚至可能被看作怪物。"敲打日本"（Japan Bashing）的原因之一，也是由于日本令人费解的行动本身。

沉默寡言才显尊贵、善于言辞的家伙一定外强中干的传统思维定式，为日本培育出沉默敬业的手工艺人、默默地钻研的研究人员和学者。在日本，人们经常把善于讲话的学者、艺术家当作演员来看待，认为他们没有真才实学。

不务正业只靠嘴巴的"演员"当然另当别论，但是能干、有实力的人物，却因为善于表达而受到排挤的现象，是定居社会的典型思维模式，特别是日本封建的"村落社会"的风气。

我觉得很有必要打破这种观念。日本教育制度中最落后的，就是对说明自己的能力和语言表达能力的培养。"暧昧性"是日本文化的特色，可是我认为不能很好地表达自己，与我们所说的"暧昧性"毫无关系。

清晰地表达对于日本文化的认同，清楚地说明日本的国家目标，已经成为当前急待解决的问题。

我们必须以实现世界多元文化的相互认同、相互竞争和包含着对立的共生世界作为目标。

4.13 新艺术派。引用植物的曲线进行装饰、设计。

脱离极端的钟摆现象

在欧洲历史上，有着合理主义与非合理主义的极端地摇摆、交替出现的现象。英国工业革命以后，威廉·莫里斯[4.12]发起艺术和手工艺运动，针对工业革命批量生产的思想，提倡手工艺的重要性。他们借用新艺术派的[4.13]植物曲线的装饰性，强调动态的设计和艺术风格，可以说是针对19世纪末流行全世界的工业革命的一种颠覆。

有人说西班牙的高迪的建筑结构非常合理，但那其实是呼应新艺术派风格的结构[4.14]，是对合理主义的工业革命的反击，也是摆过去之后再返回来的钟摆现象。

20世纪初，伴随着彼得·贝伦斯、卡尼尔、贝雷等提倡合理主义的建筑师的出现、包豪斯的出现，现代建筑又向合理主义反转。欧洲的这种"钟摆现象"也原封不动地被进口到了日本。

讴歌了20世纪60年代经济高度增长的日本人，到了20世纪70年代，突然转变成为反增长主义、反技术主义。一直推崇高度增长的媒体，也突然一抹嘴转向宣传零增长运动，唯技术为恶的论调充斥着每天的报纸。

"简朴生活、悠闲主义、普通生活"成为那个时代的生活方式。到了20世纪80年代以后，日本越发直接融入国际社会。石油危机，NICS（新兴工业国）的追赶，日元升值，贸易摩擦，紧缩财政，内需骤冷等等恶性循环，

4.14 新艺术派。反对批量生产的思想，提倡手工艺美。

形成了一个难以维持经济增长的困难时代。这样一来，人们便期待着生物工程学、新媒体、计算机、互联网、超导等新技术，能够成为经济活性化的先导。

筑波科学技术博览会就是在这样的时代背景下召开的。

而"技术"的历史，一直就是极端的技术信仰与反技术的交替更迭的历史。

这种二元论的钟摆现象，只能给人们造成混乱。越是不成熟的国家，钟摆现象就越明显。好像新手开车的时候，常常会突然加速或紧急刹车，但是，对于娴熟的司机这些动作的转换就非常自然，而赛车手更能同时踩加速器和刹车。

现在是克服二元论、从极端的钟摆现象中脱出来的时刻了。

人类自身本来就是包含着矛盾、对立的暧昧的存在，因此更不应该轻视或"遗忘"无法用二元论划分的中间领域的存在。我甚至认为，只有中间领域才是今后人类可以开拓的沃野。

现代主义是工业社会的中央集权系统

按照"等级统一原理"，可以清楚地划分部分和整体，这是认为整体比部分更重要的金字塔型支配秩序。

如果列举现代建筑的等级统一原理的话，可以分为以下三点：

4.15 阿瑟·凯斯特勒（1905~1983年） 1937年在西班牙市民战争中因间谍嫌疑被捕入狱。在数个月的单身牢房中经历了"某种体验"，之后他称之为"第三次真实"。凯斯特勒写道"难以用感觉或是概念来说明'第三次真实'，那就像原始人想象的灵魂的流星滑过天穹一样。就像不能用皮肤感觉到磁力一样，用语言描述是遥不可及的。那是一种用看不见的墨水书写的教科书。"（田中三彦·吉冈佳子译《全息革命》工作室）

- 结构优先于内部空间（室内）

- 基础设施优先于生活设施

- 公共空间优先于私有空间

所有这些的共同性，在于整体优先于部分的等级原理，即金字塔型等级秩序。住宅是城市的一个组成部分，是在城市基础设施，如广场、街道等公共空间设定后被规划的，住宅被认为是次要的、从属性的部分。

建筑及其空间上的关系也同样如此。总之，这种原理是通过部分服从全体来形成等级秩序的。

这不只适用于建筑和城市空间，如果从工业社会的效率原理来说，为了寻求聚积效果，巨大科学、巨大技术、巨大产业，以及产业结构的等级秩序就会首先决定整体骨架，然后再倒向其次部分。工业社会的中央集权系统，代替了封建社会的中央集权系统。这样，拥有等级秩序或宏观框架优先的现代主义，就会损失掉"部分"中应有的多样性、人性，以及细致入微感受。

在信息社会里，这种现代主义的产业结构将会发生很大的变化。中小企业而不是大企业、服务行业而不是制造业，将成为推动产业前进的动力。大企业、大集团制定框架后，再转包给中小企业的金字塔型的秩序将被完全打破，取而代之的是全新的网络型产业结构。

* 　原文误为L.von Bertalanffig。L·冯·贝塔郎菲著《一般系统论》由清华大学出版社 1987出版——译注

超越还原主义的子整体理论（全体与部分的等价论）

部分与全体的非二元论哲学就是共生思想。现在在所有的领域中开始引人注目，还有阿瑟·凯斯特勒 [4.15] 的子整体概念。

根据阿瑟·凯斯特勒出版的《超越还原主义》或《Holonbeyond Atomism And Holism》（原题为 JANUS），所谓 holon 是个新造的词。该词结合了古希腊语中具有全体意思的 holos 和表示粒子、部分的结尾词 on。以 holon 这个词同时表达整体与局部。

凯斯特勒对还原主义进行了批判，他认为，整体常常超过部分之和，将复杂的现象分解成组成要素时，必然要丢掉一些本质的东西。

凯斯特勒在纪念一般系统论的创始者 L·冯·贝塔郎菲（L.von Bertalanffiy）* 诞辰 70 周年的论文集《通过多样的统一》（Unity through Diversity）上，发表了"树和蜡烛"（The Tree and the Candle 1973）一文。

在凯斯特勒看来，生物结构、社会组织、人的行动和语言体系都具有开放性和阶层性。"开放阶层系"是子整体概念的基本概念。

东京是300座城市的集合体

我曾在 1973 年的《城市学入门》（祥传社）中写道："东京是 300 座城

市的集合体"。其实不管什么样的城市都可以看作多个城市的集合体。

城市在行政上被界定为独立的存在，所以大家习惯地认为城市是一个统一整体。但是，每个城市因各种原因经过反复地吸收合并，城市中包括不同的地形、地势，又各自形成了不同的历史地域，仅凭行政性界线，而将某地看作一个统一的城市的想法是十分勉强的。

如果把城市看作大小不同、在保持各自特色的同时也与其他地域保持着流动性的关系的话，就不难理解一个城市中存在着300座城市这样的说法了。

我并不认为地域与城市之间是强制的、从属关系，地域与城市也可以是等价的子整体关系。

名古屋市数年前制定了独特的城市景观条例，我作为基本策划部会长，参与了这个景观条例的制定。

这个条例独特的地方在于，不是将名古屋市的景观制定为一刀切的形式，而是根据城市状况，制定100多个各有特色的景观地域（命名为景观自立地区）。

如果说首先决定规范和标准，然后把它视为放之四海而皆准的想法，是现代主义的思考方法的话，那么这个景观自立地区的想法，可以说是革命性的变革。

在这里，部分（景观自立地区）与整体（名古屋市）是子整体关系。

革命性的构思——"国家与'城市国家'等价论"

这种子整体的等价构思也适用于国家与地方的关系。

大平正芳首相在世时，我作为首相的政策研究会成员，经常有与首相讨论的机会。有一天，与首相谈到国家和县（日本的县相当于中国的省——译注）、市之间的关系时，首相突然对我说："黑川先生，如果取消县，只由国家和市来构成行不行？以广域的联络调整协议会代替县行不行？"。

我想首相的理想是城市是像"城市国家"一样自立。政策研究会所建议的"田园都市国家设想"，并不是建立以"田园都市"为中心的国家，而是希望建立田园型的城市国家。

将国家和"城市国家"视为"等价"的想法，对于一直将地方看作从属于国家的想法来说，无疑是革命性的、是子整体式的。

子整体构想对企业的经营、组织，以及建筑、艺术创作等等，也会带来巨大的影响。

首先确定整体框架，然后划分细部，这种自上而下的方法，往往导致忽视细节、局部。相反，自下而上的堆加方法，也无法保证整体性。

只有把从整体出发的构思和从部分出发的构思，等价值等比重地同时考虑的子整体式构思方法，才是最有创造性的。

我自己在设计开始的时候，一方面先从城市规划、周围环境、社会需求等整体、宏观的角度出发、构想，另一方面也同时对局部的细节进行设计，这时脑海中会浮现出门把手的设计、触感，扶梯的形状、地毯、家具的设计、墙面壁纸等细节。

这种整体与局部的草图齐头并进的工作方法，就很有子整体式效果。借助外国建筑师和评论家的说法，我的建筑作品虽然具有大胆的空间结构，但细节上也很有品质，在用细部说话。

这些评论让我非常开心，使我感觉到部分与整体的全部内涵。凯斯特勒著作的原标题是"JANUS"，该词的本义是两面神，它一方面将人类封闭在各自的阶层内，另一方面又起到促使人类迈向更高层次的作用。凯斯特

4.16 荣格（Carl G.Jung Jungin，1875~1961年） 提出"意识的深层"——集体潜意识，是连接人类史的全部记忆，在人心中带有共时性（synchronicity），是人类意识的源泉。譬如，对亲近的人的死亡的直觉，就是两者意识深层的共时性所引起的。第一次踏上某地，却有"好像来过"的感觉时，也是超越时间的过去的体验的共时性的作用。

4.17 沃尔夫格·保利（1900~1958年） 奥地利的物理学家。因"保利不相容原理"等的发现，对相对性理论及量子理论做出了很大的贡献。

勒考虑的局部与整体中，含有人与神共生的意向。

此外，凯斯特勒将感觉认识称为第 1 存在，将概念认识称为第 2 存在。而他所阐述的第 3 存在则是神秘主义的"大洋的感觉"（Oceanic Feeling），这是超感觉、超概念的认识世界，与荣格 4.16、沃尔夫格·保利 4.17 共同研究提出的"共时性"概念十分相近。我将"共时性"概念解释为过去、现在和未来的时间共生。而凯斯特勒不仅引用了荣格和沃尔夫格·保利所说的共时性，而且，还进一步将其扩大到精神与肉体、有意识与无意识，以及人与神的共生。

神秘主义开始与科学、物理学连接

物理学家大卫·博姆 4.18 提出了"即使是生命也是由物质形成的"的观点，提出了生命与物理学之间、宗教与科学之间的连续性问题。

《现代思想》1983 年 6 月号中刊载了，博姆和韦伯的题为"科学和神秘主义之间"的非常有趣的谈话。其内容可以归纳为"目前为止的物理学解决了部分和部分的统一，但是没有解决部分和全体之间的统一。现在物理学正在试图解决部分和全体的问题"。与凯斯特勒相同的意识在物理学领域中也开始出现。他们引用爱因斯坦的"最美丽的东西是神秘"这一名言，提出以前属于宗教和艺术范畴的"神秘性"，现在

4.18 大卫·博姆（1917~）　提出精神和物质都属于"内藏的秩序"，在这一秩序中有两者相关联的基础。比如在玻璃杯中的水里滴入一滴墨水，慢慢地搅拌，墨水就会均匀地溶入水中。这时全体和部分成为一体。如果说，这是一个内藏秩序的世界，那么在反向搅拌的过程中，墨水又会逐渐从全体游离，成为一滴墨水（部分）。基本粒子也是这样，精神作为神经脉冲也是如此。这就是博姆考虑的部分与全体的关系。

开始和实证的科学、物理学相连接。

这也说明，跨越主张宗教与科学严格区别的二元论的观点，正在活跃起来。

现在，超越现代主义正成为世界共同的课题，而对日本来说，同时还有超越西方主义的课题。

在思考下一个时代的时候，超越了二元论的共生思想，实际上存在于佛教思想之中，存在于日本文化和日本人的生活传统之中，这一点，对日本来说也许是有利的。

个体与超越个体的矛盾统一："即非理论"

铃木大拙[4.19]大师的"即非理论"，阐明了部分和整体、或矛盾双方共存关系的基本哲理。

金刚经中的记载译为英文是：

A is non-A，therefore it is called A.（色即是空，空即是色）

这就是"即非理论"的原点。

"东方概念的'个体'，不同于西方的'独立的个人'的概念，不是在自我中追究自身的存在，而在超越了个体的'空'中存在。个体和整体矛盾存在的同时，仍不失掉自我的同一性。'即'就是两者必然不同，而'非'

4.19 铃木大拙（1870~1966年）　主张"我即我"认为同一性具非时间性，类似佛教的"空"。非时间——"空"中，山是山，我看山，山看我。我看山的时候，同样的山也同时在看我。铃木主张纯粹主体其实就是纯粹客体，自我内在的东西同时同样是针对自我的东西，"人与自然"与"神与自然"是同一的，一个和多个即是一个，是完全同样的状态。

4.20 三浦梅园（1723~1789年）　江户中期的哲学家。本业为医生，通晓儒学、天文学和日本数学。梅园三语（《玄语》、《赘语》、《敢语》）的思想超越了时代和学术领域。

则是二者必然成为同一。"

"即非理论"在概念上同时拥有肯定和否定，因而产生两义性和暧昧性。A 和 non-A 其实是同一的。铃木大拙大师认为，矛盾的存在也是同一的存在，部分和整体的互相包含关系，即是"即非理论"。人作为宇宙的一部分存在的同时，宇宙也包含在人的意识之中。宇宙和人是相互包容的，这在禅学中常被提及。在东方哲学中，很容易发现这样的反二元论，非二元论。

在东方的个体（Oriental lndividum）世界里，部分和整体是等价的，个体和超个体（全体）相互矛盾的同时，并不失去自我的同一性，这原本就不是一定要将部分统一到全体之中的金字塔型等级概念。

江户时代的哲学家三浦梅园[4.20]通过《玄语》《赘语》《敢语》这三部著作，完成了"反观合一"这一哲学概念。东京大学的三枝博音先生在《三浦梅园的哲学》一书中认为，三浦比黑格尔早50年完成了辩证法哲学。但是我认为，与其与黑格尔[4.21]比较，不如说三浦在学习西方的实证哲学的同时，受到了东方、特别是印度哲学的巨大影响。

"反观合一的哲学"可以看作是二元论融合为一元的一元论，也可以说是分析与归纳，部分和整体共生的典型的东方哲学。三浦梅园首先发现了无限二项分割世界的二分法。从无限二分的源头反过来，追溯合一的世界。如果把三浦的哲学重点放在二分法上，就可以领会到他和黑格尔哲学的梅园三语的全部内容都是在两次长崎旅行及一寒村——富永村（现在大分县东国东郡安岐町）中闭门而作，是日本少见的康德型哲学家。

4.21 格奥尔格·威廉·弗里德里希·黑格尔（Georg Wilhelm Friedrieh—Hegel，1770~1831年）　黑格尔把人类历史看作理念实现的过程，矛盾推动事物的发展，所有事物（现象）都不会持续不变，事物内部产生矛盾的要素，通过自我扬弃进行转化，从而完成辩证的发展过程。

相似点。

　　但是，三浦梅园将其哲学命名为"反观合一的哲学"，我认为，他的最终目标是探究合一世界。把对立的二元合一，可看成"部分和整体的共生哲学"。我不知道三浦梅园是否学习过佛教的唯识思想，但是，他的哲学和唯识思想非常接近。我认为唯识思想才是 21 世纪哲学的原点。针对陷入死胡同的西方二元论哲学，日本可以在 21 世纪，运用扎根日本的佛教唯识思想，开拓新的道路，成为引导新世纪思想的先行者。

5

唯识思想与共生——共生的根源

5.1 奥义书哲学 《奥义书》是继承《启示书·吠陀经》的婆罗门文学《梵经》末期圣典的群书。奥义书哲学主张把自我内部的中心（我）升华、统一到宇宙的中心——最高神婆罗门（大我），首先提出了伦理性的因果报应原理。

5.2 阿特曼（atman） 在初期的圣典《吠陀经》中，用来表达呼吸，或者自我内部的中心——"我"。以后逐渐演变为超越了自我的"我"，而最终成为与宇宙中心阿夫曼相同的意思。

既不是物质，也不是精神的根源性"阿赖耶识"

我认为唯识思想是共生思想的根源。我将自己思考问题的茶室命名为"唯识庵"。作为茶道爱好者，我的别号叫"唯识庵空中"。我始终认为，唯识思想是超越现代主义和二元论的共生思想的圣经。

唯识论是日本人所熟知的大乘佛教的主干思想，是领悟佛教本质最重要的思想。

诞生在印度的佛教，在佛陀出现以前和以后有着很大的不同。

印度在佛陀出现以前，以"轮回"（samsara）为中心的传统思想，作为原始佛教而存在。"轮回"思想认为，任何事情都有着在宇宙漫漫长河中无限反复的宿命。

原始佛教，如《奥义书》[5.1]（Upanisad）所说，自我的终极是"我"（atman）[5.2]，"我"是大宇宙的真理，与婆罗门（Brahman）等同。

"我"因自我行为（业）的善恶，在几个不同的世界中转世轮回。

然而，佛陀否定了"我"的存在。

"始终保持自我同一性，而不灭亡的永恒的自我并不存在。存在的只是瞬间产生又毁灭的继承体"，主张"无我"（anatman）、"解脱"。佛陀的"无我"是否定"轮回"的一种革命思想。

不久之后，唯识思想作为统一"无我"和"轮回"矛盾的思想而出现。

　　唯识思想认为，"轮回"的主体不是"我"，而是"识"或者"阿赖耶识"。*
阿赖耶识意为，存在于人的无意识领域、可以创生出所有无穷尽的可能的
存在。所有的存在、所有事物的因缘，都在阿赖耶识之中。阿赖耶识含藏
一切"种子"。

　　如果"时机"成熟、碰到"机缘"的时候，"种子"就会成为具体的现象。
而现象的影响又会立即反馈给阿赖耶识。

　　阿赖耶识是物质根源的同时，也是精神的根源。

　　与笛卡儿的"物质和精神二个实体"的说法相比，唯识论认为"物质和
精神是各自根源的表现"。

　　我认为，既不是物质也不是精神的阿赖耶识，就像现代科学的 DNA 一样，
类似于生命信息、生命能源之类的东西。印度古代的宗教思想与今天的科
学思想超越时空相通，的确十分有趣。

善与恶及中间领域——"无记"

唯识论的根源可以在龙树（Nagarjuna）[5.3] 的思想中找到。

　　龙树之前的中观派遵循《般若经》中"空"的思想，认为"所有事物都
不过是概念性的名称（namadheya），这些名称是'非实际'的，因此，所
指的事物也是非实际存在的"。物质世界全部是虚幻的，是非实际存在的。

5.4 弥勒（Maitreya） 4世纪初的印度佛学家，被称作弥勒论师，无着的老师。常常被混同于释迦牟尼涅槃后567000万年间降临人间救助众生的、住在下界最高天兜率天的弥勒佛。

5.5 无着（Asanga） 4世纪西北印度犍陀罗（Candhara）的佛学家，著有《摄大乘论》等著作。阐述了阿赖耶识（相当于无意识的根本意识）是从本源转换成为真实的智慧这一唯识论的基础理论。

龙树纠正了这种陷入虚无主义的"空"的思想。

龙树在其著作《中论》中主张彻底的中道："我们不是虚无论者，排斥'有'和'无'这两个说法，明确前往涅槃之城的道路"。倡导"八不中道"、"无所得的中道"。龙树的《中论》可以作为反对西方二元论的"空"思想的原点。

龙树死后不久，公元 300 年左右，他的思想被总结成《解深密经》，这是最早的唯识思想的经典。

此后，弥勒（Maitreya）[5.4]、无着（Asanga）[5.5]、世亲（Vasubandhu）[5.6]三代宗师奠定、巩固了唯识思想。

《解深密经》提倡的唯识基本思想，以"无覆无记一切种子识"表现。所谓"无覆无记"，是在给阿赖耶识附加伦理价值时，不论善恶。相对于基督教的善与恶的二元论，这里则分成"善"、"恶"以及"无善无恶"三部分。在善与恶之外，还存在着一个中间领域。

而"一切种子识"，如前所叙述，是指像 DNA 一样、接受全部、包括全部的种子似的存在。

暧昧的可塑状态

我认为"无记"这种什么都不是的暧昧状态里，隐藏着和现代意识相通

5.6 世亲（Vasubandhu） 4世纪西北印度的佛学家，无着的弟弟，著有《俱舍论》、《唯识二十颂》、《唯识三十颂》、《净土论》等著作。将128个根本烦恼划分成20个类别进行分析，从阿赖耶识中独立出"意"识（相当于自我），完成了唯识论。

的无限的创造可能性。

今后人们可能会不断地面临选择新的价值观的问题。因此，也就经常会有不能马上判断的状况，也就是暧昧状态。

"是"与"否"的二元式行动，已不能完全对应社会的要求，我认为，需要在"是"与"否"之间增加"哪个都不是"的三元式的行为方式。所谓"哪个都不是"的状态，是正在思考的状态，也许会有答案，也可能没有任何答案。

与其以"是"或者"否"结束思考，不如多一种具有创造性的状态。

支撑民主主义的多数表决制，就具有不积极评价暧昧性、强迫人们停止思考的性质。让大家选择"是"或者"否"，即使结果是51比49，也会取51而了事。可是如果允许投"哪边都不是"的票，那么可以花更多的时间去思考，说不定会有完全相反的结果。而且，可能"哪边都不是"的判断才是最正确的。到现在为止，我们在多数表决制的决定中犯的错误并不少吧。

我认为，无视"哪个都不是"的风险将导致今后错误判断的增加。如何评价、怎样把它引入到社会制度之中来，将是社会性课题。

长期以来，日本人接受并传承的佛教大都是大乘佛教。所以其中心思想的唯识论，可以说，已经被日本文化潜移默化地接收了，我想正是这些思想将成为超越二元论的关键。

5.7 羽仁进（1928~ ）　东京出生的电影导演。在电影创作中重视表现、自由、自然的日常生活。主要作品有《不良少年》、《布瓦纳·托西之歌》等。

5.8 武满彻（1930~ ）　东京出生的作曲家。作品充满了寂静的感性，内向而有诗意。主要作品有《为了弦乐的安魂曲》、《November Steps第1号》等。

达到"生与死的共生"的思想

以前，羽仁进[5.7]先生在与武满彻[5.8]先生的电视对谈节目中，有过一次很有趣的发言。他谈到在热带大草原生活时的经验，说在那里，生与死是泰然共处的。

动物世界是弱肉强食的世界，眼看着狮子咬死长颈鹿是很正常的事情。长颈鹿被咬的时候会发出悲惨的叫声，不过，那只是一瞬间。狮子填饱了肚子，就又恢复了寂静，周围其他长颈鹿又开始泰然地吃草。

在动物世界里，生死不过是一纸之隔，而在人的世界里，人的生命却被教育成比地球还珍贵、还沉重。

这种生与死的二元论是非常严酷的。人们对于死亡的恐怖到了歇斯底里的地步。而将这种恐怖提高到最大限度的正是现代主义。

我对羽仁先生以上的发言很有同感。

这和佛教轮回教导的，人、动物、植物、甚至佛的生命，都是超越了生死、在更大的生命系统中存在有着相通的观点。

因此，"无情"这个佛语，并不是虚无或不为所动，正因为"无情"，才可能在更大的生命系统中共生。用不可思议的说法，今后人们也许必须要寻求达到"生与死的共生"的境界。西方现代主义告诉人们死亡和地狱的恐惧，因此人们否定死亡，"拼命"地希望生存，认定死是"无"、是"空虚"，是恐惧。

可是我慢慢开始认为，我们是不是可以用比较轻松的态度，来看待"生与死"这一人类最大的二元论话题呢？

6

共生时代的历史思考——重新评价江户时代

6.1　英国皇家艺术学院（Royal Academy of Arts）　英国的美术学院，以提高绘画、雕刻、建筑等诸类艺术教育为目的。在1768年，依照法国的皇家艺术学院在乔治三世（1760~1820年在位）的特许和援助之下成立。首任院长雷诺兹爵士（Sir Joshua Reynolds）的学术演讲，作为18世纪的美术论而闻名。除了教育之外，援助穷困的艺术家及其家族，也是其事业的主要目标之一。

江户时代是不同性质的高度发展的"现代化"社会

最近，江户文化的成熟性、多样性成为引人注目的焦点。有不少学者从各个角度，提出了各种各样的江户论，也出版了很多的书。早在 20 世纪 60 年代初期，我就曾经预言"过对江户的再评价，并将江户作为历史现象进行了研究。

比如说，我从 20 世纪 60 年代初开展的一系列诸如："对江户旧城区的再评价研究"、相对广场而言"对胡同与街道的再评价"、"对江户高密度的再评价"、"江户数寄屋研究"、"木偶研究"、"三浦梅园研究"、"江户末期锦绘的收集与研究"、"利休灰研究"等等。

1981 年我在英国皇家艺术学院 6.1，借设计"江户大美术展"会场的契机，在牛津大学发表了题为"江户与现代"的演讲。

在那次演讲中，我作了下面的发言：

江户时代，准确地说是从室町后期到江户时代的三百多年，培养出了现在的日本生活方式和日本的文化。

现代日本保留下来的传统文艺、传统文化中的主要部分，如茶道、插花、能、歌舞伎、数寄屋建筑等等，都是在室町时代末期至桃山时代诞生，于江户时代在民众中传播发展起来的。但是，明治维新以后，从政府到日本国民意识中，都严重存在着全盘否定江户时代的倾向。

6.2 山片蟠桃（1748~1821年）　江户中期的民间学者。从年幼的时候开始，进入大阪的山片氏升屋作丁稚奉公，后来成为首席之后，继承了山片的姓氏和升屋的名号。并在那个时期学习儒学、天文学、兰学，著有《梦之代》一书。《梦之代》是涵盖天文、地理、神话时代、历史、制度、经济、经学、杂书、异端、无鬼上·下，杂论等十二卷的大作。虽然该书因天文卷而出名，但是由于他的另一部著作《大和辩》，山片蟠桃也被评价为经济学家和思想家。

明治以后压倒性的"全面西化"进程中，不仅江户时代幕府的封建制度受到当然的否定，就连生活方式、文化也被作为"非现代的东西"而遭到否定或贬低。

明治以后，日本建筑突然开始完全模仿西洋建筑，日本人也开始穿起西装来了。比较普遍的说法认为，日本的现代化是从明治时期开始的。

我经常听到有人讲，明治以后的百余年间，日本完成了从落后国家到先进国家的转变。发展中国家的领导人们也说，我们要向日本学习，在今后的百年间完成现代化的进程。

但是，我认为这种说法并不正确。

原因何在呢？因为我们逐渐发现，江户时代实际上是一个超越了现在人们的认识、已然进入了日本特有的现代化的时代，是大众文化积蓄沉淀的时代。

从 R·P·多尔（R.P.Dore）的《德川时代的教育》来看，江户时代末期（1868年）日本 6 至 13 岁的儿童的就学率为：男 43％，女 10％，超过了当时的英国，是全世界最高的。大都市江户的人口也远远超过了 100 万人，应该是世界上最大的都市之一。

在学术方面，山片蟠桃 [6.2] 在他 1802 年的著作《梦之代》中，就已经提出了恒星太阳系说。牛顿的高徒约翰·基尔（John Keill）18 世纪初的著作，也被志筑忠雄 [6.3] 翻译为《历象新书》。伊能忠敬 [6.4] 早

6.3 志筑忠雄（1760~1806年）　江户中期的兰学家。进行了多种荷兰书的翻译、著述。主要著作《历象新书》，是来自于英语原文的荷兰译本。其中叙述了地动说，附录中的"混沌分判图说"，作为拉普拉斯（Laplace）的星云说也很有影响。

在 19 世纪初就已经精确地测量、制作完成了日本地图。18 世纪 70 年代，三浦梅园的《玄语》、《赘语》、《敢语》三大著作，比黑格尔早半个多世纪完成了辩证法哲学的阐述。

更重要的是，江户时代的社会已经实现了，与西方完全不同的、独特的现代社会。

明治维新以后的急速西方化，是以这个独特的、成熟了的现代社会为基础、像吸墨纸吸取墨水一样，从江户时代吸收了很多东西。（《建筑论—日本的空间》1982 年鹿岛出版会刊）。在这里，我反对日本的现代化是从明治维新以后的西方化开始的见解，提出江户时代实际上已经是独自成熟了的现代化社会的看法，同时主张在江户时代可以追寻到日本文化的渊源。

江户是当时世界上最大的大众文化城市

以下是我所整理的江户时代的文化特质，以深化上面的论点。

第一个特质是文化的大众性。

日本的人口在平安时代（8 世纪）是 500 万人，到江户时代前的约一千年里，增长到了 1000 万人。然而，进入江户时代之后的 100 年间却陡然增长到了 3 倍，到了八代将军吉宗时，已经是 3100 万人口了。

城市人口的增加，是随着城市化的发展进程而出现的，江户城当时已成

6.4 伊能忠敬（1745~1818年） 以江户中期的测量学家而闻名，不过，这是从他50岁以后才开始的。在此之前，他是造酒业的名主，隐居以后开始了天文、地理、数学的学习和测量。测量从1800年开始，进行了16年，总旅程3436日，完成了陆地测量距离43708公里，方位测量次数15万次的巨大事业。他测绘的地图和现在的相比，误差仅有约千分之一。虽然江户时期没有被普遍使用，但是到了明治之后，就被当作日本最基本的地图。此外，西博尔德（Siebold）事件，是由于他在回国时，拿着忠敬的地图而引发的事端。

为人口超过100万的世界上最大的城市之一；同时，也是一座世界较早的大众文化繁荣的城市。

在建筑方面，取代大规模的神社、佛阁、城郭建筑，建造了许多数寄屋建筑、表演歌舞伎、能乐及偶人净琉璃的剧场等，在农村和城市的民居等小规模的大众建筑中，也涌现出了大量的杰作。

当时发达的日本造纸技术和木版画印刷术，使得大众风俗言情小说、滑稽小说、欢场小说和成人漫画书"青本"（草双子、黄封面）、儿童小人儿书"赤本"和"异本"得以大量出版，书店遍布江户城的各个角落。

娱乐、儿童出版物可以说，是大众文化深厚底蕴的表现。

高密度住居创生了微妙的"眼·腹的默契"

第二个特质是高密度社会和由此培养出来的微妙的感性。

江户的住宅大致是一所房子平均二间，一户人家平均六口住在里面，一般不可能由夫妇二人占据一个卧室。

不用追溯到江户时代，回忆我的儿童时代，也是父母亲和我三人在一个房间里睡成"川"字形，祖父母和兄弟们睡在邻室，这样的情景在过去的日本是很常见的。

现在的东京每公顷平均255人居住，人口密度相当高。可是在江户时代，据记载，每公顷土地上要居住 688 人，这说明东京现在的密度还不到江户时代的一半。

在这样的高密度居住环境中，经常大声说话的话，就会感觉非常吵闹。

日语中有"眼睛像嘴一样会说话"和"揣摩肚腹"的表述，这种用眼睛交流、用肚腹交流的默契，应该是在江户高密度社会中创生出来的吧。

这种高密度社会的人际关系培养了微妙细腻的感性，一点点情感的变化、表情的变化、身姿和态度的变化，都会给别人带来很大影响。歌舞伎中世态剧的那些微妙的"心理剧"和"人情剧"表现，也来自这种细致的感性。数寄屋建筑对材料的细腻感受，也可以从这里找到源头。

从另一个视角来看，江户时期的日本人，在闭关自守、士农工商世袭的封建制框架中，从高密度的居住空间和人际关系中想要摆脱束缚、开放自己是完全不可能的。然而，不正是因为人们处在封闭的空间之中，才导致对人际关系的爱憎、世故人情，以及对四季变迁和对动植物的感情极为敏感，并把这种敏感不断地"内向化"，成为十分细腻的内心世界吗。

现代城市规划一直把高密度当作"罪恶"，把低密度、大面积的公园、绿地中独幢楼房等居住环境作为理想。然而，这是现代社会普通人的居住理想的平均值吗？

但是我认为高密度的居住环境才是人们未来的生活环境。

想想那些已经实现了现代城市规划理想的低密度居住环境的城市，堪培拉、洛杉矶。但是，那里的居民对自己的居住环境并不感到满意。

在堪培拉，广阔的土地上零星分布着一些住宅，去邻居家也不得不乘车，这样的环境能够算作有人情味吗？

从洛杉矶的高犯罪率来看也能够让人明白，低密度居住绝对不是一件好事情。

6.5 莎伦·塔特（Sharon Tate）凶杀事件　1969年美国女演员莎伦·塔特，在自家举行聚会的时候，被闯入者用斧子杀害。因来迟而逃脱厄运的情人R·波兰斯基，在其紧接着的作品《麦克白》中，导演的头颅滚落的场景，难道不是愤怒的表现吗？

让全世界感到震惊的、莎伦·塔特（Sharon Tate）凶杀事件[6.5]就很有代表性，谁都不知道邻居家发生了什么事情。

这绝对不是适合人们居住的理想环境。

在未来的信息社会里，高密度社会将被重新评价。高密度社会中培养出来的敏锐的感觉，留意对方的心理，大家相互体谅，才是共生时代重要的事情。

给城市规划以启示的大江户多阶层杂居长屋社区

我想要明确的另外一个江户居住环境的特征是杂居性，也可以说是复合性、多义性。

从"落语"（日本的单口相声）、"讲谈"（日本的评书）中可以了解到，江户的长屋中居住着各种各类丰富多彩的人物。

知识渊博的隐居人士、穷困潦倒的浪人、看似大名（日本的地方诸侯）的女儿和店铺掌柜私奔出来的年轻夫妇、形迹可疑的游方医生、生了一大群孩子的勤劳的木匠等等，各样角色都群居在一个长屋里。

说起江户时代，还会让人想到士农工商身份制度等级森严、令人窒息的阶级社会。可是，阶级性只是表面的，社会内部却是完全不同的运作。

譬如说，武士阶层里相当贫穷的人很多。反过来身份等级低贱的商人却十分富裕。

在学术界，工商出身的研究兰学（西洋学问）的大家也有好几位。就连武士也要向他们低头做弟子。

总之，与表面的身份制度有别，实际上，还存在着金钱上的阶级等级、知识上的阶级等级、艺术权威上的阶级等级等等，这些加在一起形成了复杂的社会关系。

因此，无法谋生的武士在木匠家的隔壁制伞，也没有什么值得惊奇的。

与之相比，倒不如说现代的住宅，在某种意义上更具有阶级性。

譬如，住宅公团（保障性住房管理机构）建造一个住宅区的时候，会把房间布局和面积大小都做得非常均质。然后，按照土地的价格和建筑成本来确定房租。这就是所谓的原价制方法。

这样一来，迁入该区的阶层就按照住宅区的条件决定了。极端地讲，如果条件是适合"三十几岁一个孩子的家庭"的房租，那么该区居住的，几千、几万户，就都是"三十几岁一个孩子的家庭"。

如果孩子们都在同一时期升学，男主人们都在同一时期步入社会，那么这里将成为一个可怕的竞争社会。

和江户时代的各种年龄、不同阶层的人共生互助的杂居社会相比，哪个更像人性化社会呢？

现代的阶层分离，带来的是对弱者的排挤。在这样的住宅区中，没有老人和残疾人居住的场所。

因此我建议，在建造居住区时，应该首先从各类不同入居者的共生的可能性来考虑构成比例。

三十几岁、四十几岁占百分之几，六十几岁占百分之几，残疾人占百分之几，预先讨论出理想的分配比例，从这里开始规划。

6.6　东洲斋写乐　生卒年不详。江户后期的浮世绘画师。1794年5月到1795年1月，集中制作了140多件作品，此后便断绝了跟浮世绘界的关系，销声匿迹了。作为神秘的浮世绘画师引起众人的关心，也有人认为，他只不过是同时代有名、无名画家所假冒的罢了，但是，这种说法最终也没能脱离假设的圈子。因为这个缘故，近几年来，其人物本身已成为人们关注的焦点，从神秘剧到演剧，各种写乐的形象都被塑造出来。其中矢代静一的剧本《写乐考》（青年座初演）比较有趣。

　　20年前我就一直建议，养老院一定要建在幼儿园的附近。老人们需要与像自己的孙子一样的孩子们一起游戏、隔代接触的场所。

　　因为老人的活动能力较低，所以就有人认为，在安静的山野之中建造养老院较好。这正是只按照现代社会效率来考虑问题的功能分离主义的冰冷之处。

　　美国旧金山郊外，有一所叫作"罗斯摩尔"的为老年人居住的卫星城，我以前在那里作过访问调查。

　　那里所有东西都是为老年人设计制作的，考虑到老年人腿脚不便，低层住宅建在平坦的土地上。卫星城为了早起的老年人，食堂早晨五点钟开始营业，六点钟游戏室就开放了。

　　乍一看，好像是为了老年人考虑得很周到的城镇，但是在游戏室里，吃完早饭的数百位老人聚在一起玩扑克牌，真是"异样的风景"。我认为，这种将老年人与世隔绝的做法，是一种非常残酷的社会现象。

　　我花了一周左右的时间对这里的居民进行了采访，认为迁入这个卫星城是失败的人有六成之多。

　　如果在街市中生活的话，虽然有不便、有噪声，但是能够看到孙子，看到年轻人的身影。大家一致认为，还是应该继续住在街区中，可是年轻时的存款、财产都为了迁移到老人院而处理掉了，想回也回不去了。

　　现代城市规划的分离主义，所带来的就是这种非人性化的环境。在纽约，

6.7 具体与抽象共生的艺术 写乐所完成的技法比毕加索早了160年，虽然眼睛、鼻子、嘴巴异常的大，但是并没有丧失写实性。

还有像唐人街、非洲人区、意大利人区这种按照人种划定的居住区。按收入阶层分划的居住区在各个城市中都很明显。高密度、不同年龄、各种不同阶层共生的江户时代的居住区，将会给今后的城市规划以启示。

这里，我本来还想讨论在全部由税金承担的"依赖国家型福利政策"中，引入家庭福利、地区医疗等互助型福利政策（日本型福利）的问题，不过还是再找其他机会吧。

早于毕加索的具象、抽象的共生艺术

江户的第三个特征是文化的虚构性。

譬如神秘的浮世绘画师写乐[6.6]的画像，鼻子、眼睛、嘴等特征被异常地夸大，但却并没丧失写实性[6.7]。

春宫画中的男性尤物被夸张地画了一米多长，但是，那是和其他部分的写实技法共生的，产生了很有趣的效果。

光悦、宗达、光琳、乾山等琳派的绘画，构图也具有很强的虚构性，这与同时代西方绘画中的强调写实的画法完全不同。

具象与抽象混合的技法，在西方是现代绘画确立以后、毕加索等人擅长采用的技法。但是在日本，这种高度完善的技法早在400多年以前就已经使用了。

歌舞伎的行头和畏取（歌舞伎的独特化妆法，类似京剧的脸谱）中，也同样可以看到具象与抽象的共生[6.8]。

除此之外，还可以从和服纹样中的"辩庆格子"、"棒缟"中看到江户时期的美术，从虚构向抽象升华的技法。这是一种非常接近现代美术，或现代设计观念的审美意识。

另外，江户时代对虚构性文化的高度理解，还可以从人们对待自然的态度中找到。

当时的江户被称作为"花的江户"。当然，江户是将军膝下的重地，这是表现首都江户的活力与华丽的比喻。但是，当时江户确实是世上少有的被鲜花和绿色植物包围着的街市。江户并不像伦敦的广场、巴黎的公园一样拥有公共绿地，但是在平民陋巷中、简易住宅的门口、后院里摆满盆景。夏天院中种植的牵牛花、葫芦，覆盖了房屋的外墙，花市每天都热闹非凡。

日本独特的盆景文化，不仅仅是浓缩的自然。江户时的人会把盆景里的松树看成是聆听着滨海海风的千年老松，从小小的盆栽中领会出象征性的自然。

我在六本木王子饭店的设计中，也使用了这种盆景式的象征性[6.9]。位于中庭游泳池畔中央位置的楠树就是本着这种意图设计的。

六本木王子饭店中庭的曲线形游泳池是对海的隐喻。从实用角度看，确实只是个小游泳池，但是侧壁采用了透明的玻璃板，人们可以欣赏美人

6.9 盆景的象征性 由一棵楠木而想到古代的森林，透明的曲线形泳池是海的隐喻——六本木王子饭店。

游泳、享受海的景象。

　　游泳池畔只象征性地种植一棵楠木，和盆景一样，是一种虚构性的东西、是森林的隐喻。

　　虽然只是一棵楠木，但是人们可以在树荫下乘凉，倾听风声，通过落叶感知季节。

　　另外，江户时代的大名（诸侯）们在城池附近的住宅外，还建造了许多拥有大面积庭院的村舍式数寄屋的别墅。

　　数寄屋建筑在富裕的商人之间也很流行，人们对庭园的意识也随之高涨。

　　当然，日本庭园早在平安时代就有京都式庭园、枯山水等式样，历史非常悠久，但是庭园普及到大众之中是在江户时代。

　　日本庭园也有高度的抽象性、虚构性。

　　庭园中想要海的话，就挖水池，把那里当作海。想要岛的话，就放置大石头，把它看作岛。

　　这些自然是高密度的大城市江户中的人工自然，也就是虚构的自然。如果用极端的说法来讲，用树木、纸张和土建造的数寄屋建筑、茶室不过是"为了感受自然的虚构性"罢了。

　　还有，江户也有像今天的迈克尔·杰克逊（M.Chael Jackson）、大卫·鲍伊（David Bowie）一样的偶像所共通的两性化文化，这也可以叫作虚构性的文化吧。

　　江户中期的浮世绘画师铃木春信[6.10]画的美人，就像英国风靡一时的模特崔姬（Twiggy）一样瘦，女性性特征的肉体性被否定了，具有与玛丽莲·梦露相反的中性风情。歌舞伎中的旦角，也是通过男性扮演女性这样的反串，虚构女性的。深川的艺妓特意起男人的名字，也是同样的审美意识吧。

　　这种反转了的审美意识是诡辩的一种，也是两义性文化的特征。

　　所谓男人要像约翰·韦恩，女人要像玛丽莲·梦露，那种单纯扎根于肉体性，追求有男子汉气概和女人味的文化，是追求物质文明的 20 世纪 60 年代的审美意识，是西方现代主义的审美意识。与之相对，后现代和今后的时代，可能会有更多的对于男女共生的虚构性的憧憬。

　　男性的女性化，女性的男性化，同性恋文化，这种后现代现象，不能简单地把它们视为社会的颓废，而应该作为新的审美意识来看待[6.11]。

随意的数寄屋建筑

　　江户文化的第四个特征，是对细节的重视。

　　说到流传至今的代表江户文化的东西，首先要提到小林烁齐[6.12]的精细工艺吧。这是所有工艺品的微小版本，就连数毫米的文具箱中也画着

崔姬（Twiggy）

浮世绘——铃木春信

玉山郎

迈克尔·杰克逊

二项对立的现代主义　→　双重编码　共生　游戏的　反串　虚构性　女性　中性的

玛丽莲·梦露

简·曼斯菲尔德

站着的美人——菱河师宣

约翰·韦恩

"这些女演员们太性感不能对外公开"

这样的分类法也是 →

完全的
女性男性
肉体性
物质文明
20世纪60年代
西欧型
现代主义
单一编码

6.13 真正的"权现"样式。

[左]神田明神 [右]汤岛天神

泥金画。

江户时代和服的代表——"江户小纹"那种细小的花纹,豆本(袖珍本,Miniature Book),寺院中精致的小佛龛等,都是细致工艺的典型实例。

提起江户时代的建筑,不用说,也会包括日光东照宫建筑雕刻精致节点的例子。江户的城郭和桃山时代的城郭相比,就像姬路城一样,都拥有了更加华丽的节点与装饰。

数寄屋建筑和书院式建筑相比,虽然采用了更加自然的材料与非常朴素的设计,但是,这与装饰简单的意义不同,它对所用材料的节点和比例做了精密的计算。即使是自然弯曲的柱子,乍一看很随意,就像是从哪里捡来的东西一样。但是其实,这是从几百根当中细心挑选出来的,是算准了人们会感觉到很随意的一样。

第五个特征,是技术与人的共生,也可以说是"装置"的思想。

技术在西方是与人对立的,但是在日本,技术是人的延伸,是可以与人共生的。

这一点我会在"机关的思想"是一章里详尽阐述。

混合样式是大胆的日西合璧的结果

第六个特征,是混合样式建筑的出现。

也就是将到当时为止的时代样式自由地组合、共生，所创造出来的独特的混合样式。

西本愿寺飞云阁就是江户初期混合样式的杰作。书院式建筑的住宅样式，与草庵风格的样式一起，混合后产生了数寄屋建筑。织田有乐的"如庵"是茶室建筑的杰作之一。

另外，日光东照宫所代表的"权现"样式，也是神社与寺院佛阁共生后发展创造出来的作品。

据建仁寺派的家传秘书所传，被称为"神宫祖传"的这个样式是用石廊连接正殿和拜殿这样的布局。

初期的所谓台德院灵庙、崇源院，上野的严有院、常宪院，千叶的文昭院灵庙等建筑，已经被认为是"权现"样式的过渡期作品了。

真正的"权现"样式作品，是江户中期以后建造的汤岛天满宫、神田明神[6.13]、镰仓鹤冈八幡宫、根津权现、龟户天满宫[6.14]、富冈八幡宫[6.15]等。

日本文化原本从远古以来，就是异质文化巧妙混合、共生的产物，这种样式的混合绝对不是不可思议的。江户时代可以说，是混合样式达到了顶点，或者换句话说，就是重视手法（maniera）的风格主义（又称为矫饰主义Mannierism）的建筑时代。

并且，这种混合样式，由江户后期创生了明治初期大胆的"和洋混合"样式。

最有代表性的作品有筑地饭店、东京第一国立银行、日本桥三井组住宅、横滨海岸的各国商行等。这些作品的大部分，都通过当时的优秀匠人拼命学习西洋风格，形成了巧妙的"和洋混合"的独创性。

譬如筑地饭店的伊斯兰风格的拱门，外壁的海参墙，塔窗的花头窗和圆窗，侧栋的西式屋顶，风信塔和风信鸡，涂满红漆的木制门窗框格的整体构成等等，都是令人惊讶的、大胆的和洋混合体。就作品而言，已经远远超过了明治中期以后模仿西洋建筑的做法。那肯定是在被西欧文化价值标准统一之前，两种异质文化的矛盾和混合共生之后所创造出来的美。

筑地饭店据说是由清水建设的创始人，清水喜之助——这位优秀的工匠在接受了外国建筑师的指导之后建造的。

我曾经有机会和英国的建筑评论家理查兹爵士交换意见，我试着提问过："世界建筑史中记述的日本建筑是什么？"。

理查兹爵士这样回答：

"关于现代建筑，因为你们还活着，我不作评论。除去现代建筑之外，留存在世界建筑史中的是筑地饭店及其所代表的日西合璧的建筑。"

可是，遗憾的是，明治政府在其性急的西方化政策中，将这些独特的建筑物当作没有价值的、不够纯粹的西化产物而拆掉、烧毁、抹杀了。

就像福泽谕吉 [6.16] 所说的，"江户是父母的仇敌"一样，异质文化共生的江户文化，被当作不纯粹的混沌文化而被否定，以纯粹西方化为荣的现代

化开始了。

我从 20 年前就开始收集资料，打算收复这些大部分丢失掉的、神奇建筑样式的失地。

就绘画来讲，留存下来最为丰富的是"横滨绘"，也就是被称作"开化绘"[6.17]的锦绘，即"浮世绘"。

锦绘，本来是以演员画像、美人画为中心的，但是，从幕府末期到明治时期，描绘外国人（特指欧美人）风俗的内容非常受欢迎。这其中黑船、蒸汽机、外国人携带的物品，外国人在旅游区游玩的身姿等等，作为文明开化符号的题材，被栩栩如生地描绘了下来。此外，"和洋混合"的建筑等受欢迎的题材也保留了很多。

浮世绘画师，主要是歌川系，尤以国芳的门人居多。芳虎、芳几、芳年，或是三代丰国的门生，贞秀、国周、国久、国纲等等。广重的门生，二代广重、广近、重宣。进入明治时代以后，以三代广重、国照、国政等画师为中心，特别是三代广重，画了很多的"开化绘"。

这些"横滨绘"、"开化绘"，是从嘉永或安政年间到明治 10 年左右的大约 20 年之间持续完成的。从横滨开港的翌年和万延元年，以及文久年间的作品特别多，占总数的八成。

庆应四年，明治元年，东京通港，人们的关心渐渐从横滨转移到了东京。

因此，也可以认为"开化绘"大多描写的是东京的情景，而"横滨绘"

6.15 重视手法的风格主义建筑作品之一：富
冈八幡宫。

则描绘的是横滨。

　　我抱有为这些"和洋混合"建筑[6.18]，也就是"横滨绘"、"开化绘"中遗失的江户折中式建筑制作复原图的野心。

　　因为我认为，正是从这些建筑群中才能够探寻到日本式"共生美"的活力，而实际上，还可以通过这些工作，明确超越现代主义建筑的、真正的后现代建筑的发展方向。

从"集中？还是分散？"到"集中与分散的共生"

　　江户的第七个特征，还能够列举幕府体制下的部分与整体的共生。

　　幕府是决定全部国策、具有强大权力的中央集权系统。

　　可是，江户中期以后，为了建设日光东照宫而注入巨额资金，导致财政窘迫，要求各藩镇独自进行产业振兴。

　　萨摩的剪纸手工艺，长崎的玻璃制品，赤穗的制盐，金泽的九谷烧瓷，轮岛涂料，和歌山的纪州漆器，茨城的结城绸，大分的青表，土佐的樟脑等等，全都是那个时代各藩镇精心经营的产业。

　　同时在学术教育方面，江户时代的教育以幕府的昌平黉（学校）为顶点，平民子弟接受教育的寺小屋，各藩镇为自家武士进行教育而设立的藩校，再加上兰学和朱子学、兵学，还有教授诗歌和处世方法的私塾等等的共

6.16 福泽谕吉（1835~1901年）启蒙的西洋学者。是明治时期的领导人之一，虽然他没有像早稻田大学的创始人大隈重信那样接近政治权力，也没有像同志社大学的创立者新岛里那样始终从事教育，但是通过发行《明六杂志》，奠定了他在报业的先驱者的地位。他所创设的庆应义塾大学，以经济领域为中心培养活跃的人才，这也可以说是他个性的反映。福泽谕吉说："江户是父母的仇敌"，是彻底的现代主义的礼赞。但是，我在这里只想作为反论来加以使用。

同发展，各自独立地展开着富有生气的活动。

然而明治维新以后至今，教育制度逐渐由官方统管起来，按照整齐划一的方式进行。战后，通过民主教育的标语和依赖于国家补助金的制度，苟且生存的个性化旧制高中和私立大学的学风，也被逐渐地统一了。

中曾根内阁开始的教育临时调整，在这种统一的教育制度中，虽然提出了将要吹入自由化、个性化精神的改革方案，但是实际上，我们是能够从江户时代的教育制度中学到很多东西的。

通过"参勤交替制度"确保对首都的交通、交流的网络，但是，各藩镇并没有被幕府这个整体所吸收，而是作为部分或是地域，充分地保留独立性和灵活性。

我认为，正是这些事实，让我们可以在今后考虑日本国土规划的时候，不走"集中？还是分散？"二元论路子，而是建立一个理想的模型。

在欧洲作为分散政策而成功的例子，可以举出曾经西德的城市。西德的城市柏林被分割成东西两块，自从首都迁移到波恩之后，城市近乎理想状态那样分散地自立着。法兰克福、汉堡、杜塞尔多夫、科隆、波恩、慕尼黑、斯图加特等等，每个城市都是从100万人口到200万人口。像东京那样的特大城市并不存在，大学和报社也都以各自的地域（州）独立展开个性化的活动。这是由于德国原本就是联邦制国家，很早前州自身就拥有很高的独立性。

6.17 "开化绘"。生动地描绘了黑船、外国人和文明开化的情景。

可是在西德，也有恢复20世纪20年代的世界中心大城市柏林的呼声。有人议论，在地方自立、分权化的同时，没有大城市的文化，德国就不能成为世界的中心。

另外在法国，所有东西都集中到"世界城市"级别的大城市巴黎，可是没有一个法国人对此提出异议。地方还是地方，有着与巴黎不同的意义，利用地方文化，以葡萄酒的味道自豪，过着悠闲舒适的生活。

可以说，人们在为大城市巴黎自豪的同时，地方与中央通过共生一起生存着。

从这一点来看，我认为最近我们对于东京集中的批判，不过是过分感情化的产物。大城市和地方的集中与分散可以同时实现的。正因为如此，江户幕府体制的特征，才能给今后日本国土规划以启示。

6.18 评价很高的"和洋混合"样式的代表作——筑地饭店。

7

花数寄——共生的美感

7.1 先进技术与传统的共生。茶室旁边的书斋，面向计算机阐述"共生的思想"。

再现小堀远州茶室的"唯识庵"

我在自己的家里享受着先进技术与传统共生的生活。

在我的 11 层楼的自宅内，比邻放置计算机的书斋，布置了一个叫作"唯识庵"的茶室[7.1]。

这台个人计算机充当着通信网络终端的职能，这个网络是我的一位居住在加利福尼亚的友人——环境行动研究所所长理查德·范森开发的。通过卫星维纳斯 P 的 TELNET 连线，我可以直接和美国的 50 位学者、政治家、财界人士进行网上交流。而"唯识庵"在作为我日常思考场所的同时，还是我招待国内外客人的茶室。

这个茶室，因为特殊原因，并不是我自己设计的。

在这里，通过茶室，我希望能够有意识地再现，对于日本人来说本质上的、最重要的，并且已经被遗忘了的审美意识。

这与日本自古以来就有的审美意识——"空寂·闲寂"有着很大的关系。

具体的阐述我将在后面介绍，在这里，我想先谈谈关于作为"唯识庵"样板的茶室。

这是以松花堂便当（盒饭）而闻名的学僧——松花堂昭乘[7.2]，在京都的石清水八幡宫建造的泷本坊茶室——闲云轩的翻版（复原）。这个闲云轩[7.3]，在宽永年初兴建，于永安二年（1773 年）毁于火灾。松花堂由松平乐翁在

7.2　松花堂昭乘（1584~1639年）17岁进入泷本坊，后来成为同坊的住持。以松花堂为名的茶室、搜集的茶具（八幡名物）和书画等十分有名。松花堂盒饭，由昭乘设计并取名，四边高的四角形盒子中间有十字形的隔断，米饭、煮好的菜、陶瓷器……都一一区别开来，是日式盒饭的原型。昭乘可以说是那个时代的时尚物品的爱好者。

7.3　闲云轩"远州爱好"的茶室虽然在安永二年被烧掉了，但是，仰慕松花堂昭乘的人们于大正十一年大致沿袭旧制复原了该建筑物。现在位于泷本坊的就是这个复制品。另外需要注意的是该建筑和现在京都迫田先生宅邸中同样由昭乘建造的茶室松花堂，有容易混同的倾向。松花堂是昭乘晚年从泷本坊退隐到泉坊时的作品。

宝历六年（1756年）绘制，作为茶室，被收录在堀口舍已监修的《茶室图集·第四集》（墨水书房出版）中。

事实上，松花堂是小堀远州的茶道老师的代表作，闲云轩是远州伏见屋的茶室，与松翠亭相比丝毫不差。

这在堀口先生收藏的《数寄屋敷》一书中有平面图，书中记载"八幡泷本坊的客厅和伏见远州的图相同，由四帖大目 7.4 组成"。

同时，在宽永十八年的《松屋会记》图抄本中、《伏见屋敷四帖大目茶室图》、正德五年吉田道绘制的作品集《甫公伏见茶室图》中，都有同样的记载。

因此，这个"唯识庵"是小堀远州 7.5 最有代表性的茶室，也是伏见屋敷的松翠亭的翻版。

我为了再现这个茶室花费了 17 年的岁月。那么，为什么会需要那么多的时间呢？

本来，茶室是依靠采用身边的比较容易获得的材料来建造的，绝对不会使用奢侈的原材料。如果极端一点来讲，拣些身边的树木或是路边的石头就可以建造了。

可是，作为爱好茶道的艺术家的审美眼光，观察树木和庭石的眼力当然在起作用。艺术家们能够从普通人看来没什么出奇之处的树和石头中发现奥妙，并把它们用作为茶室的构成要素，巧妙地融入其中。

对于茶室，当年建造闲云轩和松翠亭的时候，绝对没用过奢侈的东西，

7.4　大目　也写作台目。比一张榻榻米稍小一些。一般来说，从点前座的榻榻米处，去掉台子（放置茶具的场所）部分所剩的大小称作台目。

7.5　小堀远州（1579~1647年）武士门第，茶道爱好者，远州流茶道的开山鼻祖。江户城、名古屋城天守，伏见城内城、仙洞御所等，与江户幕府或宫廷有关的各种建筑·茶室·庭园的建造负责人，也就是当时的建筑造园家，他将"闲寂美"的审美意识带到茶道之中。小堀远州号宗甫，也被人称作甫公。远州的名字是因为曾经任职为远江守，但是作为武士门第没有留下名号。若将其同流茶道称为"小堀流"，那是很失礼的事情。为了慎重起见，在这里特意说明一下，小堀流是日本古泳法的流派。

也没有用过那些难以找到的材料。但是，对于经历了300多年岁月的现代来说，如果打算忠实地再现当年的材料、尺寸的话，就会面临着各种各样的难题。

测绘的图纸里，从材料、尺寸开始，包括使用什么样的弯曲木材，使用什么样的装修等，都一应俱全地详细记载。

但是，要是实际复原的话，即使有明确的记载，也仍然会有很多不能确定的地方。复原的时候，如何弄明白那些不确定的部分就成了我的难题。

为了弄明白这些，我参考了该茶室举行茶会时保留下来的日记、茶书等文献。

在松屋久好的《松屋会记》这本茶书里面，记载着在远州松翠亭召开的茶会的记录和感想。与茶具、饭菜、点心等一起，还有对于茶室情形的描写。经过分析，这些记载可以帮助我弄清楚图中不明确的部分。

我虽然知道该茶室的顶棚是网代顶棚,使用的是"丸竹栈带"龙骨,但是,没有记述顶棚材料的图纸。在《松屋会记》中"用淡水中生长的蒲草编织的蒲顶棚"的记载里，我找到了有关的答案。

同时，壁龛柱子的图纸中有"Kuno木"的记述。但是，为了弄清楚这到底是什么树木，也需要时间。"Kuno木"是已经灭绝了的植物种类呢？还是另有现代的名称？或者是"栗子树"的笔误呢？等等，各种伤脑筋的问题。不过，最终有一位住在京都的、对古文献了解比较详细的人物，告

7.6 织田有乐（1547~1621年）信秀的第十一子，织田信长的弟弟，名叫长益。剃发后号
"有乐斋"。是望族的武将，但是只有三万石的俸禄，是早逝的信长兄弟中唯一的一位
经历了信长、秀吉、家康三代而顽强地活下来的人。子孙以大和芝村藩的一万石俸禄，
一直延续到明治时代。作为茶道爱好者更加有名，东京有乐町，数寄屋桥等地名的由
来，也是因为他的江户屋敷而得名，是有乐流茶道的开山鼻祖。

7.7 如庵　爱知县犬山市犬山城下有乐苑中的国宝级茶室，据说是织田有乐在京都建仁寺正
传院中建造的隐居用的数寄屋部分，得名于有乐的天主教洗礼，受洗名Joao。1908年
被三井邸接收了以后，1971年被迁移到现在的地方。

诉我说这是"栎树"发生了浊音变的结果。

地板的腰张，记载的是"仿古张贴"，但是，究竟是使用什么样的仿古纸，也还是不明白。我决定仿效织田有乐 [7.6] 的如庵 [7.7] 使用"历张"。为了寻求宽永年初的旧历，我去旧书店、古玩店寻找，最终为了得到这些材料，总共花了十多年的时间。

还有，根据记载，有一处使用了带有微妙曲线的木头，为了得到这个和文字记载丝毫不差的木头，我差点把木匠给烦死，专门请人进入山中去寻找，为了得到这个令我满意的东西，前后也花费了十多年的时间。

悬挂花的花钉的高度也很重要，但是，这方面的图纸也没有，用通常的办法是不行的。

据说为覃斋的人（不详）所著《远州四贴大目在伏见六地藏》一书中的参考图上，写着"三尺二分五厘"。然而，试着在这个高度钉上花钉的话，会感觉位置异常的低。因此，是不太可能的位置。经过我再次调查之后，就发现了那是"三尺二寸五分"的笔误。但是，试着钉在三尺二寸五分的位置，对于一般的茶室来说，还是低了一些，是无论如何也不能与茶室整体协调的。所以，最后我又将这个尺寸改为三尺七寸。

如此这般，玩味史料 [7.8] 与材料的同时，再邀请日本仅有的数十位具备建造茶室手艺的工匠，最终完成之时，总共花费了17个春秋。而且在东京市中心没有建造这个茶室的空间，所以我就把公寓的屋顶作为庭园，完

7.8　茶道概略宗谱图

丰臣秀吉
织田有乐

村田珠光　　　　　　　　古田织部　　　　　　　　　　　　小堀远州
南坊宗启（《南方录》）

武野诏鸥　　千利休（宗易）　山上宗二（《山上宗二记》）
千宗旦　　　　　　　　　　千宗室（里千家）
众多的武将　　　　　　　　千宗左（表千家）
千宗守（武者小路千家）

今井宗久一职田信长
津田宗及（《天王寺屋会记》）

7.9　再现闲云轩测绘图的唯识庵。华丽与
简朴共生。

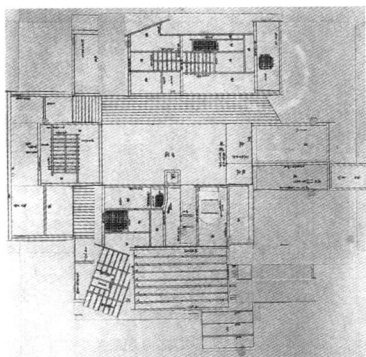

139

7.10 南坊宗启　织丰时代的茶道爱好者，自称为禅僧，南宗寺集云庵的二代住持。千利休一
　　　门的第一人，被看作是利休茶道的继承人。他在参拜千利休的第三次忌辰以后，就飘然
　　　消失不明踪迹了。据说他过着清贫的生活，安心钻研茶道，是一位生活在观念和爱好
　　　里，终此一生的人物。

7.11 《南方录》利休流茶法的秘传书，据说是南坊宗启的著作。底本是福冈藩黑田氏家臣立
　　　花实山的笔书，还因为被发现的时候正好是千利休一百周年祭辰，因此也被说成是实山
　　　伪造的书籍。但是无论如何，有关茶道的情况还是被该书很好地传承下来，以这本书为

成了在公寓中与庭园相连的"唯识庵"[7.9]。

那么，为什么我要重复这样的劳苦，复原这个茶室呢？那是因为，它是我命名为"花数寄"的审美意识的典型范例。

"空寂"是具备华丽和简朴双重意思的审美意识

相对以前的"空寂数寄"，我提出了"花数寄"的审美意识。"空寂"通常来说，非常有局限性，而且，又被整齐划一的认为是错误的方式。

以前的"空寂"的审美意识，与其说"饶舌"，不如说是"沉默寡言"；与其说是"明"，不如说是"暗"；与其说是"复杂"，不如说是"简朴"；与其说是"装饰"，不如说是"非装饰"；与其说是"彩色"，的不如说是"无色"；与其说是"书院"，不如说是"草庵"。它一直被认为是单向性的审美意识。教科书中也认为，"空寂"是"无"的美学。

但是，饶舌与沉默寡言，明与暗，复杂与简朴，装饰与非装饰，彩色与无色，书院风格与草庵风格共生的审美意识，难道不正是日本本来的审美意识传统吗？在"空寂"这种审美意识当中，装饰性、华丽的东西，有没有被隐藏起来呢？就像饭菜中隐藏着的味道一样。

南坊宗启[7.10]的秘传书《南方录》[7.11]中记载着："绍鸥[7.12]的空寂茶道的心，就像在新古今集中定家朝臣的和歌中那样，眼前的花和红叶、雁落海湾、

依据实山创立了南坊流茶道。即便是立花家八代断了根以后，直到现在自称为南坊流明镜庵的一个流派仍然活跃在京都之外的地方。

7.12 **武野绍鸥（1502~1555年）** 战国时代的富商，作为茶道的指导、推广者而知名。他拜当时的"茶道名人"今井宗久、津田宗及、千利休等人为师。茶道从绍鸥为起点，开始时兴（请参照茶道大体上的宗谱）起来。也可以说，他以做买卖赚的钱为后盾，将那个时代的"连歌师心敬"美学和禅风引入茶道当中，是"空寂茶"过渡时期的主要人物。同时，他还和宗久、宗及、利休一起依仗富商们指导信长和其他武将把茶道推广开来。

秋天的黄昏日落，都可以成为此歌的心。花和红叶铺满侧书院台子，如果能从花和红叶中看去，达到空无一物的境界，就像海湾一样，而没有看到花和红叶的人们是不会被海湾所吸引的。歌中所唱的正是海湾的空寂美之所在，这就是茶的真心。"

正是很好地知道花和红叶的华丽之美的人，第一次感觉到枯萎尽了的茅草屋（用菅和茅草建造屋顶的简陋小屋）的风趣——"空寂"之美[7.13]。这并不是什么都没有的"无"的美学。在感念华丽的花和红叶的同时，注视枯萎的草庵风景是具有双重编码的审美意识，是包藏了华丽和简朴感觉的两义性、共生的审美意识。

追求严谨的禅之境的珠光[7.15]先生，就能够发现这个共生的审美意识。

在《山上宗二记》[7.14]中记载："珠光说，茅屋旁挂名马是很好的景色。"仅有茅草屋朴素的风情，并不是"空寂"。而是因为有了在朴素的茅草屋中营造华丽氛围的名马，才形成了"空寂"的审美意识。必须去领悟朴素淡泊的茅草屋和华丽的名马，这两个符号之间的矛盾编码的两义性。

"泥金画"与"织锦"的华丽的"闲寂"

谷崎润一郎的《阴翳礼赞》中，有以下的文字。

"看到装饰着艳丽的泥金画等闪闪发光的蜡漆盒子、文几和架子的时候，

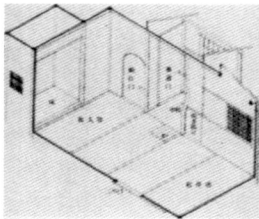

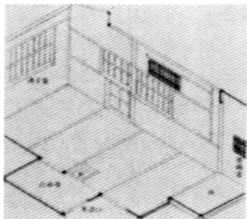

7.13 《远州四贴大自
在伏见六地藏》
轴侧图。

总会觉得花里胡哨的、十分恶俗。但是，如果将这些器物周围的空间全部涂黑，用一盏油灯或者蜡烛代替阳光的话，转瞬间那些花里胡哨的感觉就会消失，转变成为深沉、庄重的感觉。古代工艺家对那些容器涂漆、描画泥金画的时候，一定是在一间暗室里面，肯定是为了寻求较暗灯光中的效果。他们奢侈铺张地使用金色，也是为了在黑暗中考察灯火反射浮现的效果。总之，金漆彩绘并不是在明亮的地方一下子看到整体，而是在黑暗的地方通过局部感觉，一点点地从深处发出来的光亮，豪华绚烂的纹样大半都隐藏在黑暗之中，创造出一种难以形容的余韵。并且，那个闪闪发光的表皮的光泽被放置在黑暗的地方的话，映射出来的灯火会像麦穗般地摇摆，在安静的房间中也可以感觉到风的造访，诱人进入冥想的境界。如果在那个忧郁的室内没有漆器之类的器物的话，蜡烛和油灯所营造出来的怪异闪亮的如梦世界，以及油灯随风飘舞的夜晚魅力将会消失很多，就如同榻榻米上流淌着的几条小河、盛满池水了一样，在这里那里，能够悄悄地一瞬间地捕捉到的微小的灯影，会将夜晚本身编织成泥金画一样的绫罗绸缎。"

读过这些描述，就应该明白谷崎绝对不只是在称赞阴影本身。

金色豪华绚烂的装饰和黑暗的阴影，是相反的两个极端，是具有双重编码内容的共生审美意识。在"夜晚本身就是泥金画"的这个戏剧性的表述中，能够看得出与"无"的美学相区别的，另一个"空寂"审美意识的

山上宗二（1544~1590年） 织丰时代的茶道爱好者，千利休最初的弟子，丰臣秀吉的
茶道指导老师。不但相貌难看，且因为说话刻薄而被放逐，成为小田原北条先生的座上
客，传播了茶道。后来秀吉进攻北条的时候，在小田原阵地上被切掉耳朵和鼻子而终。
《山上宗二记》，是用名物考记的体例记载利休茶道的书。

7.15 村田珠光（1422~1502年） 茶道的始祖。作为检校的孩子出生，当过奈良称名寺的僧
侣，还俗以后开始研究茶道。和利休等人没有直接的师徒关系，但是以一休宗纯的禅
趣、足利八代将军义政"茶道爱好者"能阿弥的"殿中茶道"作为基础，在吸收了"平
民茶道"的精髓之后，开创了"空寂茶道"的流派。

谱系。

这样的"空寂"审美意识所具有的两义性，在俳句诗人芭蕉的"闲寂"的审美观念中表现得更加明显。

向井去来先生对于芭蕉[7.16]的诗句用"不易流行"的言辞来进行说明。"流行"是变化无常的，"不易"是经受得住时代潮流考验的，具有悠久历史的生命。这两者共生的状态就是所谓的"不易流行"，这是芭蕉的"闲寂"审美观念的真谛。

《去来抄》中的记载表明："闲寂"是一种季节的颜色，是和恬静的季节相反的。比如老人披挂起甲胄上战场作战，装饰锦绣。在大型御宴中陪侍的，好像也有这样的老年人的身姿。那既是荣华，同时也是寂静。

也就是说，老人虽然衰老了，但不是当作寂寞的存在的"闲寂"来看待，而是披挂着颜色鲜明的甲胄勇猛作战；或者是在喜庆的宴会中的身姿。这才是"闲寂"的真正含义。

在华丽的织锦和枯淡的衰老的风情之中，存在着的矛盾要素的共生之中，创造出"闲寂"的审美意识。

以前，日本的传统审美意识中的"空寂"、"闲寂"的概念，一直被认为是简朴的、压抑的、无装饰的审美意识，已经被曲解到了什么程度，就不言自明了吧。

我为了区别以前被庸俗化、单调化了的"空寂"的定论，恢复"空寂"

7.16 松尾芭蕉是"空寂"审美意识的冒险家。

向井去来（1651~1704年） 江户前期的俳句诗人。芭蕉（照片）一门的优等生。深得芭蕉信赖，因芭蕉俳句的代表作品《猿蓑》而知名，更应该被当作俳句理论评论家来评价。《去来抄》就是其集大成之作，提倡的是不易流行、闲寂、玄妙、气味、回响等附和论。顺便说一下，去来早先告别了武士身份，放下佩刀以后开始修行阴阳道，总之，毕生以阴阳师为职业。

的本来面目，便使用了一个新词汇——"花数寄"。

创作能剧论著《风姿花传》、《花镜》[7.18] 等的世阿弥 [7.17]，将"花"当作是能的生命。所谓"花"的审美意识，就是"异质事物共生"、"不同心情共生"的审美意识。

据说他在《风姿花传》中，推崇能剧演员在扮演鬼魅的时候心中要有温柔的一面；扮演老人，穿上老人衣裳、戴上老人面具的时候要表演出年轻的感觉。同时在白天演出的时候，要表演出白天阳气中所包含着的阴气。

这些不就是与"空寂"原本的审美意识相通的、日本的共生审美意识吗？

我之所以使用"花数寄"这一新词，是因为世阿弥的"花"的审美意识，正好与日本的"空寂"审美意识相通。

唯识庵是"花数寄"的代表作

我所复原的作为"花数寄"代表的唯识庵，是有 12 个窗户的非常明亮的茶室。

小堀远州喜欢多窗的茶室，南禅寺金地院的 8 窗茶室也是远州所喜爱的。

这 12 个窗还可以视作，是以点前座为中心的小剧场的舞台照明。如果迎合四季的变化调整窗户的开关的话，室内就能够演绎出各种各样的明暗效果。同时，如果完全打开面向庭园的窗的话，还可以将很大一片景色收

7.17 世阿弥（1363? ~1443年）　室町时代的能剧演员。作为作家、理论家、表演家、作曲家来说，无人能比，与其父观阿弥一起确立了"能"这个领域。实际上，世阿弥的初次亮相是12岁，在京都与熊野与父亲一起表演的时候博得了将军足利义满的欢心。以后，义满称赞世阿弥，以至于到了谣传说他们是情人关系的地步。世阿弥的能，以大众支持作为基础的观阿弥的路线为根本，增加了唯美主义的高度的诗剧内容。在义满将军死后，受到了六代将军义教的压制之后，更增强了其思想性，奠定了现在的形式。

7.18 《风姿花传》《花镜》世阿弥的能剧论著，是在1400~1404年和1424年完成的。《风姿

入室内，成为更加明亮的茶室。

台目贴榻榻米的点前座长四贴被排成一列，简朴而大胆的平面形状又突出了点前座的舞台性。

壁龛的柱子使用白色德松，它与拥有红松一样纹理的北方麻栎，形成鲜明的左右对比。德松柱四个表面的树皮被特意留下来，剩下的部分很粗糙地用锛子削过。北方麻栎也带着树皮，上半部分像消失在墙中一样被掩藏了起来。

并且，地板的腰张使用富有活力的仿古张贴，拥有各种表情的材料。

屋顶、窗的配置也富于变化，作为整体而言，唯识庵可以说是装饰性很强的茶室。但与此同时，又好像并没有失去茶室应有的简朴，这就是我把它作为花数寄的代表作的原因吧。

那么为什么"空寂"这一概念，被曲解到了不得不为之重新起名的地步呢？我认为谜底有两个。

利休的"空寂"被歪曲的原因

第一个原因，是千利休和丰臣秀吉对抗的原因。

丰臣秀吉 7.19 这个人物，据说是农民或是士兵的孩子。我认为他从出身开始努力，以至于统一天下，根本就没有富裕时间去学习学术和艺术。就

花传》系统地总结了世阿弥的父亲观阿弥的能乐论，把能演员的一生分成七期，说明在各个年龄阶段的修业重点和方法。《花镜》是在受到义教压制的时候撰写的，与《至花道》一起阐述世阿弥理论的精髓。标题中相同的"花"，是保持能剧在舞台上魅力的力量，和一种叫作"玄奥"的理想美相关联。据说达到玄奥的境界之后，再进一步就可以达到无心的境界了。

算有时间，秀吉本身对于文艺的感受性，从根本上讲，也是非常欠缺的。

千利休[7.20]是作为一名茶道爱好者，以艺术家的身份，来服侍这位一代掌权者。在茶道方面，他是丰臣秀吉的老师。或许可以认为，那时的掌权者和艺术家之间，有着非常大的纠纷吧。

在丰臣秀吉来看，虽然自己统治了日本全国，成为谁也不能反抗的掌权者，但是，在茶道的世界里，在千利休面前却抬不起头。丰臣秀吉对自己不能支配的艺术巨人，是否怀有自卑情结呢？

丰臣秀吉在千利休讲解了重视简单朴素，俭朴的"空寂茶道"精神以后，为了捉弄千利休，便委托他建造全部用金子做成的茶室。而且，还真的就在这个金子做成的茶室中举办了茶会。

我认为，在这种掌权者和艺术家的对立中，利休就像禅僧一样，深化作为求道者的性格，他势必以极端的形式，向秀吉讲授"空寂"的审美意识。

为此我们不难理解，把利休的"空寂"美学，逼到了"无"的美学、"死"的美学这一地步的背景。

那是权力和权威之间安静的决斗吧。

结果，秀吉令利休剖腹自杀。利休到最后，之所以认为理想的茶室是"一贴台目"，即一贴榻榻米和台目贴的大约半贴的榻榻米茶室———贴半的茶室，是为了追求那种几乎是不可能的俭朴而死。

利休是"空寂"茶的集大成者，是天才的艺术家。但是，如果要拿利休作为"空寂"的范本的话，"空寂"充其量只能被理解成为一种被歪曲了

的形式。大家很容易一边倒地错误认为利休的"空寂"是简单朴素，而其弟子们则身在"花数寄"审美意识的家谱之中[7.21]。

利休的首席弟子是古田织部[7.22]，不过织部的三帖台目的茶室——燕庵[7.23]，如果加上一帖就会成为小堀远州的长四帖台目的平面。可以说这就是唯识庵的来源。

这个燕庵，入口角部与土间的房檐、舍柱的构成，以及连子窗与下地窗错开布置的彩色纸窗、花明窗等，都充满着活生生的简单朴素与丰饶、沉默和饶舌的共生感觉。土间屋檐、天窗，即所谓的突上窗，其目的是为了让人们能够从那里看到爱宕山，实在是一个富于戏剧性的茶室。

我们再来看看千利休另外一位弟子——织田有乐的如庵。如庵正面左端的袖壁上，大胆地使用了圆窗。在三帖半的平面中，壁龛旁边布置三角形的铺地，感觉十分新鲜。在风炉前面切下花头的板壁，腰张使用历纸这样的装饰性手法，连子窗的紧密排列等做法，也是富有创意和机智的"花数寄"的典型。

而且，如果我们再看看古田织部的弟子，小堀远州所建造的唯识庵的原型——松翠亭的话，就会明白千利休的教导，绝不只是重视简单朴素。

布鲁诺·陶特等人对桂离宫的评价是片面的

我认为利休的"空寂"在跟秀吉的关系中被极端化，是以前导致对于"空寂"的解释，流于狭隘浅显的第一原因。而第二原因则是来自于布鲁诺·陶

7.20 千利休（1522～1591年）　织丰时代的茶道爱好者。出生于商家，茶道从师于武野绍鸥。织田信长向商界要求箭钱的时候，与今井宗久等人一起，作为和平的使者接近信长，信长死后，又成为丰臣秀吉的茶道指导老师。作为茶道的集大成者而闻名，他把茶道美学传播给信长、秀吉的政治亲信和武将们，与今天的茶道的流派密切相关。"利休七哲"指的是以武将为中心的茶道弟子们，此外，其晚年向伊达政宗等大部分人传授了茶道，这些也应是秀吉令其自杀的原因吧。

特 [7.24] 等人对于桂离宫的评价。

　　日本的建筑师们，正是因为陶特这些现代建筑师，极力称赞桂离宫和伊势神宫是现代建筑的范本之后，才开始反过来关注日本传统的。

　　因此，日本建筑师对于传统的认识，一直被简朴所抑制，紧跟在西方的"沉默和无的审美意识才是日本的审美意识"的评价之后。

　　可是，这里必须注意的是，布鲁诺·陶特和格罗皮乌斯 [7.25]，完全是在用现代建筑的文脉来评价桂离宫和伊势神宫。

　　现代主义建筑的审美意识，是通过大量生产、批量制造工业化产品的无装饰、简朴、直线性的形态 [7.26]。

　　他们从桂离宫中只提取了现代主义建筑的理想形象。但是，还有他们漏掉的东西。在以简朴·无装饰性为美的代表——桂离宫的场合，中书院（一间）的多宝格式橱架上金属零件的装饰性；松琴亭（一间）地板大胆的市松花样；新御殿（二间）壁龛旁边的窗和笑意轩栏间圆窗的意表造型；笑意轩的腰张使用天鹅绒的丰富表现力；以及隔扇把手的装饰性等等，均在简朴的空间中，隐藏着惊人的、十分丰富的装饰性 [7.27]。

　　即使有这方面的事实，很显然他们对于桂离宫的评价，仍然是极为片面的。另一个佐证是，他们把日光的东照宫当作"将军爱好的恶俗典型"，持否定的态度。

　　对于这些现代主义者来说，东照宫是难以引用的具有异端性的文脉吧。

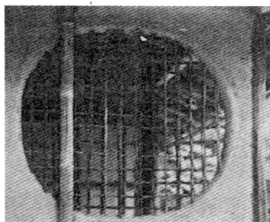

7.21 "花数寄"的典型就是这个如庵。正面左端的袖壁的窗户是圆形的,的确是个大胆之作。还有在这里看不见的,在腰张的部位贴历纸这样的装饰性的东西,都充满了创意与机智。燕庵中充满了朴素与丰饶、沉默与饶舌的共生感觉。

* ［上］如庵圆窗 ［中］如庵的南侧 ［下］燕庵

可是，日光的东照宫与桂离宫，完全是同时代的建筑。只有把东照宫和桂离宫放在一起的时候，才能够俯瞰当时的日本建筑。完全否定其中一方，留下对自己需求有利的部分，这到底是为了说明什么呢？是不是应该认为，这是现代主义建筑师的机会主义侧面呢？

无须等待冈本太郎先生的指出，日本的传统中，本来就有像绳文文化和弥生文化所代表的那样，一直存在着强劲有力的华丽审美意识与简朴无装饰的审美意识共生的关系。江户时代——在同一时代，同时建造桂离宫和日光东照宫，也没有什么惊奇，不应该说日光东照宫只是将军过盛装饰的低级趣味。

我们可以认为，绳文文化粗犷的装饰性审美意识的血脉，是在安土、桃山时代，以日本独特的华丽的城郭建筑开花结果，以后又一脉相传留存至今的。

比如，人们在访问京都寺院的时候，也许会感觉到那种无色彩、强调木材本色的寺院佛阁是日本文化的原点。可是，东大寺和唐招提寺，在当初建造的时候，柱子是深红色的，斗拱也用红色、金色和绿色涂饰，不难想象那是一个绚烂的原色世界。

除了一部分禅寺是使用木材本来的质地建造之外，日本的寺院建筑原本就是像日光的东照宫一样，拥有华丽的装饰的。

可是我认为，日本人崇尚古建筑褪色之后，不去重新油漆，而将材料生涩的底色裸露出来的做法，正是日本人感觉的极端差异和趣味之所在。

这种共生的审美意识，不仅作为对日本传统审美意识的重新诠释具有意义，而且我有预感，正是这种共生的审美意识、共生的感觉，才是现代主义审美意识之后的"现代审美意识"，是21世纪的新感觉。

7.22 **古田织部（1543~1615年）** 织丰时代的武将，茶道爱好者，名重然。曾经听命于美浓的齐藤氏、信长、秀吉，作为武将，得到三万五千石的织部正官位。跟随利休学习茶道，将利休的商人风、静中美等部分改造成为武家爱好的动中美等织部流茶道的特色。故意弄碎茶具之后，再用黄金把它们连接起来。门人包括小堀远州、本阿弥光悦等。织部烧的名称也被流传了下来。而且和有乐一样，成为德川二代将军秀忠的茶道指导老师。在当代顽强地活了下来，不过，在大阪之战中，政变计划被发现后，被下令剖腹自杀。享年72岁。

7.23 **燕庵** 古田织部设计的重文茶室。在京都的薮内流（千家的一个流派）茶道本支的府邸内。1864年烧毁后，1967年被复原，是茅草苫房歇山顶，面向东南角的土间房檐开口，夹隔三帖的客座与点前座相伴配置座位。在与客座相隔设置的二张隔扇旁边附设有相伴席位，这是燕庵的最大特色，这个形式在武家社会中特别受欢迎。

7.24 **布鲁诺·陶特（1880~1938年）** 德国的表现主义建筑师。昭和八年移居日本。其著作有《日本》、《日本美的再发现》等。

7.25 **格罗皮乌斯（1883~1969年）** 德国建筑师。从以现代工业为基础的工业建筑出发，一直主张进步的合理主义建筑的同时，寻求手工业与机械工业的结合。1919年创立了"国立包豪斯"，聚集了康定斯基、施勒默尔、克莱、莫霍里·纳吉等个性派艺术家，追求由建筑所统合的现代生活空间造型。其著作《国际建筑》，成为以后的国际建筑运动的理论基础。

7.26 ［左］绳文陶器。粗犷的装饰性审美意识的血脉，以华丽的城郭而开花结果。

［右］弥生陶器。简朴无装饰的纤细审美意识，也是日本古来已有的东西。

7.27 布鲁诺·陶特等人的理
解浅了一层。他们将
现代主义建筑的圣像桂
离宫、伊势神宫中的
"简单朴素"和"无装
饰"，从美的感觉中独
立出来，但是，隐藏在
其中的是绝对高超和丰
富的装饰性。

* 本页图
   ［上］东大寺大佛殿
   ［中］伊势神宫
   ［下］唐招提寺

* 右页图
   ［左上］桂离宫
   ［左中］桂离宫·石汀步
   ［左下］日光东照宫
   ［右上］桂离宫·多宝格
   ［右中］同·腰张
   ［右下］东照宫五重塔

东照宫可以说是巴洛克的典
型。如果把这个只当做将军
的低级趣味的话，那就是现
代主义建筑师的局限性了。
我们要向同时建造桂离宫和
东照宫、让那些现代主义建
筑师头脑混乱的日本文化的
坚强和高尚致敬！

152

看下面的照片，多宝格橱架用金属件的装饰性。看不见这些，可以说是有眼无珠啊！

8

利休灰、巴洛克、侃皮——两义性文化

"利休灰"是日本文化两义性、多义性的象征

感觉与观念不同，没有被界定或者被说明的东西很多，这有其相应的原因。对于感觉，分析说明得越多，越会限制那种感觉原本包含的内容，有时甚至还会产生相反的效果。尽管如此，现在关于感觉的讨论仍然非常重要。

给某种感觉冠以称谓，描绘其轮廓，追溯历史、找寻那种感觉的原点，在获得深刻的理解的同时，还必须适度反抗，从而获得快乐的刺激。

"利休灰（灰绿色）"这个词，就是我对这种感觉的命名。

关于"利休灰"一词，在以前流行过的通俗歌曲《城之岛的雨》（北原白秋作词）中曾经出现过："雨在下，城之岛的海岸上，利休灰的雨在下"这样的歌词。不过"利休灰"这个词，并不知道是从何时开始使用的。正如栗田勇先生指出的那样，既没有明显的出处，语源也不清楚。

而我所使用的"利休灰"一词，是对日本的空间和日本文化所具有的两义性、多义性特征的一种概括。表现同样感觉的还有："个人品位"、"巴洛克"（初期）、"侃皮"（camp）等，可以说是适用艺术所应该具有的资质吧。

利休灰的感觉比较接近两义性（ambivalent）或者多义性的艺术。我对这种感觉感兴趣并非最近，而是三十多年以前的事情了。

通过当时与几个朋友一起搞的新陈代谢运动，我对功能主义建筑开始抱有强烈的不满。我认为如果按照功能去划分、解构空间，划分得越合理，其内部存在的多义性空间中的混沌、未分化的本质就会反而越欠缺。

其实，我总觉得在试着考虑城市、建筑或者人生本身的生活方式的时候，迷宫一样的、神秘的、多少带有一些恶香的暧昧部分，正是能够感觉到人的魅力和欢心雀跃地充满期待感的地方。那些被遗失掉的本质部

分,在我们硬要为它们命名的时候,脑海里就浮现出了"利休灰"这个词。

包含着对立四原色的灰色

西田正好先生推测出利休灰的出典是《长黯堂记》。《长黯堂记》是宽永十七年奈良春日神社的神职人员、久保权大辅利世撰写的有关茶道的书。其中有下面的一些记述。

千利休举出简朴装束的例子中的这个墨染布棉袄的颜色,就是世人所说的"利休灰"。

就色彩而论,"利休灰"是暗灰绿色,是能够看得出绿色倾向的灰色。

一般来说,"利休灰"也被称为"利休鼠灰"。鼠灰色用"鼠"或"灰"等字眼来表示是不吉利的彩色,自古以来都是不太招人喜爱的色彩。但是自从被称作"利休鼠灰"的江户后期开始,它与茶色和蓝色一起,开始成为受人喜爱的"好"颜色变得流行起来。伴随着茶道的普及,当代人也对灰色嗜好起来了,这让各种各样的灰色有了带"鼠"字的名字。

深川鼠灰、银鼠灰、蓝鼠灰、红挂鼠灰、蘑鼠灰、葡萄鼠灰、鼠灰、鸽子羽鼠、小豆鼠灰等等,就是那个时候的例子。把所有色彩混合在一起,那种失去了颜色的色彩被称之为"素鼠灰"。

西方的灰色是黑白两种颜色的相加,而"利休灰"是拥有红、蓝、黄、白4种对立原色的混合物。

这样一来就变成了各种彩度极低的颜色的混合,人们可以从中享受到那些微妙的色调变化。

西田正好先生在其著作《日本的美》一书中,关于"利休灰"有这样的陈述:"各种各样的色彩相互抵消后变成不是色调的色调,这种没有色

8.1 菱川师宜（1618？~1694年） 江户初、中期的浮世绘画师。从家传的纺织品的添绘花样开始，来到江户之后，以振兴镇上的居民为对象，创作的吉原艺妓、风俗画、歌舞伎画等受到欢迎。主题全部为江户的世态风俗，由把握住机会从而提高了社会地位的商人购买力所支撑。因此，师宜以绘画为业，江户浮世绘的风格和市场，可以说是由他开创的。他的最有名的代表作品是"美人回首"。

彩感觉的美感就是利休鼠灰"。

这些从江户文化的元禄时代开始，经过享保、宝历、明和、安永、天明一直到所谓的田沼时代，是经历过时代洗礼的共通的审美意识。

芳贺彻先生评价安永、天明时期时说："这个时代，女人们所喜爱的和服花样是'墙缩罗'及'曙绞'。'曙绞'就是淡淡的青紫色的牵牛花一样地交织在一起的、有着漂浮感觉的花样。所谓'墙缩罗'，就是将绢织得十分精细，虽然是纯白的，但是根据光线照射的情况不同，而浮现出不同的花样。这是非常精致洗练的爱好"。

这里借助坂元先生的话，"从元禄时期的菱川师宜，到安永、天明时期的铃木春信的变化"，我们也可以了解到当时的审美意识。

菱川师宜 [8.1] 喜欢描绘的女人是圆脸的，胸和腰都很丰满的、玛丽莲·梦露型的美人。铃木春信描绘的女人，下巴尖尖的，脖子很细，腰身像柳枝一样，具有纤细轮廓的非肉体型，是两义性的美人。

到元禄时期为止，作为人口增加、经济发展、城市化和物质丰富的象征，菱川师宜喜欢描绘的肉体派美人，的确和20世纪60年代物质丰富的象征——玛丽莲·梦露相像。而与之相对的，是现代的非日常性、非肉体性的美人，包括铃木春信型的美人，还有迈克尔·杰克逊、大卫·鲍伊、玉三郎（参照注释6.12）等中性人。或许也可以说，这些更高层次的两义性，表现了某种世故很深的时代精神？

创造冻结时空的平面世界

我所说的利休灰并不局限于颜色，它是由经过高度提炼的审美意识所支撑的一种感觉。

京都的街是日本传统的聚落空间，夕阳中的灰色，看上去最美丽。

黛瓦、粉墙的建筑群溶化在灰色的色彩之中，失去了彼此间的距离感和立体感，从三次元的世界向二元化的平面世界转化，实在是极具戏剧性的景色。

眺望那些街道时，我发现千利休是通过一时凝结了时间和空间的二元化的平面世界，而体验出利休灰这种颜色的感受力的。

桂离宫的空间构成也是同样的情况。围绕回游式的庭园展开的桂离宫空间，完全拒绝固定在一点的透视法，是一种与移动的视点相对应的、被分解了的二元世界。那种效果在薄暮般的灰色色彩中极富戏剧性地展开。

在日本文化的审美意识之中，无论是绘画、音乐、戏剧，还是建筑与城市，都具有这种"二元性"。

时间停止时的"非感觉性"，在三次元空间被转换成二元空间时的"非感觉性"，或是使矛盾要素共生的"连续性"，将不同次元的境界溶解、并使其两立的"暧昧性"等等，本来就存在于日本的文化之中。而这种

8.3 西方建筑图，立体轴测图。

概念的媒体不就有利休灰这种手法吗？

譬如，画卷可以在同一平面上描写不同的题材、不同的尺度、不同的距离、不同的时间，这种创造，明显地与崇尚透视法的西欧绘画，有着本质上的不同。

同时，日本建筑，特别是从桂离宫到千利休的茶室，我们所看到的书院式建筑的家谱系列空间，其素材都是木结构，与西方的石结构房屋不同，根本感觉不到物理性的实体空间。

这种建筑像舞台布景一样，立面以平面化的形式独立出现。其结果就是立面超越了实体，转化成为人们"心中的风景"[8.2]。

在日本，正确描绘建筑图纸是近代之后的事情，以前都是简单的"板图"、"指图"（示意图）。平内家的《匠明》和甲良家的家传秘书中，有许多关于寺院建筑的详细图纸留传下来，甲良家家传书中的台德院图纸，包括立面图、平面图、剖面图等，甚至还有细部雕刻的详图。

可是，西方建筑师经常使用轴侧图、鸟瞰图来进行表现，与他们的立体轴测[8.3]的表现方法相对，日本的工匠们只使用平面或立面来表达设计意匠。这已经演变成为日本建筑的空间特征，日本建筑之所以会像平面或立面的连续展开图一样，也许这就是证据之一。

《南方录》中就有关于宗易（利休）茶室的记载：

"总而言之，茶道的意味在草庵。一般的做法，是严格地按照书院台

159

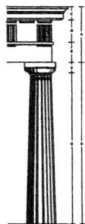

8.4 柱式。

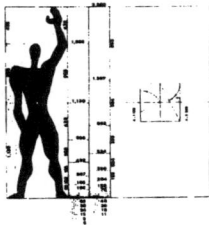

8.5 柯布西耶的模数。

子的方式去做，草顶的小屋，小路的风格，均以正规的尺寸为本。但是，最终超越世俗的做法，则是要摆脱正统的尺寸，忘掉技法，回归到无味的心境。"

与书院式建筑的注重规格尺寸相对，茶室把"最终脱离正统的尺寸，忘掉技法，回归到无味的心境"作为理想。这与西方建筑从希腊、罗马的柱式 [8.4] 开始，直至现代建筑的模数 [8.5] 为止的，均以标准与比例尺度为根本的做法，形成了鲜明的对照。

认为日本建筑是以榻榻米为模数规格化的解释，其实是错误的。日本的榻榻米原则上是按照现场的尺寸去调整的，严密地说每一块的尺寸都并不相同。茶室虽然有规范，但并没有严格的规格尺寸，也是以"脱离正规尺寸，忘掉技法"的做法为终极目标的。

千利休茶室的终极形态，是追求远远超越四帖台目的、更具有极限性的一帖台目，是一种超越了物理空间尺度上的狭小，追求非日常性、非感觉性的精神空间。

顶棚的高度、窗、入口的尺寸，如果按照西方的标准，简直太小了，以至于到了非人的地步。异质设计要素（如圆窗，壁龛的柱子，数种顶棚木材，开口等）之间相互冲突的同时，仍然保持着一种平静的共生状态。这些若以西方的秩序感觉来衡量，都是非常难以理解的事情。

包括茶室在内的日本建筑的传统空间，是由顶棚、地板、墙，这些属

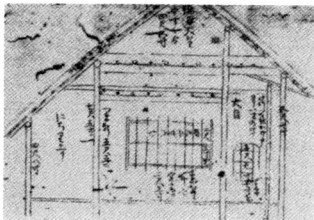

于不同象限的设计要素，按照各自的规律即二元世界来构成独特的平面状态的，这使得它们可以拒绝形成直接的立体化的相互关系。[8.6]

在两面墙（立面）上，开有尺寸大小和高度都完全不同的窗户的例子很多，这也是促进空间向二元化转变的手法之一吧。

总之，所谓利休灰式的空间，与西方的立体的、雕塑性的、实质性的、单一意义的空间相比，是具有鲜明性、平面性、绘画性、非实质性和多义性或两义性的暧昧空间。

我也以利休灰的感觉，来说明自己的作品——石川厚生年金会馆（金泽，1977 年）和国立民族学博物馆（大阪）。这两座建筑的外表均采用了利休灰颜色的灰色瓷砖，铝合金屋檐的灰绿色、花岗岩、安哥拉石、不锈钢等，材料虽然不尽相同，但全部统一使用灰色至黑灰色的色彩[8.7]。

如果只从这些表面情况来看，将利休灰的感觉，仅仅理解为使用利休灰这样的颜色的话，那就误解了我的初衷了。建筑原本是违抗重力建造的，重力感一般都会被表现出来。但是，灰色的色调针对重力感，却可以创造出黄昏的京都街道所具有的那种非日常性浮游感觉。灰色的色彩是为了消去材料的物质性，自在地、戏剧性地表现两义性空间的手法之一。

这两个作品的相同之处在于，有意识地使用曲线和直线这两种相互冲突的构成要素，并希望能够使之产生非日常性的共生感觉。石川厚生年金会馆的室内，尽管墙面、顶棚都使用了铝板，但是靠染色效果获得了

8.7 利休灰色的建筑，仿佛让人看到了黄昏时的京都街道。请体验非日常性的浮游感觉。

　　〔上、中〕国立民族学博物馆

　　〔下〕石川厚生年金会馆。

8.8 藤原定家（1162~1241年） 平安、镰仓时代的和歌作家，诗歌理论家。担任公家《新古今和歌集》的编纂，因《小仓百人一首》而负有盛名。另一方面，还流传下来作为御子左藤原家的家长，拼命去争取官位，与镰仓三代将军实朝进行交易，从而保护了自家庄园的故事。源平争乱时的"红旗征戎非己事"，这样的艺术至上的宣言，也特别有名。《愚秘抄》被认为是定家中年时期创作的诗歌理论著作，很好地传达着定家的理论，但是，也有人说这是假冒作品，不是定家的原著。

不可思议的寂静感。

另一个手法则是传统与现代的共生。我创造出了一种既是反传统的，同时也是继承传统的紧张状态。

总之，针对这种异质共生的感觉，两义性的暧昧感觉，我使用了"利休灰"这一词汇。

"疏句"和"无为之空"的反抗与共鸣的表现技法

使不同次元的几个空间共存的方法，也可以在日本各类文化形式中发现。

藤原定家 [8.8] 在《愚秘抄》中关于疏句的技法有下面的陈述：

"亲句中没有优秀的和歌，即使有也很少。因为亲句的歌词继承的东西的确太多了，从根到枝从枝到叶相连，只是些平常的事，新奇的内容比较少。但是，疏句则在任何句子里，都可以突然出现精彩之处，包括新奇的事情。就连经信卿也认为疏句中有许多优秀的内容。"

亲句就是上下句如同由树枝生出树叶那样，标题直接联系的歌曲。

与之相对，疏句的上下句则可以完全唱出不同的内容。而且就在这样的矛盾之中，却保持着不可思议的独特的协调。

"黄昏原野的秋风透过身体，埋没在起伏的草丛之中"。

这两种不同的风景印象，并不是通过说明来让人产生联想，而是通过异质景象的并立，来加深对利休灰的非实质性，或是多义性、两义性的印象。

这种方法和世阿弥的"无为之空"的技法如出一辙。

世阿弥的著作《花镜》中，"一切均发自内心"一节有下面的论述：

"正像我们所见到的那样，'无为之空的妙处'在于这样的表演能够扣人心弦。在两段曲目之间停顿的时候，一切表演都处于静止的状态。这种停顿与沉默就是'无为之空'。然而，它的妙处到底在哪里呢？其实，这种间歇正是表演中最为用心的地方，舞姿与舞姿之间、乐曲的间隔，以及语言和动作的停顿，都是用内心表现出来的，而其妙处所在亦是这种发自内心的感受力。"

正是能剧演员动作和动作之间的静止与沉默的空间，才是最重要的表现内心世界的东西。

这种"无为之空"、"空"、和"利休灰"之间是相通的东西。从一种心像转移到另一种心像的、表现间隙的"无为之空"，是过渡性的、复杂的、多义的、沉默的空间，可以说是此处无声胜有声。

"空"、"利休灰"和"无为之空"的概念，出自不同的领域。论述这样的关系很容易让人产生心理抵触，然而，对其他领域进行深刻的探讨，不也是创造我们自己的空间文脉的一种方法吗？

从"浅薄的模仿"到"扭曲的珍珠"

如果从西方的文化形态中，一定要找出利休灰的感觉的话，那就是"巴洛克"和"侃皮"。

E·多尔斯（Eugenio d'Ors）在从前的《巴洛克论》一书中有过如下的论述：

"如果几个相互矛盾的意图集结在一个动作里，从而产生的样式就属于巴洛克的范畴。"

所谓巴洛克精神，如果用通俗易懂的话讲，那就是不知道自己想要做什么。

同时期望着"赞成"和"反对"。

因重力而下降的时候期待飞翔，就是具有某种动感反论构造的圆柱诞生的理由。巴洛克精神，就是一边举起手臂，一边又打算垂下手臂。（中略）

主啊，在普拉多美术馆的以"Noli me tangere"（不要碰我）为题的画中，您的动作确实是巴洛克式的。不用说这幅画，那些数量众多的肉感的绘画，也都是巴洛克意匠之父——柯雷乔（AntonioAllegri da Correggio）的作品。主啊，抹大拉的玛利亚就在您的脚下。您对她欲拒还迎，您对她一边说"别碰我"，一边却向她伸出了手。

您将因败北流泪的她留在人间，独自去天堂。而忏悔着原罪的同时，在感悟中又想起女人，确实也是巴洛克。

主啊，她一边打算步您的后尘，一边弯下了腰。（中略）

以上全部都是一个不变的现实，那就是"永远是女性的东西"。并且不用说也知道的样式，这就是巴洛克样式。

我从西方的文化形式中提取出巴洛克，并不是为了讨论其形态样式，而是要对照，E·多尔斯所表达的巴洛克的多极性和连续性，以及永远像女性一样，同时期盼着赞成和反对的观点，从巴洛克的角度来看利休灰的感觉。巴洛克时代是经历了文艺复兴的时代，是科学与技术更加发展了的时代。我认为没有比那个时代更加渴望表现人的精神和感情的时代了。

8.9 德拉·波尔塔（1540~1604年） 意大利建筑师、雕塑家。曾向米开朗琪罗学习，是联系后期文艺复兴和巴洛克的建筑师。1573年，作为米开朗琪罗的继任者，成为圣彼得教堂的建筑主任。此外，圣母玛利亚教堂的外立面，凡尔赛宫内部的设计等等都很有名，全部具有强烈的巴洛克倾向。

8.10 巴尔达萨雷·佩鲁齐（1481~1536年） 意大利建筑师、画家。在绘画和建筑两个领域都很活跃。1503年成为D·布拉曼特（Donato Bramante）的门人，也是共同工作的人，一起从事圣彼得教堂的建设。1536年任同圣教堂的建筑主任。在罗马首先尝试用

在西方的历史中，唯一的合理的精神与不合理的精神共生了，难道这不正是创造了一个非二元论的精神世界吗？

原本风格主义这个词，本来就是装模作样、浅薄的模仿的意思。和17世纪的评论家们批评16世纪后半叶的艺术家们使用的词汇一样，巴洛克的名称，也是以"扭曲的珍珠"的含义，对那种偏离希腊、罗马的有格调的严格规则的批判而被命名的。

一句话是很难概括巴洛克样式的，由于其范围非常宽广，其中与我的感觉相符的巴洛克也并不太多。

我评价的，是从风格主义时代开始的、初期巴洛克时代，巴洛克到了后期，也过分地具有装饰性，缺乏紧张感。

从合理的精神和不合理的精神的共生这个侧面来看巴洛克，譬如从风格主义时代到巴洛克初期的过渡期完成的、由德拉·波尔塔（Giacomo della Porta）[8.9]设计的耶稣会教堂（1575年）。

这个教堂有十字形的平面，将中世纪和文艺复兴的样式结合起来。但是，这些要素极为自由地组合排列，保持着平衡。

这就是风格主义建筑师，巴尔达萨雷·佩鲁齐（Baldassare Peruzzi）[8.10]设计的玛西摩宫（1536年）中，那个靠近两义性平衡的作品的感觉。

如果能够找到与巴尔达萨雷·佩鲁齐相提并论的画家，那就一定是普桑[8.11]。像多尔斯所命名的"理性的感情"艺术家一样，他对于巴洛克的

透视法设计舞台。作为画家，与拉斐尔不同，用独特的壁画和油画的形式进行创作。

8.11 普桑（Nicolas Poussin，1594~1665年） 17世纪法国的代表性画家。崇拜意大利文艺复兴的大画家拉斐尔，一生的大半在罗马度过。充分量化建筑的构成，给后代带来了很大的影响，被认为是19世纪古典主义者的范本。其代表作品有《帕纳萨斯》、《阿卡迪亚的牧人》等。

反驳，难道不是理性和感情的充满紧张感的平衡么？就像在普桑的"诗人的灵感"中可以看到的一样，那确实是静止中的运动。

另外，贝尼尼的"圣特蕾莎的沉迷"（Ecstasy of St Theresa），埃尔·格列柯的"牧人们的礼拜"，多梅尼科·丁托列托的"放逐诸恶的幸运女神"，高迪的"神圣家族大教堂"，所表现的合理精神与不合理精神之间的，或者飞翔的意念与重力之间，安静平衡状态或共生状态，都是巴洛克创造出来的特有的暧昧性[8.12]。

可是，巴洛克到了圣阿尼厄泽教堂内部装饰的时候，也太过于幻想力，已经没有了我所说的利休灰的感觉。

桂离宫、飞云阁就是巴洛克

说到日本的巴洛克，东照宫成为惯例。但是，这并不符合我所定义的，与利休灰的感觉具有同样地位的巴洛克（或者风格主义）。我所说的巴洛克，是安定与浮游、静与动、直线与曲线，一边互相排斥一边共生，能够保持平静的平衡。

我想从这层意义上来讲，再没有什么能够比西翁院淀看席的内部空间那样，漂亮地表现利休灰或是巴洛克感觉的例子了。从水屋向点前座入口门框的曲线和那个太阳的色彩，带有圆边的把手，全部都是异质的但又

埃尔·格列柯(El Greco)的"牧人们的礼拜"

贝尼尼的"圣特蕾莎的沉迷"

8.12 西方文化中的"利休灰"。总之巴洛克、"侃皮"的感觉,就是"不明白自己想做什么"。粗俗点说即是:"真讨厌,但是讨厌也是喜欢的一部分"。譬如下面的教会虽然保守,但是自由的表现着中世纪和文艺复兴,这二者就是合理与不合理、飞翔和重力的共生。正是这种暧昧性,才是"侃皮"、"巴洛克"和"利休灰"的感觉。

德拉·波尔塔设计的耶稣会教堂

高迪的"神圣家族大教堂"

8.13 赫伯特·里德（1893~1966年） 活跃在20世纪30年代的英国诗人、评论家。除诗作之
外，还参与美术理论、文艺批评。具有代表性的美术评论有"英国的陶器"、"英国的
烧制玻璃"、"美术的意义"、"美术与社会"等。他义无反顾地阐述着"美术作品是
宇宙内在意志的最高表现"的思想。第二次世界大战之后，还撰写了无政府主义色彩浓
厚的政治著作。
* 燕卜荪曾在北京大学、西南联大任教授，其论著《朦胧的七种类型》，周邦宪译，中国
美术学院出版社1996年出版。"朦胧"即为本书译作的"暧昧"——译注

保持着协调，虽然充满活力但是却很平静。巴洛克的世界，因使用曲线这样的戏剧性要素，从而打破了古典的秩序。而且我认为，这是比那个初期的代表作，波尔塔的耶稣会教堂更漂亮的巴洛克。

另外，还有很多这种异质要素使用方法的例子，桂离宫也是其中之一。房梁和柱子使用自然状曲木，在由梁柱决定的平面中，对其他的构成要素没有丝毫的影响，自我保持着平衡。换个说法，就是在对立的同时，保持着协调的共生性戏剧空间。

按照这个意思，再举一个例子的话，那就是被传为聚乐第遗构的西本愿寺飞云阁。在这座不对称的三层的建筑中，各种各样的异质曲线和直线不可思议地共生着的同时，又展现出一种极为静谧的样子。这正是我所说的利休灰的极致，初期巴洛克的感觉。

寻求境界、边缘的暧昧性和两义性

以暧昧性为钥匙，也可以解读巴洛克。

赫伯特·里德[8.13]说过，在英国的散文文体里，有基于隐喻的暧昧性。但是，威廉·燕卜荪（William Empson）[8.14]在其著作《暧昧的七种类型[*]》中，列举莎士比亚、乔叟、弥尔顿等人的同时，也阐明诗的语意的多样性和多层面性。一个单词、一个文法构造，都可以同时以几种不同的方

8.14 威廉·燕卜苏（1906~1984年） 20世纪30、40年代的英国诗人、评论家。燕卜苏的诗是17世纪的古典风格的现代版本，以感情和理性的统一为目标。作为批评家，开展心理的或是意义学的批评，对于新批判主义的一个流派，给予了方法论性质的影响。《暧昧的七种类型》（1930年）是现代诗论的经典。1931~1934年间来日本，曾经在东京文理大学、东京帝国大学讲授英国文学。

8.15 了不起的日本巴洛克建筑。安定与浮游、静与动、直线与曲线、排斥的同时相互共生。大家能够领会吗？这是对立的同时，又保持协调的共生的戏剧性空间！

式起作用，使得多种领悟方法成为可能，是创生出暧昧性的重要钥匙。

燕卜苏的七种暧昧类型如下：

第一类：一个细微部分的几个点同时发挥效果的时候。

第二类：两个或者两个以上的可以代用的意义，融合成为一个意义的场合。

第三类：外表上无关的两个意义，被赋予新意义的场合。

第四类：可以代用的几个意义结合起来，使得复杂的精神状态变得清晰的场合。

第五类：在创作中打算发现观念的场合。

第六类：被表现的事物自身矛盾，需要读者解释的场合

第七类：贯彻始终的矛盾表现，分裂作者心情的场合。

这些技法所创造出的暧昧性，难道不正是让艺术和文化，具有多样性、多层面性、两义性的时代的共同特征么？[8.15]

山口昌男[8.16]先生已经在其著作《文化和两义性》中指出：在艺术和文化的两义性萌生的领域（周边），通常在日常生活中，并不会被赋予地位的印象及象征，在成为语言以前，会不断地出现、增殖并完成新的合并。

山口先生将文化的边缘性解释为："在固有的同心圆内成立的文化形式的周边部分，可以提取出特异性的东西"。

可是，这种对暧昧性、两义性的感受，在西方逻辑的整合性世界里，

　在20世纪70年代以后，从语言学和文化人类学中，挖掘新知的方法日益盛行的时候，提出了"中心与周边"这样的"新知"。文化中心，与其说是因为其中心拥有力量而成立，倒不如说是因为其周边的力量促进了活性而成立。中心经常会持续排斥周边，周边不断地刺激中心，并持续给予中心以生机。这种中心和周边的两义性，意味着圣与俗，天与地、秩序与混沌、男人与女人、制度与非制度等所有的二项对立。
8.17 柳田民俗学　柳田国男（1875~1962年）　注意到前人编纂的历史（文献史）中没有记述的历史（民间传说史）连绵不断地存在的事实。对传承下来的习俗、信仰、生活、

是不能成立的。

在认为文化是均质稳定的结晶体的西方逻辑整合性来看，周边部分出现的东西，对文化是具有破坏性的，是异教徒。

只有在讨论西方表现特异的时代精神的文化的时候，或者新艺术的时候，才会议论到两义性和暧昧性。

巴洛克时代，是西方文化的特殊现象。

E·多尔斯所说的巴洛克主义，是面向外部异质开放的、多极化的，它也符合这层意义。

但是"即非理论"，却是以日本文化为底蕴，避开理论上的整合，超越感受性和审美意识而形成的。

和合双体的神道教的祖神所拥有的两义性，作为荒地和耕地的中间地带、作为两义性空间的古墓的过渡性空间的边境，以及住在外边的留宿者，在发怒时则取人性命、高兴时则给予稀世财宝，这种两面性境界的神的基础上，塑造出桥姬的形象。在柳田民俗学 [8.17] 中，讨论了许多这类拥有两义性的境界。

现在，我们不仅需要把日本的传统，作为日本的特殊性来讨论，更应该超越日本，将它与世界文化价值联系起来，让我们努力工作去发掘日本传统文化的价值吧。

这也是我在使用利休灰这个词汇的同时，逼近巴洛克的理由。

礼仪等进行调查研究，开创了柳田民俗学。他称呼那些人们传承的事物的总体为"民俗"。在那里，没有所谓的古代到中世纪到现代这样的时代限制，而是将时代概念压缩后留存下来的那些东西。自此，作为研究现代学问的民俗学，同时也成为研究古代"历史"学问的这一创举诞生了。

8.18 阿尔多·范·艾克（1918~） 荷兰建筑师。TEAM10的发起人，活跃在20世纪60年代新建筑运动中。主要作品有"阿姆斯特丹的儿童之家"，"波恩大学"，"雕塑展示场"等。

范·艾克的孪生现象与马丁·布伯的"我和你"

从这个意义上讲，我感兴趣的建筑师是阿尔多·范·艾克[8.18]、路易斯·康和詹姆斯·斯特林。

荷兰建筑师阿尔多·范·艾克的"孪生现象"（双重现象）逻辑，针对以前西方等级制度中，住宅和城市之间层次的不同，提出了"城市是大住宅，住宅是小城市"的说法，在双重逻辑中重新搭建了新秩序。阿尔多·范·艾克的代表作——阿姆斯特丹的儿童之家，将基本单位空间排列组合的同时，创造出使人感觉不出是那个单位空间的戏剧性效果。有些地方是地板的标高变化，有些地方是各自不同的单位空间连接而成的大空间，使光线的变化融合到整个建筑之中。在这座建筑里，实现了他所说的孪生现象。

这个逻辑虽然对建筑界带来了巨大的影响，但是更让我感兴趣的是，该理论是建立在马丁·布伯的"Ich und Du"（我和你）的哲学基础之上的。

马丁·布伯对于 Ich-Es（我—那个）和 Ich-Du（我—你）之间的差异有下列陈述：

世界因人的双重态度而显现出双重性,这是因为在"根源语·我—你"中的"我"，和"根源语·我—那个"中的"我"有差异。（中略）我

8.19 两义性的建筑。

[左上] 建立在马丁·布伯的"我和你"哲学基础上的孪生现象的建筑……明白吗?

[右下] "煤气灯和激光光线共生……尊重过去的同时容纳作为过去的延伸的未来"的建筑物。

[右上] 空间分段和表面化的相互矛盾的想法的统合。

阿尔多·范·艾克的作品"阿姆斯特丹的儿童之家"

路易斯·康的作品"金贝尔美术馆"

8.20 查尔斯·詹克斯（1939~）　美国的建筑评论家，伦敦AA学校教授。主要著作有《建筑的意义》、《建筑2000》、《局部独立主义（Adhocism）》、《勒·柯布西耶及其建筑的悲剧性侧面》、《后现代建筑语言》等。

8.21 詹姆斯·斯特林（1926~1992年）　英国建筑师，耶鲁大学客座教授。主要作品有"莱斯特大学工程系"，"剑桥大学历史学部"，"斯图加特国立美术馆"，"哈佛大学亚瑟·恩·萨克勒美术馆"等。

詹姆斯·斯特林的作品"莱斯特大学工程系"

路易斯·康的作品"印度经营大学"

8.22 路易斯·康（Louis Isadore Kahn 1901~1974年） 爱沙尼亚出生，美国建筑师。主要作品有"耶鲁大学美术馆"，"宾夕法尼亚大学理查兹医学研究楼"，"萨克生物研究学院研究楼"，"印度经营大学"，"金贝尔美术馆"，"耶鲁大学英国美术研究中心"。

和你会面是因为你向我走来。但是走向你这个直接关系中是我自己的行为。如此这般，关系在选择的同时也是被选择出来的，是被动的同时也是主动的。我的存在溶化成为一个完全的存在，绝对不是我的手段，没有我绝对不可能发生。我因为跟你有关而成为我，成为了我的我在谈论你。

那个（Es）世界是根置于空间与时间的关系之中的。

你的世界没有根置于空间与时间的关系之中。

一个个的你经过关联事项就必定会成为"那个"。一个个的"那个"走向关联事项当中，就能够成为一个个的你。

［马丁·布伯著《对话的原理》（Uber das Dialogische Prinzip 1）］

也就是说，我和你彼此之间的关系，在被动形成的同时也是主动的。而此时便互相成为"我"和"你"。

如果没有那种关系，所谓的我只不过是一个个的"那个"。

从某种意义上讲，这是对西方的个体观念大胆的否定。这里叙述的"我和你"的逻辑，已经超越了西方逻辑的整合性，更接近佛教哲学。

他在著作中，反复引用佛陀中部经典中的《摩绞罗迦小佛经》，小部经典中的《自说经》、《如是语经》等等，也就是理所当然的事情了。

阿尔多·范·艾克提出的问题，是他的双重现象论中，出现了到那时为止的现代建筑哲学中所没有的佛教哲学，具有非西方文化的两义性。

8.23 C・R・麦金托什（1868~1928年）　英国建筑师。1894年开始与麦当劳姊妹和麦克纳尔三人一起，搞起以植物为主题的新曲线样式。在欧洲大陆被认可先于本国，起到了现代建筑先驱者作用。代表作品有"格拉斯哥美术学校"。因不属于过去的装饰和工业设计而备受关注。

两义性建筑师们的作品[8.19]

还有，就像查尔斯・詹克斯[8.20]在他的著作《现代建筑讲义》（Modern Movements in Architecture，黑川纪章译）中所指出的一样，建筑具有两义性、多义性的问题已经成为现代艺术、现代建筑及文化领域中最为重要的问题。

英国建筑师詹姆斯・斯特林[8.21]设计的莱斯特大学工程系大楼（1964年）是玻璃和砖石结构相组合的大胆造型。虽然采用的是材料砖和玻璃传统材料组合，然而，从外立面斜飞出来的玻璃、转动45°悬挂的玻璃屋顶及其端部立体的结尾非常具有戏剧性。尽管两种不相同材料采用极为常见的技术处理，但在那里却充满了紧张感和共生的表现。而且我还可以想象得出，建筑师将这个建筑的空间进行分解和表面化，含有把完全对立的观念统合起来的意图。

这个想法，在剑桥大学历史系教学楼（1968年）更加鲜明了。通过弯曲45°后设置的、就像覆盖在研究楼之间一样的被挂起来的玻璃表皮，获得了内包的外部空间这个两义性的空间，排斥着建筑的功能分节化而带来了强烈的紧张感。

在这个建筑里，包括了传统的英国建筑元素——旧城区工厂建筑的形象以及人造卫星的细部，极具压抑感。这和普桑的"诗人的灵感"那种

8.24 奥托·瓦格纳（1841~1918年） 奥地利建筑师。1894年以后，作为维也纳美术学校教授，发挥了在现代建筑上的理论和设计指导作用。他认为艺术创作的出发点是现代的生活，主张所谓的"实用样式"。代表作品有"维也纳卡尔斯广场停车场"，"维也纳储蓄邮局"等，重视建筑的社会功用。

理性的感情同质。

我想美国建筑师路易斯·康 [8.22] 的建筑，也是属于分节化和反分节化同时共存、理性而又富有戏剧效果的空间的少数几个实例。

他的萨克生物研究学院，一方面将设备用房与交通核分离，另一方面又将分离产生的杂乱感挤压到建筑的张力之中，创造了极为抑制的共生状态。该建筑在这层意义上，与宾夕法尼亚大学理查兹医学研究所属于同一种类型。后者给他带来的国际声誉，使他成为世界级建筑师。

印度经营大学的砖石结构和拱的用法，也是超越传统与现代、技术与艺术对立的、富有戏剧性的共生状态。他的金贝尔美术馆，通过重复的拱实现了分节化空间，又与多义的成熟的世界统一起来。在混凝土、人造板和屋顶的金属板等异质材料相互冲撞的同时，最终达到静中有动的状态。

"路易斯·康的精神像煤气灯一样，又可与激光共存，那是多方相互联系的精神，在尊重过去的同时，容纳过去的延伸——未来。他即使是失去发挥才能的机会，还能克服失意，洋溢情感，虽然身处逆境，但不失气度；经常在暴风雨的中心寻求静谧，在冲突内部寻求一致。为了达到最终的目的，坚定内心，寻求为人类服务的道路，搭建协调的精神"。（《建筑论坛》杂志）

这种空间的两义性和多义性的本质，在现代建筑史的初期也出现过几

8.25 卡拉瓦乔（1573？~1610年） 意大利具有代表性的巴洛克画家，本名叫米开朗琪罗·梅里西。激烈明暗的浮雕一样的构成，雕像一样的人物肖像的卡拉瓦乔样式，不但对本国意大利，而且对西班牙和荷兰的巴洛克艺术，也带来了巨大的影响。代表作品有"巴克斯"、"女占卜师"、"圣马太的召命与殉教"、"蛇的圣母"等。

* 这幅肖像并非蓬托尔莫所画，而是其弟子A·布龙齐诺的作品。——译注

个。C·R·麦金托什[8.23]的"艺术爱好者的家"的草图中，在微妙的曲线和直线交织而成的不稳定的稳定中可以见到。设计"维也纳储蓄邮局"的奥托·瓦格纳[8.24]宣称："艺术仅由需要来支配"，其空间也是受抑制的曲线和直线所构成的漂亮的两义性感觉。

这些都是典型的具有两义性的建筑例子，在这层意义上，它们都拥有现代建筑所缺乏的贵重的空间感觉。

嘲笑优等与认真的陈腐的"侃皮"感觉

和利休灰的感觉、巴洛克的感觉相近的另一种感觉，是"侃皮"（Camp）。

"侃皮"是用"Camp"这一名称，代指一种通用的现代感觉，是诡辩的一种。"侃皮"背离以"好、坏"相区分的通常的审美判断，针对艺术，提供了另外一种判断标准。

例如，包含着丑恶的美丽、稍微偏离的端正、不能表现善恶的魅力，超越协调的美丽，包含着玩笑的认真等感觉，都是"侃皮"。侃皮也与共生的审美意识相通。

据桑塔格《关于"侃皮"的笔记》所说，"侃皮"的历史要追溯到蓬托尔莫、卢索·费奥伦蒂诺（Rosso Fiorentimo）、卡拉瓦乔[8.25]等风格主义艺术家们的时代。或是乔治·德·拉图尔（Georges de la Tour）

8.26 黛德丽也是"侃皮"。

* 《鲜花圣母》［法］让·热内著，余中先译，浙江文艺出版社2006年出版——译注

特别制作的绘画，抑或是文学中从黎里（Lyly）的《尤弗伊斯》开始的，佩尔戈莱西和莫扎特的音乐，包括拉斯金、丁尼生，新艺术派的巴洛克，令人惊叹的高迪的"神圣家族大教堂（Sagrada Familia）"，以及斯登伯格启用黛德丽[8.26]制作的电影"恶魔是个女人"（日文翻译成为"西班牙狂想曲"）等。对拘泥于过时规则认真过度，而显得笨拙的现代建筑，和所谓"优秀设计"的工业产品的陈腐，给予警告的也是"侃皮"。

与很多风格主义画家使用玉虫色，强调主观而不稳定的样式所具有的感觉效果一样，作为风格主义创始人之一的蓬托尔莫，所画的乌戈尔利诺·马尔泰利（Ugolino Martelli）的肖像*，也留下了不稳定的运动所带来的紧张感。这与他的另外一件作品，佛罗伦萨的"圣米凯莱教会的圣母像"表现出了同样的感觉。

风格主义艺术家们，一边使用米开朗琪罗的对立和谐（contraposto，人体左右相反的姿势），一边违背文艺复兴的规范，在引入智慧的预见性的同时，建立感觉和智慧混合在一起的新样式。其技法（Maniera）中，最有名的是卡拉瓦乔的明暗法吧。他的作品"看手相"，在使用明暗法提高了整体的戏剧性效果的同时，看起来好像也勉强保持了不稳定的均衡。

所谓"侃皮"，更接近人性的复杂性和空间的复杂性。燕卜荪（前述）的"城市的牧歌"的说法，葛丽泰·嘉宝完美的后背，美得令人惊讶的两性人的性空虚，都属于这一类东西。对于"侃皮"来说，玛丽莲·梦

8.27 葛丽泰·嘉宝。作为女演员，嘉宝的演技很糟糕，但却因此而凸显出她的美貌，具有两种性格的空虚独具魅力。

露和简·曼斯菲尔德这样的太女人味的女人，是不受欢迎的，就像"这个建筑太好了就成不了侃皮"的说法一样。

葛丽泰·嘉宝[8.27]作为女演员，虽然演技很糟糕，但是，却因此而凸显出她的美貌，然而她仍旧是她自己。

让·热内在《鲜花圣母》*中讲述到：为了引出文化的多义性，好的爱好，可以不只是好的。其实，即使是低级趣味，也可以被认为是好的爱好。

换句话说，所谓"侃皮"的感觉，就是能够以双重意义解释的某种东西所具有的那个双重、三重意义的敏感感觉。

分解辨别矛盾的东西，将功能不同的东西进行分离，打算寻求逻辑性调整的感觉，很明显，这些都是现代主义的感觉之一。因此，才会由功能主义建筑，产生不分地域的国际式，伴随着工业化的促进，催生出"优秀设计"。

可是，现在难道不正是我们再一次返回，就连矛盾也包括在内的共生原点的时候吗？

这个世界，的确是一个未分化的，混沌的，因不具备逻辑整合性而难以应付的世界。

我没有打算否定功能主义的成果，也没有打算谴责"优秀设计"的优等生。可是，是不是我们马上就要向我们的规范周边部分，宽广蔓延着的、神秘的、丰富的精神深处迈进了呢？

精神深处的本质，本来就是难以分解的，充满着两义性和多义性的，兼备静谧的利休灰世界。

三宅一生和川久保玲等人最近的时装设计，的确就是暧昧性的时尚，两义性的时尚。乞丐与贵族、男人与女人、艳丽与质朴，这种两极的共生，创造出自由的氛围。

9

共生的条件——「中间领域」，「道」的复权，「圣域论」

9.1 既是内部又是外部的作为中间领域的廊子。这种多功能可以瞬间领悟吧。

创造通融无阻、内外共生的廊子

如果不怕误解的话，我们或许可以说西方与日本在空间上的差异是"对立空间"与"共生空间"之间的差异。

西方建筑通过征服自然，形成与自然的对立。

正因为如此，区分内部与外部的墙的意义尤为重要。而日本的空间则融合于自然，通过与自然的共生、协调、一体化而成立[9.1]。

在日本的空间里区分内部和外部的墙没有发展起来，虽然有石头文化（石建筑）与木头文化（木建筑）这种材料之间差异，不过更多的是因为意识上存在着内部与外部的相互渗透。

我非常关注日本建筑的这种内外互相渗透的空间。譬如，我在战时离开的乡下的家，即便是冬天寒冷的时候，也仍然从早上开始就打开门窗生活着。

庭园里有时候有积雪，有时候春天的植物发芽，漂浮着花香。书院式建筑数寄屋结构的日本房屋里，本来就有这种通融无阻的内外共生，这是与自然的共生。

在西方有所谓的"画窗"，把窗户做画框将外面的景色画在窗内这样的情趣取向。不过这是一种完全对立的，是窃取自然加以表现的构想，和日本建筑与庭园的一体化明显不同。

同时，日本传统建筑中分隔内外的中间领域还有廊子。

廊子是屋檐下的凉台状突出物，设置在建筑周围。这个用途与西方建筑中的凉台不同，它还兼备作为外部走廊的功能，隔绝风雨和夏天的日晒，起着保护内部、会客、连接庭园的出入口等多种功能。

仅仅通过走廊来连接房间，这样的住宅设计所不能解决的复杂功能，可以由廊子来承担。

不仅如此，廊子还具有作为建筑内部与外部的第三领域的意义。从廊子在屋檐下这层意义来看，它是内部空间，但从开放性这层意义来说，它又是外部（庭园）的一部分。

我所生活过的乡下的家，远方的来客、有正经事的客人，会带到客厅中，而登门的推销商、附近的邻里乡亲，通常就在铺着红毛毡的廊子上坐下来喝茶聊天，廊子作为会客空间，很自然地分开来使用。

我想，"这种有利于人与人之间的交流、内外二元论所不能解释的空间，不能用墙隔开的空间，难道就不能引入到现代建筑之中去么？"这正好与我的中间领域的构思联系在一起。

我将屋檐下的空间、廊子、回廊、格子等各种各样的建筑细部称为"中间领域"，努力地去重新发掘空间领域所拥有的两义性和多义性。

我已经于1960年，在新陈代谢空间论中，指出了中间体、中间领域的重要性。

就像佛教所说的"空"，虽然眼睛看不见，但还是存在着的意思一样，中间体、中间领域也不只局限于实体性的东西。

于是我将中间领域作为非实体性空间来把握，开始着眼于日本城市空间中极有特色的街道，我开始认为这种半公共性的暧昧领域，正是超越西方广场的更具有非凡意义的空间。

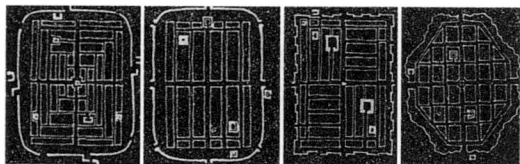

9.2 婆罗门教经典中的四种理想城市。太阳之道,风之道,也有隐藏了浪漫的十字路口。是具有七种面孔的东方的两义性、多义性空间。

东方的城市没有广场

东方城市没有广场。如果说在东方城市里看到了起着广场作用的地方,那就是"街道"。如同婆罗门教经典中记载的那样,古代印度有四种理想的城市类型 [9.2]:

1. 棋盘形(Dandaka)

2. 回字形(Nandyavarta)

3. 莲花形(Padmaka)

4. 佛教"卍"字形(Swastika)

这些类型的共同点,都是由直线型网络状道路构成的城市。这些城市聚落的单元范围从 1200m×1200m 到 7500m×7500m,其中 2/3 是农田。居住单位从 7.2m×4.8m(最小的)到 12m×9.6m(最大的),中央带有饲养保护家畜的中庭。

首先借助日晷确定两个基点,并将这两个基点连成一条直线。由此,建造称作"王道"的东西方向的干线道路,之后再确定与"王道"垂直的南北方向的道路"广路",这些纵横道路便构成了城市的基本框架。

在这些理想市里没有广场,公共设施和宗教设施都沿着"王道"和"广路"分散设置,中心部的交叉口处种植了一棵菩提树。

这棵菩提树被认为是太阳、月亮和星辰升起的地方,是通向宇宙的神

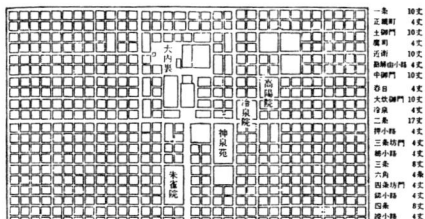

9.3 平安京（京都）的城市空间。没有广场或是城市核心，是以道路为骨架的多核城市。

圣象征，但是，它又不是连接城市居民生活与城市全体的核心。从早到晚都沐浴着直射阳光的太阳之道的"王道"，和通常迎风良好的通风之道的"广路"，起到了联系城市居民生活和城市全部社会空间的功能。

节日中的城市，游行队伍经过聚满了人群的太阳之道和通风之道；而巡回礼拜仪式，则通过被称作"幸福之道"的外围道路。

总之，形成了与个人生活紧密相关的城市宗教仪式、权力空间和市民生活共存的街道空间。

这种情况，对于以开放式木结构住宅为构成要素的日本城市空间也是适用的。采取条坊制的京都的道路，可以划分为适用于大路的"路"和小路的"道"。

平安京（京都）也没有广场[9.3]。而且，寺院和神社、公共设施等也没有集中在城市的中心部，既没有广场也没有形成核心，仍然是沿着大路分散设置。东方的节日由于以游行为主，与其设置供大众集中活动的广场，倒不如设置适合于游行的必要的"道路"。而寺院和神社、公共设施，与其聚集在中心部，也许还不如以"道"相连接为好[9.4]。

总之，平安京（京都）的"大路"是通行贵族马车的，"街道"是节日里举行游行的，这种区分是非常必要的。为什么呢？因为"街道"两侧的房屋是市民（稍微有点等级的）的住所，而"大路"则是以仪式和权力连接市民的城市框架结构，同时也是权威的展示窗口。但是这并不能说，只有

9.4 西方也有舒适的街道，但是，不具备像日本的城市街道空间那样的，两侧町屋开放性的相互渗透的关系（住吉具庆笔《都鄙图》，奈良兴福院收藏）。

"大路"才能够起到提高每个市民城市生活质量的作用。

下面我们将目光转移到称作"小路"和"胡同"、"街巷"一类较狭小的"街道"上。相对于"路"，穿过京都西阵地区的称作鳗鱼床（细长房子）的典型沿街建筑的"小路"是最适合称作"道"的。"大路"即"路"，是贯穿于地区和地区之间，或者是城镇和城镇之间的道路。相对于此，"小路"即"道"，则是贯穿于地区之内的，或者是穿插于城镇之中的比较窄小的街道。

"道"两侧的房舍具有同一街区名称，构成一种相邻关系。不足三米宽的"街道两侧"的街屋展现了木结构建筑的开放性，并利用格子窗营造出了与街道的连续空间。夏夜"道"上聚满了乘凉的人们，可以见到人们隔着格子窗谈笑风生的身影。面向"道"的房屋也有作为店铺使用的。如果说"路"是仪式、节日和显示权力的场所，那么"道"则是市民生活的场所，作为居住空间的延伸是将一个个生活空间与城市相连接的场所 [9.5]。

从中世纪到现代，日本城镇中被称为"城下町"的城市空间中都没有"广场"。虽然"城下町"中也有核心，也就是我们所说的"城"。但市民的生活实体不在城中，而是在叫作"五字形"的"街道"系统之中。

如同在高田城下、犬山城下、丸龟城下所看到的那样，从正面眺望作为街的象征性的城，一进入街，呈直线状的中心街道便向旁边迂回，形成包围城的格局。沿着街道的外侧布置了寺院，街道的内侧是木匠、鞋匠、铁匠、缝纫匠、银器商、丝绸商等工匠作坊，使用火的锻造作坊、铁炮作坊设在

9.5 日本的"道"是"共生的场"，作为居住空间的延伸，将各个生活空间与城市紧密联系在一起。左：金刀比罗宫参道，右上：高松的城下町，右下：伊势神宫平面图。

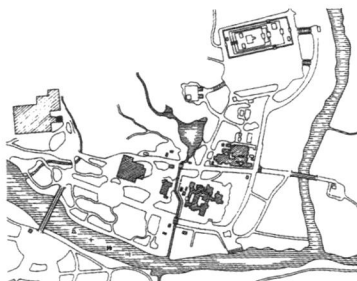

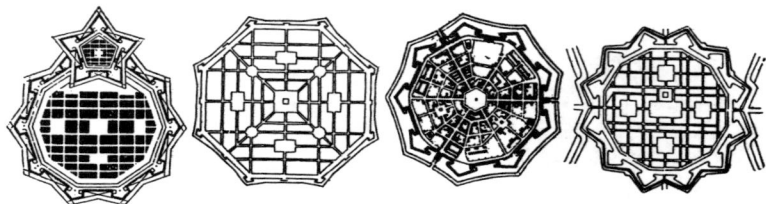

下风位置，牲口棚设在街道的尽头，转运货物的货栈设在城下的入口处。

节日中，游行队伍经过"道"，促进了城镇的发展，"市场"也沿着"道"兴盛起来，盂兰盆节时，还可以看到寺院旁街道的兴旺繁荣盛况。

此外，正如"街头问斩"、"街头说法"、"街头告示"、"街头占卜"等词汇所显示的那样，"街道"的功能不仅仅是交通，还兼有西欧广场的作为生活空间的功用。换句话说，正是这些可以称作"道的空间"、"道的建筑"的媒体，将居住在这里的人的生活与城市紧紧地联系在一起。

与具有交通功能的"道路"不同，具有生活功能的"道路"，即如同没有道路也就没有"道的建筑"一样，深入其中还会有各种各样的发现。例如，四国的金刀比罗宫的参道（参拜神社、寺庙的道路），通过门帘和旗帜，用土特产装饰的门前街两侧的建筑、灯笼、松木、石台阶，石头墙、走廊、楼梯等，使道和建筑与自然相互贯通、共存、融合，形成一个生活空间，成为"为步行而建的建筑"也就是"道的建筑"。

伊势神宫的大殿无疑是最卓越的传统建筑，但更吸引人的是其所独有的从五十铃小河到外宫、内宫的参道。穿过小桥，沿着小河，步行在弯弯曲曲的小路上会看到在各个要冲都设置了神木和石头等象征物。步行在这段参道上，踏在大沙砾上的声响更增加了空间的效果。我想这难道不是一种奇妙的音乐效果吗？如果将这种参道当作是激励推理和期待的"道的建筑"的话，那么伊势神宫的建筑空间，可以说，是从五十铃河畔就已经开始了。

西方的城市没有街道

在西欧，西方的城市 [9.6] 是没有这样的"街道"的。希腊的城市伊奥尼亚的米利都 [9.7]，虽然也是由格子状的道路构成基本框架的，但是，在这里，可以观察到两个根本不同点。

其一，公共设施设置的不同。东方城市的设施是沿着"路"和"道"分散设置的，"路"和"道"具有城市公共空间的功能，同时也起到贯通各个建筑的作用。而与此相对，在希腊城市的中心部具有公共空间功用的却是广场。

公共活动广场上，有集市开张、议论政治，也有占卜师，甚至还有卖春妇在活动。在这里，不是"街头暗杀"而是"广场暗杀"，恶党们也时常出没。格子状道路通过柱廊与"广场"连接起来。在米利都正是"广场"将市民的生活与城市联系起来，同时广场也是提高城市意识的媒介空间。

其二，道路空间结构的不同。即"路"和沿着道路的建筑空间之间的相互关系的不同。米利都的住宅，是以中庭式住宅为基本单元的。从道路一进入住宅便是中庭，各个房间都面对着中庭开门，市民的家庭生活和邻居的来往都是以中庭为中心进行的。但由于住宅的正面仅仅开了数个小

9.7 在没有"道"的西方，"广场"成为联系市民生活和城市的空间。古代希腊的城市米利都及其广场（Agora）。

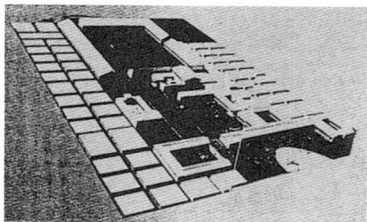

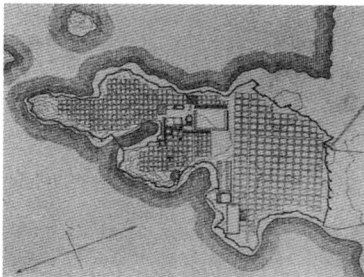

9.8 典型的西方广场。果然显得非常了不起，与金字塔形的等级制思想相连。

窗,面对道路形成了封闭的结构。道路空间和建筑空间被厚厚的墙壁隔断,因而没有像以木结构建筑为主的日本城市空间那样相互连续贯通的空间。

住宅的背面还有一条道路,这是一条仅 1~2 米宽的石台阶的排水路,我们可以想象,下雨时的污物和雨水涌满这条排水路的情景。或许也可以说,这是明渠式的下水沟。

作为私人空间的个人居室

作为家庭、邻居交往场所的中庭

作为排水设施的道路

用于交通的道路

连接道路和广场的柱廊

广场

如上所述,这里的一切都有其空间上的功能次序。建筑和道路、建筑和城市的分离,从这时就已经开始了。而到了中世纪时,西方封建城市"广场"的特征 9.8,与其说是为市民的,倒不如说已经变为统治者显示权威和进行宗教仪式的空间。广场进一步成为向心性结构,与开放式的方格网道路相比,形成了一切道路都通向广场的放射状。

换句话也就是说,交通的道路已经变为自然地导向显示统治者权威的广场的道路。

在西欧城市中,真正意义上的"市民广场"的诞生,是实权移向商人、

9.9 座 中世纪工商业者的封闭性的同业行会。大山崎神社的油座等贵族，接受神社和寺院的保护，有着商品制造、销售上的垄断权。战国时期作为各诸侯的御用商人也被保留下来，但是，在织田信长统一天下的过程中，作为阻碍流通的东西逐渐衰退，使之自由化的是"乐座"。同时，因此而来的自由市场，也称为"乐市"，丰臣秀吉将其扩大到全国范围。

市民阶层的生活空间得到延伸之时。恰如京都有"路"和"道"那样，相对于中央纪念广场，市民们建造了无数的小广场、近邻广场。

采用突出街角、雕塑化、空间化的处理手法，尽量做到将个人生活与城市空间相结合。但仍然不能像东方城市空间中"街道"所起到的流动的、共存的、相互贯通的"道的建筑"的功能。

散步在欧洲的街道上，穿过狭窄阴暗的小巷，我被突然出现的明亮和壮观的广场所感动。但是反过来说，通向广场的大道，不就显得有点拒绝游人了吗？

西方和东方城市空间中的"道"空间的功能的不同，不是也可以看作西方和东方思维方法的不同吗？

所有生活功能共生的"道空间"

我前面提到京都的城市空间没有广场，没有西方广场那样的城市核（core），是一个以街道为骨架的多核城市。

如果说在那里"路"是仪式、祭祀和显示权力威严的场所，"道"就是居住空间的延伸，是市民的生活场所。本来根据矢守一彦先生的《城市图的历史》，这样的日本街道空间是从 9 世纪的后半叶到 10 世纪的后半叶之间确立的，在那以前的道与河是相同的，是分割居住区、在居住区周围

9.10 町屋的格子。在分隔内外的同时也是开放性的，内外都有人的气息，能够一边走路一边感受到人的温暖，创造出不拒绝人的温暖空间。

的东西，也就是一种障碍物。

到 9 世纪为止的京都，把被道路包围的四方岛形街区称为"町"，后来用对角线斜着四等分"町"，把每个部分称作"丁"，把隔着街道相望的对面的"丁"重新称作"町"。

是丰臣秀吉完成了这种以街道为中心的城市结构。丰臣秀吉通过"永代地子免除令"，将这种被丁夹住的街道作为共同的财产，免除了税收。

这种看起来不算什么的街道的改造，其实却包含着极为重要的意义。在此之前，是以街道来包围生活空间单位，而从那以后，"街道"本身便成了生活空间单位。这种生活空间单位，同时也是非常活跃的商业和产业单位。

"座" [9.9] 的解体、"乐座"的成立、町内大众文化的兴盛、商业的发达、城市化，以这样的时代背景为条件的秀吉的政策，促使以街道空间为居住核心的町屋的形成，同时还盘活了商业。道空间两侧的町屋，以木质建筑的开放性，通过使用格子、举栅、驹寄等技术，创造了与"道"相连续的空间。

譬如町屋的格子 [9.10]，在保护隐私的同时，还具有适度的开放性。走在街上的人和待在家中的人，可以不经意地一边感觉到彼此的存在，一边自在地生活着。道空间作为既不是公共空间，又不是私有空间的中间领域，正好起到了像廊子一样的作用。

这样，在日本社会中，虽然眼睛看不见，但是"道"却完成了重要的功

9.11 人与车的共生。在"道"上安装的减速突起，挡住了车子的去路，因此，车子会减速。步行的人就会放下心来，不用在心里骂"讨厌的汽车，混蛋"等。

能。自从昭和三十七年（1962年）关于居住表示的法律制定以来，日本的居住形态就变成"街区方式"。仿效欧美，给被道所包围着的街区本身取名，以街道为中心的旧町街名，一个接一个地被整治掉。

仅仅是因为通过新的计算机处理，锻冶町、铁炮町、博劳町、传马町等等历史性的地名就从日本消失了，变成了取而代之的"和平"啦、"绿色"啦、"希望"啦、"云雀"等抽象的无伤大雅的名字。

现在针对这一点，我作为"全国地名保护联盟"的副会长参加全国修改法律的运动。我认为"街区方式"的表示，会让以"街道"为核心的居住方式失去历史。

不拒绝人的"道的建筑"

城市中"街道"作用的重要性，在现代越发高涨起来。正因为如此，在城市规划中，东方所固有的"道文化"的复权，也就成为急待解决的课题。

当然，我并不反对城市规划中的汽车专用道路。我看到现在的轿车、货车还有自行车混合通行的危险现状，认为有必要去充实新的货物交通系统（譬如物流隧道），或者是在市内增加迂回的环状道路和城市间的高速公路网。可是同时也很有必要，在城市中创造作为生活空间的"街道"。

现在各地对于城市景观都十分关心，对历史性街道的保护也逐渐取得了成效。然而即便是想去金泽、京都那样的历史性街道散步，能够放心让人行走的人行道，也常常少得令人失望。

即使增加步行者专用的生活道路，实际上，也不会给街道带来什么不便，也不会让商店街衰退。为了车与人的共生，不光只有各自专用道路组合的方法，在一条道路中，让步行者和机动车共生的实验已经开始了。

我认为，在住宅或者商业地区中，可以在路面上制造一些凹凸，或者在路中央种植花木，降低汽车行驶的速度，创造人与车能够共生的道路[9.11]。也可以创造像拱廊一样的建筑性较强的"道"，还"道空间"以其本来所具有的两义性和多义性。

在城市所有部分都被分离成公有和私有的现在，作为生活空间延伸的共有空间，通过使"道"恢复其原本的功能，就能够让城市变得更适合于居住、更富有魅力。

我之所以称西阵劳动中心（1962 年）为"道的建筑"[9.12]，是因为它将被车辆侵占的道，重新改造成为人的"道"。将这样的中间领域作为建筑空间，也是一种使内外性格共生的手法。

我设计的日本红十字总部大楼的前厅空间，也创造了内部空间和外部空间互相渗透、互相重复的多义性中间领域。在这里，前厅明显是内部，不过屋顶是玻璃的拱顶，而且能够通过玻璃顶看到建筑的间隙。地板通过花岗石水磨抛光，设计成可以整体反射取景的水池。也就是说，在这里内部与外部之间，有好几层经过设计的相互转换的表现。

我在福冈市中心的福冈银行总部的设计中，在建筑物的房檐下设计了一个 30 米高的大空间。在那里，有树木、有雕塑、有长椅、有溪涧的流水声。而且，尽管是银行所有的建筑物，但却是 24 小时开放，谁都可以从那里进出。既能够在那里读书，也能够召开市井会议，蝉还会飞进来，是一种

9.12 内外性格共生的"道的建筑"。

[上] 在"能穿过"的道空间中,间隙中光和雨面向人工的河流倾注下来——大同东
京生命保险公司大楼。

[下左] 与车的入侵相对的以人为本的道——西阵劳动中心。

[下右] 从玻璃的拱形顶棚,可以看到建筑的缝隙。可以整体反射取景的水池地板。好
几层经过设计的相互转换的表现——日本红十字会总部大厦。

近似性的自然空间。

大同生命东京大楼是西阵劳动中心和福冈银行之间的作品。这个用地连接着正面街道和后面街道，我有意创造从正面穿到背面的新的道空间。穿过建筑内部的这个"道空间"，简直就像街道本身一样，引入街区（店）、流动的水、路灯，还有街道家具和树木，在把建筑分成二部分的间隙中，光和雨面向着人工河流倾注下来。

在这一空间中，我想表现出外部和内部既对立又共生的中间领域的感觉。

战后的城市规划，以功能主义理论为基础，过多地将私有空间和公共空间分离了。这是表面上吸收西方合理主义精神的结果，城市空间被包含着狭小个体私有空间和道路的宽广的公共空间所分割。

如果在曾经具有两义性的道空间中充满了汽车的话，那就不再是浓厚细腻的生活印象，而只是一条危险的河流。

这种隔绝感越发疏远着人们。我们虽然不需要歇斯底里的、现在马上就取缔汽车，但是，难道不需要让失落的中间领域复权吗？

针对现代主义、合理主义的二元论的建筑，运用中间领域去创造充满魅力和神秘性的建筑，也应该是共生思想的重要课题之一。

既对立又创造关系的缓冲地带或冷却期

中间领域，或暧昧性概念，是考虑共生思想的重要钥匙。

在西方，为了超越二元论和二项对立，有对两者扬弃（aufheben）的辩证法。在这种情况下，对立的二项会被统一成为一个东西，或是征服对手，排除对立的部分。

与之相对，共生思想在包含着对立的同时，还创造出两者的连接关系。

而且，这种关系还具有经常变化的流动性。

为了达到既对立又创造关系的境界，可以在对立的二项之间，放置空间性的距离（缓冲地带），或是搁置时间性的冷却期，这在很多情况下都非常有效。

在西方社会历史上，这种缓冲地带和冷却期，因为会使社会制度变得难解，而尽可能地被排除掉了。

以契约社会为根本的西方社会，认为一切应该依据契约而明确化，暧昧的中间领域是社会的罪恶。现代美国社会也是典型的契约社会，由各民族共同生活而形成的美国社会，如果没有契约这种规则，彼此之间也许没有任何信赖可言。美国的商务谈判，没有律师那是不可能的。而在我们看来，相互之间稍微商量一下就可以理解的事情，也要全部付诸诉讼，通过审判争斗的情况十分普遍。

与之相对，在日本实际上，常常是口头约定就可以解决。朋友之间、有交易关系的企业之间，一般不会通过仲裁的形式来解决问题，除非情况相当严重。

在日本所谓信赖，就是一种没有契约也可以相互信任的关系。换句话说，在日本，即使是发生了某些纠纷，大家也希望通过协商去解决。为此，办事时大家都留有可以调整的余地和幅度。也就是说，正是因为暧昧的中间领域被保留着，才使得调整成为可能。

越是想签订能够应对将来的所有变化和风险的契约，双方就越会被五花大绑束缚成固定的关系，彼此的安心感说不定还要根据这个作抵押。但是将来通过自己的意志，想要加深与对方的关系，这种自由的心与心之间交流的相互理解，就会变得非常困难。

特别是像现代的国际关系一样，拥有对立的利害关系的同时，很多国家、

9.13 达·芬奇（1452~1519年）　意大利画家、雕塑家、建筑师、科学家。以科学的态度、古典的写实、主观的精神内容，成为文艺复兴的巨匠。主要作品有《最后的晚餐》、《蒙娜丽莎》等。

9.14 经院哲学　中世纪欧洲的教会、修道院附属的学校和大学教师们研究的学问。涵盖所有领域，但是以神学为中心。虽然其内容是对基督教会的教义理性地进行辩证批评，之后随着时代的变化，逐渐演变成为烦琐的阻碍新思想发展的东西。

很多企业，还有很多的个人，为了和平共处，仅仅依靠契约作用的西方社会制度，都会碰到各种各样的限制。

广场的城市和道的城市

从古代的文明世界到中世纪，主宰空间的一直都是神。

空间，通常是根据象征、神话和仪式的需要，来进行设计并加以说明。

可以说，现代社会就是从揭示这些内涵的神的存在而开始的。

由于达·芬奇 [9.13] 解剖了人类，牛顿解剖了宇宙，经院哲学 [9.14] 的神话空间秩序破灭了。因此，空间便改由实体及其功能关系来加以说明。因为对于达·芬奇来说，所谓人类，就是器官（实体）和功能的关系。而对于牛顿，所谓的宇宙，则是天体（实体）和功能的关系（引力）。

CIAM（现代建筑国际会议）时代，不才是真正的牛顿力学的时代吗？

像达·芬奇和牛顿一样，勒·柯布西耶解剖了城市。将城市分为居住空间、工作空间和服务娱乐空间等实体，并由交通将它们连接在一起。

我们不是已经开始生活在新的世界、黎曼空间 [9.15] 的世界之中吗？

牛顿力学是以虚空间来认识实体与实体之间的空间的，而以实体空间来认识的是非欧几里得空间和黎曼空间。

我们将要迎接的信息社会，难道不正是具有黎曼空间的特征吗？

9.15 黎曼空间　德国数学家黎曼（1826~1866年）所创造的新数学世界。大致分为"黎曼几何学"和"黎曼积分"，前者跨越了欧几里得几何学，后者跨越了莱布尼茨和牛顿的古典数学，可以说是为科学的思维变迁（Paradigm Shift）做好了准备。在黎曼几何学中，首次定义了"多样体"和"曲率"。

让我们来考察一下现代的东京吧！从城市周边地区到东京市中心上班的人，每天有几百万。这几百万人，每天上班所花费的时间大约是 1~1.5 小时，往返则是 3 个小时。按照 CIAM 的观点，这一天生活中的 1/8 时间，可以说是没有什么意义的。

但是，在现实中，我们还不能将这些上班所花费的时间，从生活中扣除掉。这是因为，我们已经不能再在忽视交通和通信所需要的时间，那样狭小的生活范围中居住了。

读一下日本广播电台（NHK）的"生活时间调查"就会明白，我认为外出和交通时间，占我们城市生活 24 小时的比例，今后还会日趋增加。其本身也不再仅仅是手段，而是作为 24 小时中最重要的生活时间，这难道不值得我们认真考虑吗？

总之，交通已不再是柯布西耶认为的，从某一实体空间向另一个实体空间移动的手段，可以说，我们已经进入了收纳流动人群的电车、汽车或者人们活动场所的道路本身，成为具有全新意义的生活空间的时代了。

现在让我们重新考虑，当今城市中"道"的含意。关于城市中的"道"的含意，我持有西方和东方存在着不同观念的见解。直截了当地说，就是西方城市中没有道，取而代之的是广场。相反，东方城市中没有广场，取而代之的是道。

例如，西方城市中，通常在市中心有城市广场和地区广场，住宅围合有

庭院，建立了以广场为中心的社会生活体系。如同古代城市雅典的结构所显示的那样，道路是通向上面所说的广场的特别功能的街道，大多数场合沿街的建筑一般也都由封闭的墙壁构成。墙壁上开有小窗，主人时常从小窗向外扔垃圾，或者从小窗探头张望，通常都不进行和街道空间相互渗透的建筑处理。

总之，这种道路是通向广场的特别功能的道路，沿道路一直往前走一定会到达广场。广场是人们进行生活交往的场所，也是连接城市整体生活的空间，通往广场的道路，仅仅是具有通往广场的单一功能的道路。

而且，这种传统在现代城市规划中也得到了继承。道路不是生活空间，道路仅仅是不具有实体的交通手段。

这是一种疑问，既然在印度已有"太阳之道"、"风之道"之类的独特的城市设计方法，我们与其将道路作为交通的单一功能来处理，还不如将其在夏天炎热时也作为纳凉的生活场所。

还有京都沿街建筑的设计。

京都的街道分为大路和小路，其中小路贯穿于街区的中心。在现代城市中，街区是指由道路区划而形成的空间，但是在京都，却是以某条小路为中心，将其两侧的建筑命名为某某街，这是非常抽象的事。总之，贯穿于街区中心的小路，与其说是作为交通的道路，还不如说是赋予了人们每日的生活空间的意义。[9.16]

不足 3 米宽的街道两侧的房屋，既显示了木结构建筑的开放性，也营造了称作门廊的格子与街道相连的空间。夏夜，这些街道上会聚满了纳凉的人群，时时可以见到越过格子谈笑风生的人们的身影。如果去掉这些格子，这里也就成了店铺。街道是市民生活的地方，作为居住空间的延伸，也是人们生活空间连接城市的场所。这里应该有街道和建筑相互渗透的状态，街道本身就是建筑，就是生活空间。

总之，在东方城市中，连接私人空间与社会空间和公共空间的是街道，并以其为媒介，使人们认识到流动的意义和流动生活的价值。

极端地说，东方城市中的节日是以游行的形式为代表的。与此相对应，不论欧洲的节日是以什么形式为代表，但在宽阔的广场中聚会是非常常见的，这一点难道不是很明确的吗？

这些东方城市的传统，我认为在今后的信息社会里，对于人口的大量移动，实际上是预示了，一种有效的城市结构的发展新趋势。

道的建筑化

如果将一个人 24 小时的生活，看作在一个广泛的范围内描绘轨迹的话，那么，这个轨迹本身就是这个人的生活空间。如果将所有的一个一个的轨迹集聚起来，可以认为这就是城市的生活空间。这样，今后的人们如何使活动空间建筑化，如何营造生活空间，将成为未来城市规划的一个重大课题，我们暂且把这个称作"道的建筑化"。

在这一点上，可以说，日本的建筑形式在很早以前就领先了。例子有很多，其一，是寺院的回廊体系。这是将寺院中的佛殿、山门、讲堂、宝物殿、钟楼、库房、僧房等一个个建筑有机地结合为一体的非常独特的建筑手段。各个建筑的形式和空间都具有不同的气质，而用回廊这种建筑化的"道"作

9.17 "雅各布斯建议"的答案之所在"国立儿童乐园"，儿童们穿行于内外进行游戏。

* 简·雅各布斯著《美国大城市的死与生》由南京译林出版社2005年出版。——译注

为空间连接的手法，可以说，是产生寺院整体情调的空间组织，以及庄重的结构美的典型例子。回游式庭园也是道路空间化的范例。

另外，还有金刀比罗宫中的参道设计也是一例。踏着一级级的台阶，观赏着变幻的风景，在途中稍做休息，然后向左或向右转弯而行，最后都能到达期待的目的空间，可以说，这种参道是已经"建筑化"了的空间设计。

还可以举出伊势神宫参道的例子。渡过五十铃河时，参道的清纯的印象，踏着大沙砾的音乐效果，穿过排列于两旁的木结构建筑，以及遍布各个角落的神树，最后才达到神宫大殿。对于参拜者而言，这样的参道本身，已是令参拜者亲身参与体验的空间，即使没有顶棚，难道不也可以说是建筑空间吗？

在传统书院造建筑走廊的布置这一点上，日本和欧洲也存在着完全不同的设计方法。日本传统住宅的走廊与绿地、庭院、各个房屋相连，是一种令人激动的布置。通过走廊各个房间不仅与庭院相连，而且，还以各种新颖的形式与后面的房间衔接，并以此作为中间的过渡，还可以巧妙地增建新的建筑，形成独立的空间。这些已经不是简单的交通手段了，可以说，走廊完全是一种位于庭院和个人私密空间之间的、独立的生活空间。

雅各布斯的建议——功能互补的道路

美国城市学者简·雅各布斯女士[9.17]，6年前曾写过名为《美国大城市的

死与生》*一书。这本书给予美国社会以极大的震撼，这是为什么呢？战后
进行的美国城市规划，从结果来看，几乎都存在着非常严重的问题，雅各
布斯女士现场调查了许多失败的规划，并进行了推导。

其中，她提出的结论是新规划中存在着两大缺点。第一，即是轻视了"道"
的问题。

在前一章，曾论述到与西方的城市相比，东方城市在"道"的空间化方
面具有很大的特色。实际上，将"道"作为生活场所的习惯，绝不是东方
人所特有的[9.18]，在欧洲文艺复兴城市、中世纪城市和以几何学形式建造
的城市中，居住在那里的人们，也在用自己的智慧营造道路上的生活，即"道
的生活"。简·雅各布斯女士对此给予了非常高的评价，详细分析了"道的
生活"。

例如，她举了这样一个例子，美国的新城市规划，将空间功能进行了彻
底的分离。比如儿童游乐场，在新城市规划中就有近邻公园、地区公园、
儿童游乐场、幼儿活动场等形式。它们有大小之分和顺序、等级之别，其
中也有在某个地区均等散布的设计方法。可是，这造成了孩子们被强制
性地，在孤零零的广场中游玩的状况。那里与父母双亲生活的场所相分
离，成了仅仅有孩子们的场所，因此容易发生各种事故。孩子们受了伤大
人也不知道，儿童被拐骗的事件频频发生，一到夜里便会有人出来做坏事，
成为不良少年打架斗殴的场所。各种治安事件也多发生于那些城市规划

9.18 "道"上举行的祭祀活动。人们流动着、相遇、体验、结合在一起。

所建造的公园、儿童游乐场或是高速公路下的广场。为什么那些地方会成为罪恶的温床呢? 道理很简单, 因为那里是从生活中分离出来的地方。

可是, 回顾一下, 过去孩子们是在什么地方玩耍呢? 基本上是在道路上玩, 特别是那些不通车的道路, 更是孩子们玩闹的天国。他们用白粉笔在路上绘画, 那些开孔的墙壁, 已是孩子们非常好的通路了, 对于孩子们来说, 城市成了玩耍的对象。包括在那里生活的居民, 也包括大人们, 城市已经变成了游乐场, 在那里, 孩子们学到了城市是什么。

当然, 对于孩子们来说, 那里并不是最好的游乐场, 那里既没有游戏攀登器具, 也没有沙坑, 其宽阔程度也并不令人满意。因此, 孩子们有的在那些开孔的墙壁上登上爬下, 有的想钻入孔洞之中, 也有的被刮破衣服。但是, 在那里, 孩子们学到了关于城市的知识。

另一方面, 在父母双亲的生活中, 由于孩子们可以一起游玩, 无论何时都能够照顾得到, 生活的目光纷纷投向孩子们, 在那里, 孩子们的安全得到了保障。这是简·雅各布斯女士的观点。

我认为,这的确是指出了新城市规划的一大缺陷。当然功能决然分开时, 对于功能之间应该相互补充的问题, 现今的城市规划都是置之不理的。

简·雅各布斯女士指出, 这不仅是孩子们的游乐场问题, 人们之间的信息交往, 实际上也是在道路上。二三天外出不在家时, 锁门行为的真正目的, 已经成了街道上的一道风景线。还有, 新闻消息的传播, 也总是在牛奶屋。在外出路上的生活中，人们相互帮助、共同协作，并由此形成了一种共同的生活状态。这种共同的生活，既保持了个人空间中私生活的秘密，同时在道路上，又能够互相弥补相处时所需要的各种功能。

功能和用途的混合

其次，简·雅各布斯女士还指出，道路在城市中所起到的作用，实际上就是混合功能和用途。

现今的城市规划中，公园、住宅区或是工业区，在地域上都是被截然分开的，其间由道路相连接。此种场合的道路，目的地都非常清楚明确，从住宅区去公园游玩，或从工厂回家，起到了解决交通的作用。对于这种道路，最重要、效率最高的当然是人的流动，因此，在那里是不会产生生活的情感的。

可是，如果研究一下美国大城市中人们喜爱的道路，便会发现，在那里存在着非常复杂的、多用途的混合。比如有小学、市场、书店、冷饮店的地方，也会有教会、住宅等。在这样的街道上，24小时充满着人们朝气蓬勃的生活。清晨一大早，主妇先起床，打扫住宅周围的环境，牛奶屋开始工作。不多时，穿着各种服装的人们，成群结队地匆忙踏上上班之路。上班后许久，终于抽出手来的妇人们，又来到路上与邻居们聊天、送孩子们去上学。儿童开始在家门口玩耍。不久，孩子们从学校放学回家。傍晚，上班的人们又回到家里。然后，夜里的酒吧间开始热闹起来。

这样一来，24小时从早到晚，街道成为充满生气的场所。在这种场所里，绝对不会引起犯罪，也很少发生孩子受害的事件，人们之间的关系也非常融洽。

然而，在功能被分离的城市空间中的道路情况就不同了。比如东京的丸之内，我们看到的几乎全是办公大楼，即办公空间。在早晨上班时间、午休以及傍晚，职员们突然一下子拥挤到道路上，但是，他们或是去公司、回家，或是去食堂，目的都非常单一，此时的道路也几乎仅仅具有交通的意义。傍晚以后，这一地区被寂静所笼罩，漆黑一片，完全变成了只有猫狗出没的"虚无空间"。像这种不能在24小时产生活力的道路，在城市中难道能不引起犯罪和人际关系的疏远吗？

这种多样用途和功能共存的道路空间的意义，在未来的信息社会中必定会越来越重要。以前我曾经指出，未来大都市的功能将变成信息中心，而道路空间将成为其核心。

在道路空间中人们聚会、流动，这里有会面、有节日、有体验。偶尔也能在这里寻找到一点独立的空间，甚至还能逃避一些烦恼。从这种多样性中，人们发现了自身的价值，找到了目标。信息在此产生、交换、传播。

如何在城市中系统地形成这种具有多样用途和功能的、有活力的空间的问题，难道不是决定未来城市质量的关键吗？

只有创造洋溢着生活气息的街道空间，才能够创建出未来的美好城市。

空间共有与产生连带感的"半公共空间"

东京大同生命保险公司大楼，面向东京市中心日本桥的永代大道，在用地内一侧土地的收购完成时，建设计划开始了。

这个地区，是所谓的划分整齐的超级街区（super block）。街区的尺度，说不定适合办公一条街的气氛，但是，缺乏作为商业地区的欢快气氛。其边缘有东急百货商店、高岛屋等大型核心商业，是需要为购物整备人行道的地区。

东京大同生命保险公司大楼的计划开始的时候，创建从永代大道通向后街的设想，成为设计的基本方针。

现在，后街并没有什么特别的商业设施，但是为了将来考虑，被东急百货商店和高岛屋夹住的后街一侧，可以预测大型购物中心将会诞生。

大同生命在新本社建成之后，燃起了贴近公益事业的创作激情，并把这种创作当作人寿保险公司的企业形象。

我参与计划是从札幌大同生命保险公司大楼设计开始的，不过那时候，如何创造公共活动场所，也是与甲方共同工作的主要课题。在多雪的札幌，广场在冬季是没用的。将三层与夹层两个楼层，作为空中花园对外开放，并设置带有饮茶空间的美术展览室。这些虽然并不起眼，但是，却创造了新颖的半公共空间。

在开放的三层空中庭园中，为了防止冬季地板冻结，特意安装了加热板。植物也选择了北海道地区的品种。美术展览室也经常作为该地区美术家们举办个展的场地。

半公共空间的尝试，对我来说，是很久以前就开始追求的道空间、绿色空间，或是中间体这样的"灰空间"，是中间领域问题的一个侧面。

城市空间开始具有疏远人的氛围，难道不是空间过分的划分成公共空间和私有空间之后的事情吗？现代化的历史也是个人权利获得的历史，土地和空间的所有关系也通过这一过程更加明确了公有、私有，而且这种细分化、大众化的方向也被固定下来。

战后的我家（My Home）主义，将人关进"我家"这个印象空间之中，创造出只有私有空间内部的充实，才是生存的意义这种世风。

我认为，这种个人私有空间的雪崩现象，及其空间所具有的封闭性，

9.19 多义性（multiVelent）、两义性（aubivalent） 德语的哲学用语，直译前者为"多重
　　价值"，后者为"双重价值"。对同一事物，前者是同时采取多方面的多种多样的感情
　　和态度，而后者则是二种感情和态度。关于后者，比如"爱憎"就比较易懂吧。

已成为城市解体的最主要的原因。

　　完全被拆解的公共空间和私有空间，既没有人在城市生活体验中应该得
到的安乐，也没有公私空间互相渗透的意外性戏剧情结的体验。

　　我原本认为，所谓城市就是要将空间共有。即使是偶然的、一时的，
也要使人产生连带感的场所。

　　根据这种意义，我通过在私有空间中引入公共性，在公共空间中引入自
我个性的方法，使两者互相渗透，不就能够创造出共存、冲突的，作为
中间领域的半公共空间了吗? 从 1962 年的西阵劳动中心的"道"空间开
始，经过福冈银行总部的檐下空间，还有东京大同生命保险公司大楼的"道"
空间，我对作为中间领域的半公共空间的追求丝毫也没有改变。

戏剧性地引进自然感觉的"道空间"

　　1964 年出版的《城市设计》(纪伊国屋书店) 一书的观点，其一是对
CIAM 的功能主义城市论进行重新评价；其二是针对东方和西方的比较城
市论，特别是对以佛教思想为根基的日本文化特质的再评价。

　　针对与西欧城市相对的东方城市的道空间的评价，就是反对西方二元论
的多元共存的哲学。我当时的基本构思一直延续到现在，所探讨的中间领
域论、暧昧性、边缘性等问题，"多样价值"和"两面价值"的性质，利

休灰论，都与灰色的文化论相通 [9.19]。

而且，针对以 CIAM 为中心发展至今的功能主义、合理主义，或西方的二元论提出了异议。

我并没有打算否定为日本现代化做出贡献的、合理主义和功能主义建筑的作用。可是在这百年间，现代化的潮流中被舍弃的、被无视的中间领域，或是边缘性等问题，在讨论建筑和城市的多义性空间的时候，也成为决定性欠缺的部分。

对中间领域之一——"道空间"的评价，是将在现代化过程中失落的空间质量，一点点拾起的"拾落穗的工作"。

我并不认为京都刚建成时就没有道空间。方格状的道路系统，没有广场，分散性的公共设施配置的同时，有着以后可能从质的方面展开"道空间"的结构。

但是，真正给道空间带来活力的，是先前提到过的丰臣秀吉。他将之前被周围道路包围的町的单位，以斜线四等分，并以"丁"命名了每个部分。并且，把夹道相隔的丁，置换成为一个町的单位来称呼。作为共有空间的"道"，与两侧的町屋之间的互相渗透，成长为半公共性的中间领域，都是以这一变革为契机的。当然，伴随着座的解体，近代商业萌芽，町众文化的兴盛，这种生活的存在，使城市空间的内容得到了质的提高。这主要是因为街道两侧町屋的檐口、格子、连字窗、顶棚、驹寄、道边庭院等建筑处理的变化，道空间的质量也随之提高。换句话说，道和建筑的边界相互渗透、变化，反映着生活的内容，具有电视剧情景展开的戏剧性舞台效果。在那里，既有早上突然照进阳光的间隙，反过来暮色又好像在进行预告的同时，就已经从下午开始了。道边庭院深处瞬间照到的光线中，盆景的绿色强烈带入自然的感觉。稻荷神社和町里面的诊所等，也毫不讨

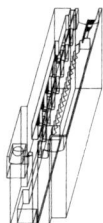

9.20 东京大同生命保险公司大楼的"道空间"

巧地沿道配置，而这些均将"道"建成一个建筑空间。

我在东京大同生命保险公司大楼的"道"空间 [9.20] 中，布置了增添生活感觉的店铺，将办公室的入口，模拟成一个町屋的入口。并在大街上让人工的小溪流淌，还种了多种植物。我本来想让它更像町屋大街的盆景，让浅溪流水旁的长椅和凉台，都更像那么回事儿。

我将整座建筑分解成办公空间（主体空间）和设备空间（辅助空间）两个部分，连接这两部分之间的桥，为了调整地震时发生的位移，连接器采用可伸缩的蛇腹式结构，这也是创造城市间隙的工作。

日本红十字会总部的间隙 [9.21]，在引入风景的同时，也是内外渗透的手法。大同生命保险公司大楼的切割，同样是为了在"道"中，更加戏剧性地引入光、雨、雪等自然感觉的手法。

创造中间领域的"道的建筑"

就我而言，对于周边性或中间领域的兴趣，是从比较东西方（特别是日本）的城市论开始的。

处女作西阵劳动中心的建设用地，成了我思考平安京和现代京都街道历史的极其重要的开端。一方面，正好从那时（1961 年）起，我开始着手《城市设计》一书的构思，并且，已经对与西欧广场相对的日本街道空间的特

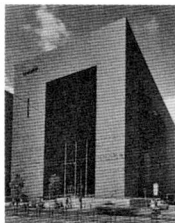

9.21 福冈银行总部的"中间领域"

征进行研究。

西阵劳动中心，将建筑单位空间的外部作为内部空间来设计，目的是着眼于单位空间彼此相连，以形成街道空间或甬路空间。西阵劳动中心的建筑单体设计，完全将外部作为内部来考虑，就是要在建筑的外侧，把作为建筑和城市相结合的中间领域空间创造出来。当时，我把这种作业，用建造"街道建筑"的语言来进行说明，此外，也还使用过关系概念实体化这类语言。

勒·柯布西耶说明了城市空间中的劳动空间、居住空间、休闲空间这三个实体概念，以及与之相关的交通关系概念，已成为功能主义的现代城市规划基本理论。功能在这里是作为彻底纯化基础上的各种自律实体而占有一定位置的。另一方面，道路由于交通关系概念的增强，也已经远离了它的实体性和空间性。我认为这种 CIAM 的城市空间构成理论，其出发点就在于，西欧同东方城市空间的等级制度根本不同。我在《城市设计》中所谈到的"西方没有街道，东方没有广场"这种说法，也是从这一观点出发的。

在西欧，由于建筑单位空间的融合，形成城市空间媒介，从而产生广场。在住宅、近邻空间、地区、城市等空间层次上的媒介空间，就是中庭、近邻广场、地区广场及城市广场。广场的等级制度，必然创造出城市空间的等级制度，而且，在这种空间构成当中，道路所起的作用是相对低下的。这个问题勒·柯布西耶根据交通功能的概念，已经进行了说明，当然，这肯定不会有丝毫的不自然，我曾把希腊建筑师皮吉奥尼斯（Dimitrius Pikionis）设计的道路，作为优秀空间进行介绍，而且我们也知道，意大利乌尔比诺（Urbino）等文艺复兴时期小城市的道路，是拥有变化丰富、漂亮建筑的空间的，我们还知道，米利都的道路系统，是像京都街道那样的网格状。

但是，这些街道空间与日本，特别是近代日本的街道空间，有着决定性的不同。那就是单位空间建筑的外墙，对于街道不具有相对渗透的功用。这也许是因为西欧的建筑是石头建造的，而日本的建筑是木头建造的，这种历史性材料使用方法的不同吧！

然而在此之上，若再把私有空间同公共空间严加区别，就会发现，在出于防卫目的的内部，与外部各自独立的这种观念意识上，西方与东方是根本不同的。雅典的街道具有格子状图案的街道，各自的生活空间，作为城市联系媒介的是庭院，是近邻广场，以及真正意义上的广场。我对西欧使用东方的语言，是因为作为中间领域的街道空间概念，不存在于西方经典的理想城市（棋盘形、莲花形等）里。作为通俗语言"间"的原点的"空"哲学，尽管公元 2 世纪南印度哲学家龙树的"中论"，以及公元 4 世纪北印度哲学家世亲的"唯识论"中也有类似的观念，但是，在印度的理想城市里，若出现一个作为中间领域的街道空间，仍然是十分怪诞的。

在平安京表示地点，是按照"条坊町行门"进行的，由街道围合起来的地块，就是街的单位。在 9 世纪后半叶，虽然出现了代之以小胡同名称来表示的做法，但这只是小胡同的居民们，为了建立联系而方便称呼的用语，并不是政府文件所使用的语言。

到了镰仓时代初期，就成了表面、正面这种表示方法。夹着道路相互面

9.22 江户的人口，"旅"、"讲"　江户时代的日本人口，在开创幕府的17世纪初，大概有1200万人。进入1700年变成3000万人左右，在幕府末期（19世纪后半叶）时大约有3500万人。其中江户人口的增加很多，同期达到大约100万人。其中町民约58万人，不过，因为是在江户十地的20.9%以内生活，可以说密度相当高。另外，与此同时对于"旅"及其信息关心的涌现，助长了"讲"。各种形态的"讲"里面，"伊势讲"等名寺大社聚集了非常多的人。譬如1705年"宝永的伊势参拜"，参加的人攀升到相当于当时全国人口的大约二成，有362万人之多。1756年包括"代参讲"在内达到439万户

对的建筑表面，合成一个正面，叫作一条街。古代平安京的街，是用四个对角线分割的丁，可见为了使道路成为中央相互面对的"两侧街"得以成立，在中世纪时，就已经孕育着这种变化的征兆。

丰臣秀吉推行了被称作"天正地割"的大规模土地分配改革，划定了公共设施、神社寺院、公家、武士、商人等分散地域制。天正初年的"地子无沙汰"斗争，导致了一般居民自治机构的形成。这就成了近代的土地所有权，从地主转向共同体公有制的重要条件。令"地子无沙汰"运动安定下来的，是丰臣秀吉天正十九年（1584 年）推行的"永代地子免除"制度。丰臣秀吉的道路的共有化和两侧街的成立，虽然对近代城市规划产生了较大的负面影响，但是作为其背景，则不能忽视商业的发达、居民阶层的形成，以及镇民经济上、文化上的各种活动条件。无论如何，我认为那种概念性的平安京格子规划，作为中间领域的街道空间为中心的、日本所特有的城市空间的确立，是在近代的江户初期。

中间领域哲学——江户和三浦梅园

我认为所有的现在日本现代化的原点，都是从近代的室町时代到江户时代开始的，日本传统的美意识的原点，也是从这个时代开始的。

把记载在《长暗堂记》中的"利休灰"，放在日本人的审美意识、艺术

（当时日本全国家庭总数的七成）的记录。"代参讲"就是为了参拜作为信仰对象的寺院和神社，由"讲中"（讲的成员）选派代理人参拜神佛，根据抽签或轮流而决定参拜代理人，使用大家积存的"讲金"作为旅费和参拜费，给"讲中"们带回神佛所赐的牌子。顺便介绍一下，想要得到增强金融性质的"赖母子讲"，和为了要孩子的女性的"子安讲"，儿童们的"天神讲"，由商人团体经营的"财神爷讲"等，都按照不同的目的与行业进行划分。"茶讲"和"汁讲"等，也是一种"沙龙"性质的东西。

论的原点上来看，探索是否存在的左甚五郎，实际上，就是探索该时代所追求的大众形象和探索时代文化的结构。另外，江户时代初期，正好与我们现在生存的时代一样，人口在百年间急剧增长了三倍，而后便又迎来了人口静止期前的没有多大波动的变化[9.22]。这是城市化的时代，是近代商业的形成，与手工艺人分工的时代。在幕府统治的锁国范围内，与其说，是封建时代强权的地区封闭的稳定时期，还不如说，是人们的流动性提高——称为巡礼的"旅行"文化的确立的自发的中间人集团"法会"的兴盛时期。在"伊势法会"中，据说，有当时全国总户数七成的人参加，这样的时代像现代一样，会引起人心的对立和摩擦。因为高密度，越是多样化的社会，就越会在相互对立的空隙里创造出中间领域，就越会努力在边缘部位，把发生的不同性质的事物向全局同化。

我认为像"空"的哲学那样，各种佛教哲学在本质上是与西方的二元论或合理主义的功能分离相反的，是与三元论或多元论哲学相通的。这也就是说，让对立的事物相包容的铃木大拙的"即非理论"，或者，是江户时代哲学家三浦梅园的"反观合一"哲学里面的东西。三浦梅园的主要著作《玄语》，以天部、地部、人部为其结构，近似于易学的天、地、人的构成，很有意思。我在前述的《城市设计》中，叙述了把今后应有的空间思想放在"共生思想"的位置上，为了对西方的二元论、20世纪前半叶现代建筑的功能分离主义进行修正，应该学习东方哲学。从那之后，经过了 18 年的我，现在这种基本观点还是没有改变。

我对江户时代的兴趣，绝不是最近的事情，江户的哲学家三浦梅园的《玄语》、《赘语》、《敢语》，特别是《玄语》非常值得研究。其中的辩证法，比黑格尔提出的还要早半个世纪，是世界上最早的近代哲学思想，确立了辩证法哲学的地位，三枝博音氏著有《梅园哲学入门》一书。我曾经将三浦梅园的哲学和印度哲学家龙树菩萨的"中论"作过对比思考，从中体验到东方哲学那独有的特色。三浦梅园曾将《玄语》中的要点，写成《答多贺墨乡君书》一文，现摘录如下：

"天地之道曰阴阳，阴阳相对相合。合而为一，构成天地。然比之成一，更为重要的是观合。故此，一生二，二开一。二成之因示，合一而混成无隙。反观合一，则寻缘起。反观合一之能事，即探求阴阳之能事。（中略）

天与地，本是气物之名。气为天，物为地。一物一天地，万物万天地。正所谓物物各具一太极。然世事之繁探其究，则不外乎阴阳。因之而论，天地间纷纷扰扰之事物，即可分为有形之物与无形之物。有形之物为物，无形之物为气。无形之物看不到、摸不着，与人们所想象的空虚的无不同。当然，天是虚体之物，与地之实相反，其体为虚，与地之有质相反为无质，但也并非虚无、虚空。如果天真是完全虚无的话，那么日月星辰、人类和一切事物，将无以安身。天空中有日月星辰，物、我亦在其中遨游，这岂不是与虚体相违吗？有物而称其为无，是物之极也。以此类推，地也并非完全是实体，山河湖海是实，日月云雨是虚。若进而深入思考，则实体的地和虚空的天之中，都充满了气，且没有一点空隙。人体自身亦是如此，身躯是以实为地，思维活动靠气为天。思维无形，然亦不能说不是无形之物。"

三浦梅园在 1752 年三十多岁时，着手著述《玄语》，到完成这部十几万字的著作时，共花费了23年，而其书正式完整的出版印刷，则已是三浦梅园死后124年的大正元年。所以，虽然其哲学用一句话来说，是众所周知的并非刻意地强调某些东西，但是，将相互渗透的物和气作为合一的质来捕捉，将眼睛看不见的气，作为充满意义的实体来捕捉的"反观合一"的思想，当作有与无作为合体的"空"的思想，在相互渗透的局部与全局的关系中，把共存的"即非理论"和共通的东方哲学，来作为中间领域的哲学，也许是最合适的吧。

中间领域的问题，是从各种不同侧面获得出路的问题。"利休灰"的概念，就是两重意义、多重意义的中间领域的审美意识或美学。"中间体论"是对应于二元论，将第三中间领域实体化的空间理论。这也关系到，把私有空间和作为公共空间的中间领域的半公共空间，以及共有空间如何定位的讨论。"空"的概念，既是包含了作为通俗语言的"间"的概念的中间领域的哲学原点，也是关系到建筑单位空间相互之间产生的境界领域问题，以及摆脱了功能的空间性质问题的重要观点。空间的暧昧性问题，内部空间与外部空间相互渗透的问题，让对立矛盾要素共存的空间的性质的问题，或空间的多义性性格等，都全部以"空"为原点。世阿弥的"花"和佛语的"缘"的援用，也在这一延长线上。

福冈银行总部、日本红十字会总部大厦、健康文化中心石川卫生福利年金会馆、国立民族学博物馆等，都是以这种观念意识创作的作品。从"无固定住处"到对"法会的研究"，移动、旅行、寓居，游住的观念，即是从所谓定居的西欧共同体概念上，寻找自发性中间人集团的作业，也是在人际关系上探索中间领域的问题。"即非理论"是个体与社会、局部与全局的西方等级制度中所缺少的部分，等于给所谓全局以新的观念。这是由树形系统向多种多样体系统的过渡，具有新地域主义和草根主义得到关照的预感。街道空间的特性，我认为已将所有中间领域的观点凝缩包容了，而20世纪前半叶的现代建筑所缺少的，正是这种中间领域，这不就是在境界领域边缘上发生的问题吗？

现代建筑的课题，不也就是在空间中获取中间领域的问题吗？

将非连续的连续变为可能的口头约定、腹艺、承包、间

我无论如何也不会认为，日本传统上的口头约定、腹艺等暧昧的交流手段就那么有效。但是，通过在契约系统上，再叠加一个调整系统，创建新的制度却很重要。正是这种调整系统，才是作为共生思想钥匙的中间领域，或暧昧性。

譬如，日本有"承包建筑工程"、"承包工作"这样的表达。这个承包本来的意义，包含着契约中明确的行为之外的意义。海外的建设公司按照契约，在工程结束以后那一时刻，通常意味着全部关系的结束，但是，日本对承包过的工程，有着（道义性上）终身负责的想法。完工后过去十数年的建筑，到了刮台风的时候，承包过工程的人仍然会来联络，询问发生了什么损坏没有？遇到需要修理的地方，即使是很小的事情，也会热情地认真对待。这种想法，不只是工程，在所有的人际关系中都存在着，大家都认为这样的关系是可以信赖的关系。

"间"这一概念，也深深扎根于日本的生活方式和文化、艺术之中。我很长一段时间都在关注"间"这个概念，一直在分析日本文化和传统的建筑与城市。

如果不明白"间"的感觉，在日本，会被认为是"难以交往的家伙"，或是"愚蠢的家伙"，大家管这样的人叫作"掉间的人"或是"傻瓜（没间）"。

"间"是空间上的距离（缓冲地带），时间上的间隔（冷却期间）。和词汇与词汇之间的分寸掌握得好的人谈话，容易印象深刻。对立激烈的时候，有时候稍微留出些时间的话，会有意想不到的可以很好调整的效果。

欣赏书法的时候，比起写出来的线（字）本身，有人会教你"看线与线之间的留白"。这种情况下的空白不是无，与线有着同样的意义，表达着某种内容。

民谣和歌曲中的"间"也很重要。之前所说的数寄屋建筑的廊子也是一样，也可以说，是自然与建筑、外部与内部之间，被插入的"间"。

这种中间领域，完成了使对立二项共生的"间"的作用。中间领域，使对立的多种要素相互之间，经常保持着流动性的动态关系，将非连续的连续变为可能。

暧昧性或两义性是中间领域所具有的性格，是产生流动性、充满活力的，使大家共生的钥匙，而并非是让对立的二项勉强妥协或强行调和。

各国各民族所固有的"圣域"

1979 年在美国科罗拉多州的阿斯彭，召开了阿斯彭国际设计会议，其主要议题是"日本和日本人"。议长由我和 CBS 电视台副台长共同担任。

该会议的重要议题，我确定为"米"。

该议题的主旨在于美国加利福尼亚的米是粮食，而日本的"米"不仅是粮食，而且还包含着文化。那以后的十几年来，我一直在探讨米文化和提倡反对米的自由化[9.23]。

其理由一言以蔽之就是"圣域论"。

共生思想最重要的特征在于"中间领域论"和"圣域论"。

9.23 正因为是"圣域"所以反对强烈。农民们反对米进口的自由化的游行示威。

因为中间领域论在其他专题中已进行过论述，所以如果只涉及其本质的话，这里便不去考虑另外两个对立的问题，而只去确定和思考第三个领域。在明显对立、被极端化、合理化的两极之间，设置一个哪一极也不是的"中间领域"，也就是再一次挑选一个在两项对立和合理化之间，暧昧的、非合理化的领域。

人世间存在着许许多多，从对立的两个主流中，被遗忘、被舍弃、被忽视和被省略掉的"中间领域"。

所谓街道空间论、两义性、多义性的暧昧论，利休灰（灰绿色）论，作为中间领域的空隙等，我的以共生思想为前提去追求的各种各样概念，都可以收容在"中间领域论"里。

暂时保留下所谓对立的、异质的原则，去找出些共通的东西，即使这些东西只占10%，其中也有可以创造出像共通的第三领域那样的思想。

这不是强大的一方，把对立的其他领域，全部置于支配之下的霸权。而是，在不解除对立的情况下，连接探索共通项、共通规则的方法。

中间领域论是向霸权主义、普遍主义、革命主义伸张异议。

不管是什么样的异质文化、怎样对立的意识形态、什么样的两极对立，都必然有中间领域存在，对这些共通部分的思考，就是共生思想的基本出发点。

共生思想里还有一个根本性的新理念，那就是"圣域论"。

9.24 SII Structural Impediments Initiative的缩写。是日本与美国签订的有关米问题的框架协议，主要是针对两国之间存在的巨额贸易不平衡等问题举行的协商，始于1989年。

基于这一点，共生思想既不同于共存和妥协，不同于二元论和辩证法，也不同于三元论。

如前面所述的那样，我提出反对米自由化，其理由还与这个圣域论有关。

圣域论对各国、各民族、各种各样的文化、各种企业、各种各样的人来说，都存在。

在至今为止的历史当中，宗教上的圣域和文化传统上的圣域，也被称作禁忌。印度的牛是神圣的，伊斯兰世界里的猪是禁忌，是绝对吃不得的。不遵守禁忌，就意味着接近宣告死亡，谁也没有科学地、明确地考究其理由。

到了现代，像这样的禁忌、圣域被认为是不合理的、非科学的和没有证据的，必须用科学和经济的手术刀，加以彻底根治。

强国的规则被认为是具有普遍性的，而弱国的圣域则成了不合理的，或是被称作非关税壁垒，而被当作攻击的对象。

共生的意义在于互相承认圣域

当今在 SII[9.24]（美日框架协议）协议下，可以说，日本传统习惯的系列贸易、协议、米等，都不符合世界规则（强国的规则），因而成了美国的攻击对象。

对此，共生思想就可以作为要互相承认圣域的思想武器。

当然，在各种各样的文化传统当中继承下来的圣域，也不是那样原封不

9.25 把镇守林与稻田、旱田、农家连成一片，这才是日本的原风景。

动地永久保存下去，它会随着时代而消失，或者发生变化。因此，现在各国的圣域就必须由各国自己去宣传。

我认为，日本的圣域就是：天皇制、稻作、相扑、歌舞伎和茶道（数寄屋建筑）。

圣域中编织着该国的生活方式和自尊心，成了与宗教和语言有着强烈关系的文化传统基因。

例如，美国加利福尼亚的米，确实经过品种改良变得很好吃，也有的品种甚至比日本的标准米好吃得多，然而价格却只是日本的几分之一。为什么不让进口的意见却相当强烈呢？而这种议论，也没有对日本米和加利福尼亚的米都是粮食的说法提出反对意见。

其实我认为，日本的米是文化、是圣域，而加利福尼亚的米只是粮食。

假设把加利福尼亚的米全都消灭了，美国加利福尼亚州的风景不会改变，因此，美国人的生活方式和自尊心也不会受到伤害。

但是，如果把日本的米全都消灭了，情况会怎样呢？

那么宅旁林、镇守林、里山、水田、旱田，这些连接着日本原风景的农村地带的风景，确实就会丧失殆尽了[9.25]。

可以称为是艺术品的日本酒、工艺品、民谣、祭祀活动，以及随着祭祀活动而继承下来的地域文化，全部都会被灭绝了吧。

即使农村正在进行着产业兼并和工薪化，但是毫无疑问，农村仍然是

224

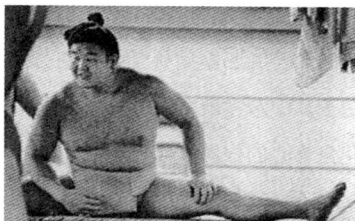

9.26 相扑不能只当做体育。若贵之所以非常受欢迎，也是因为相扑是日本的圣域才如此轰动。

一个保存工匠技术的场所。到了农闲期，农民会外出给林业帮忙、为轮船刷漆。

到了夏天和秋天，应该让孩子们受到继承祭祀仪式的教育。神乐舞和黑川能，淡路的偶人净琉璃，就都是这样被继承下来的。

与美国不同，在日本，如果与米相关的劳作全部灭绝了，在相当广泛的范围内，会伴随着日本传统文化的消失。我几十年如一日地提倡米文化论，反对米的自由化，其实就在这一点上。

现在，日本政府和官吏以及农协，还在粮食安保论和自给自足论的层次上，同美国对抗着。仅在作为粮食的日本米的概念上争论，日本是没有取胜希望的。

稻作文化是日本的圣域，不应当成为贸易摩擦的对象，同时，必须宣告遵守对方国家的圣域。

以"圣域论"和"中间领域论"开辟新世界

天皇制现在应是"象征天皇"，也应该是体现日本历史的日本文化，应该被认为是日本人的自尊心，应当是圣域。我不赞成天皇被特别强调为普通人。不仅世袭制的歌舞伎和茶道，继承技术的数寄屋建筑，以及从一开始就与天皇制和稻作相关联的相扑 9.26 等等，都应该被认为是典型的日本的圣域。

圣域之所以是圣域的条件，并不是用科学分析的方法和国际上通用的规则来加以评判，而是由于其中包含着不可理解的神秘领域，存在着自我禁忌的根源和称之为文化自尊心的根源。

当然这种圣域不仅日本有，其他国家也都存在。

美国的历史虽然没有那么古老，但是，也有许多圣域和新创造的圣域。

好莱坞、音乐喜剧、爵士乐、棒球，还有汽车制造和航天航空制造业，都可以称作是美国的圣域。

战后，日本就是通过美国电影，被眼花缭乱的美国车，以及车的主角美国人、洋酒和美国式的生活方式所迷惑，从音乐喜剧和爵士乐中，看到了美国文明的繁荣，连棒球也是由美国传入日本的。

因为美国和欧洲是现代主义的旗手，是普遍主义、合理主义思想、二元论的领导者，所以闭口不谈自己国家已有的圣域，这种不合理的存在实在是可耻。

但是，美国人引以为豪的肯定是好莱坞、棒球，还有汽车制造业和航天航空制造业。

假如日本企业根据其经济实力，收买了美国的好莱坞、收买了美国的一流棒球队。对此，美国民众的自尊心会受到什么样的伤害，日本政府和日本企业界人士都完全没有注意到。

如果汽车产业仅仅是产业，那么通过竞争来决定胜负，是理所当然的事情。但是，汽车曾经是欧洲、进而是美国的文化，是面向未来的象征。汽车社会和拥有汽车的生活方式，是美国文化的自豪，航天航空产业，也是开拓未来的美国文化的象征，是圣域。

如果日本政府和日本企业界不注意这一点，而像有钱的乡巴佬那样，光脚踏入圣域的话，就会给美国、欧洲的自尊造成极大伤害。

只要有了圣域，国与国之间，就要在互相尊敬的基础上，才能够共同生存。

人的交往不也可以说是同样的道理吗？

我认为现代人不能100%理解对方，是由于受到了被合理主义和二元论毒害的科学实证主义的教育，因而努力不够所造成的。所谓100%相互理解的现代人的条件，是会给人们带来痛苦的。

因为人毕竟是各自不同的，所以有各种各样的圣域，即使有不可理解的地方，也没什么可奇怪的。

男女之间也是那样。恋人同事也好，夫妻也好，父子亲友也好，若认为能够100%理解，那只是自己、现代人的一种错觉罢了。

必须互相承认对方的圣域及个人的禁忌，并对其表示敬意，人际关系才能够成立，共生关系才能够成立。

现将不同文化的二项对立（科学和宗教，精神和肉体，人类与自然，个体与组织，城市与国家，联邦与民族主义，传统与尖端技术，社会主义与资本主义等二元对立）的共生，与妥协、调和、共存、摒弃等的不同归纳如下：

对立的双方或在不同文化中，都必须积极地承认圣域（或叫不可理解的领域），并互相尊敬对方的圣域。正因为圣域包含有不可理解的部分，所以才要表示敬意。

其次，必须在对立双方的不同文化、不同要素之间，设定中间领域。

所谓中间领域，就是假设性的在两者之间、对立的双方之间，设定的共通的东西。

该中间领域就是，无法强行划分到任何一方，或被排除的领域和要素。这个中间领域包含着暧昧性、双重性和多义性，是流动的变化着的。

换个说法，所谓中间领域，说是不确定的共通项也行。

由于中间领域经常是不确定的领域，所以，所谓共生，就是一种流动着的和解状态。

其实，共生思想也并不是全盘否定现代主义的普遍性、共通规则和世界秩序的东西。

不论怎样不同的文化，怎样对立的二元之间，都是以共通项、共通规则和普遍价值为前提。对于现代主义以及普遍主义，追求共通项和完全了解而言，共生思想就是互相承认一部分的普遍性。

怎样的不同要素、怎样的不同文化、怎样的二元对立，都是由下述三个领域构成的。也就是说：

第一个领域是普遍的领域，有共通项，共通规则。

第二个领域是中间领域，有不确定的变化的共通项。

第三个领域是圣域，有不可理解的领域。

由于设定了这三个领域，所以对立要素，不同文化，才能够共生。

根据讨论的议题，这三个领域各自占多大比重（百分之几左右）是变化的。

例如，拿米的问题来说，假若认为圣域占 10％～20％，中间领域占30％，普通规则（普通的领域）占 50％～60％为宜，不就可以了吗？

如能承认在全体秩序、世界共通规则领域中，占有 20％左右的比重的话，那么世界上各种文化和个性的禁忌，都得到尊重和共生，就是可能的了。

机械与生命的根本性差异，就是在生命中有所谓的浪费，以及游戏、暧昧性等中间领域的存在。正是因为圣域和中间领域的存在，才是生命的证据、是活着的证明。

我认为共生思想，通过圣域论及中间领域论，让我看到了一个与当今的思想观念明显不同的、新世界所呈现出来的广阔天地。

10

人与自然的共生——森林的复原

10.1 吉田兼好（1283？~1352年以后）　俗名叫作卜部兼好。开始作为日本诗歌作家服务于后二条天皇，成为左兵卫佐以后，在30岁前后出家。40多岁开始撰写《徒然草》，创造了日本人审美意识的典型。《徒然草》反映了作者从僧俗贵贱到东国武将的覆盖面广泛的交友关系，在眷恋提倡出家的王朝的时代大潮之中，并没有漏掉新时代的萌芽。在随笔体例中，吸收了《枕草子》的静态王朝美，也吸收了《方丈记》中的无常思想，总结出了新时代的审美意识。

日本的居所是融入自然的"临时住处"

佛教有"无常"这个概念，提倡感悟转瞬间消逝的生命。世间肉眼所能够看得见的存在形式，当然也包括自然本身，全部都在变化。人、动物、植物、自然还有佛等等，一切存在，都是在一个巨大的生命系统之中生机勃勃地流转着，人就存在那个无常的轮回之中。

因此，所谓人类的理想，并不是去征服自然，也不是与动物斗争狩猎，而是要顺应自然，成为自然的一个组成部分。

日本人，从很早以前开始就认为，应当把居所当作临时的住处来建造，也许就是由于这个"无常"的教诲，而形成的自然与人的共生的生活方式吧。

吉田兼好[10.1]在《徒然草》中写道："协调家居的所谓理想，是临时的宿驿，是兴趣之所在。有品位的人应当居住在闲静的地方，以能够看见照射进来的银色月光为佳。没有人工斧凿痕迹的、随意耸立的美丽的古树，并非刻意种植的庭园里的花草，也像是种在心里面一样，与窗外的木栅短垣相互依衬。还有那些随意摆放在庭园里的日用器具，也能够让人感觉到时代的安定，铭刻在心。

有很多经过工匠精心排列磨制的唐朝的、大和的、新奇的、难得的日用器具，花很多心思去移栽的花木，其实看上去反而闷气，令人感觉寂寞。这种人为的东西到底能够持续多久呢？说不定眨眼之间就会变成过眼云烟吧。稍微看一下就能明白，大致上讲，家居本身会反映出很多本质上的东西。"

居所，因为是临时的住处，所以，不需要过分的修补和漂亮的装饰，即使是老房子也有很好的效果。

《南方录》中的千利休也有："家不漏雨，有饭吃不挨饿就足够了"，这样重视简朴的自然主义言论。

日本的建筑文化，也可以说是木结构的建筑文化，老朽化了的、腐烂了的地方，需要经常一边替换材料一边继续在其中生活。

同时，即使不老化，也会受到台风、地震、洪水等自然灾害的威胁，也会经常遭到破坏或被冲走。遇灾后再重建，对于日本人来说，也是一种自然的营生。其中就有"临时住处"的感觉。

从前防治洪水的办法，并不会用混凝土和石头去加固河川整个水域的堤防。正好与其相反，必定在堤防上预留一个薄弱的地方，以防止其他重要地方决口。这与人通过锁骨的折断，来防止头骨和脊椎骨骨折有着同样的原理。

最近，被拆掉的我祖父和父亲很长时间居住过的爱知县乡下的家，被认为是江户中期代表性的拥有旧茅草顶的建筑。即使经历了浓尾地震、尾张地震的反复破坏，而且每次灾害以后经过修补将屋顶多次翻新，然而通过调查发现，不用刨子而用锛子加工的江户时代的材料，仍然被完好地保留了下来。

同时，茅草屋顶，每二至四年，就要将两侧的铺草调换一次。

从这些事情看，在木结构建筑中合理地居住，要花费相当的精力是不言而喻的。

其实，日本人的生活方式，就是通过使用木材、榻榻米和日本纸等自然材料，在视觉方面、嗅觉方面，能够得到享受的同时，确认与自然形成的一体感。日本人认为，建筑或堤防的毁坏是自然规律。

这样，日本的房屋建筑，绝不是与自然相对立的，而是具有很强地融入自然的意向。

茶室建筑本来的精神中，也贯穿着这种思想。在自己的生活范围之内，生长的树和落下的败枝，还有腐烂掉一半的船板等，都是聚集起来用作茶室建筑的好材料。与其说是故意这样做的，还不如说这种做法本身就是一种自然情趣的体现。

昆虫的叫声不是噪声与音乐的中间领域

日本建筑的另外一个特征，就是其开放性。

拥有梁柱结构的日本建筑，就是所谓的可以没有墙的家。打开推拉隔扇，取下木板套窗，通过作为中间领域与庭园接连的廊子而获得开放性。

日本建筑，就连周围的风景或者山峦，也会当作自己庭园的一部分来使用，这是一种被称之为"借景"的园林设计方法。

还有一种包围日本建筑的矮树篱笆墙。这也是一种以种植树木来实现墙的功能的方法。但是，矮树篱笆墙和石垣、石墙有所不同，并不完全遮挡视野，从其间隙之间还可以看见外部，在一边确保隐私的同时，可以与周围的自然环境相联系，发挥日本极有特色的半封闭性。

与视觉的连续性一样，在日本人对自然连续性的诠释中，"声音"这个关键词也很有效，这是针对视觉的、听觉的连续性。

日语音乐这个词，字面上的意思就是享受声音。说到音色，就是音乐中声音的性格和质量。据说，人们会在感觉到事物不顺利的时候提高声音。

现在，也有某些日本住宅或是招待客人的日式酒家，仍然特意在房间中摆放一些虫笼，通过听昆虫的叫声，享受季节感的习惯一直保持至今。

对于日本人来说，昆虫的叫声不是噪声，而是一种享受，是一种音乐。如此来说，声音这个词汇，包括了从人创造的音乐，到自然界发出的声响，当然也包括昆虫的叫声。这种叫声，也可以被认为是声响和音乐的中间领域。

而且，这也说明，日本人在生活中喜欢与自然为友，喜欢与自然相融合。

征服自然的西方

相对于日本建筑喜欢融入自然、与自然相关联而言，西方建筑则经常与自然对立，通过主张自我而成立。

欧洲的城市，通过建造城墙，使其从自然中孤立出来。只有城墙的内侧才被称作城市，城市以外的部分被严格地区分开来。同样，在住宅中，石头墙特别鲜明地将住宅的内外分开，越是打算确保其坚固性，门窗的开口部就越小。

明显地区分内外的根源，是主张"人与自然对立"的西方二元论思想。在人与自然相关的时候，只能出现彻底地"征服自然"、"驯服自然"、"利用自然"的字眼。

欧洲的园林[10.2]，特别是从文艺复兴时期开始到巴洛克时期的庭园，都是非常人工化的、几何学性质的形态。大部分用地被草坪覆盖，使人联想到一张巨大的绒毯。可以说，是一种非常理想化的自然，人们在上面可以自由散步、遛弯，是征服自然、驯服自然的象征。

若从日本园林[10.3]这个着眼点来看，针对抽象性自然的奇妙（第12章详述），两者之间确实有着非常鲜明的对比。日本园林与其说是通过散步、

10.2 欧洲园林。凡尔赛宫的庭园，极度人工化、几何化的形式，是征服自然的象征。

游览而得到享受，倒不如说是一种一边静静地眺望，一边展开遐想的享受。

当然，在日本的那些名园中，能够散步的也为数不少。可是，更多的情况，散步的路被限定得很严格，即使是环游式的园林设计，在环游式的道路上也可以看到庭园的景色。

从销售森林到使用森林

从森林与人之间的相互关系来看，日本和西方也有着鲜明的不同。

欧洲的很多森林都是人工种植的，经过长时间的培育形成的，是一种被驯服的自然。这种森林是由落叶树组成的阔叶林，树下的杂草很少，林间光线非常明亮，是一种人们能够轻松愉快地进入的人造生活空间，是城市生活的一个组成部分。

在欧洲，以森林为题材的童话也很多。威廉童话、罗宾汉、白雪公主等故事，都是由林中生活产生的。

与之相比，日本的森林大部分是以常绿树为主的针叶林。由杉木和桧柏构成的森林，多半都成了木材产业基地。这些树的下面为杂木所覆盖，蛇、蜈蚣和爬虫很多，湿气非常严重。而且，从地形上来讲是山林，人不能简单地进入。

为此，日本很久前，把山当作精神崇拜对象的泛灵论思想就很强。树

10.3 日本园林。修学院离宫的庭园，不是为了散步，而是一边静静的眺望，一边展开遐想的享受。

林是灵魂居住的地方，既是大蛇和白蛇居住的地方，也是人、隐士和落魄武士隐居的地方。既是坟地，也是圣地。日常生活不宜融入，只能在远方眺望，是一种作为精神根据地的自然。

日本的这种独特的接触自然的方式，即使到了现代，也基本上没有改变。城市周边的群山，并没有被当作生活空间的一部分，而仅仅是作为借景的场所与城市一起共生。不像欧洲那样，与人的生活密切相关。

其实这件事，从保护自然的角度来看，是个非常大的问题。

由于没有直接接触自然，自己的生活与自然无关，日本人可以说，完全没有"应该守护自然"的意识。

在现代，日本传统的"与自然共生"的意识，和与自然的交往方式之间产生了矛盾。

实际上，日本的自然正面临着死亡。

从国际市场考虑的话，日本的林业已是难以形成商业优势。而且这种现状，导致严重的森林护理不足，全国的山林已经陷入了一种极为危险的状态。

同时，各级地方城市和东京一样在极度扩张，这是一种在城市周边蔓延的现象。越是在地方，想要住独幢楼房的人越多，伴随着人口的增加，庞大面积的农业用地和山林变为住宅用地。

在欧洲很难看到这种现象，欧洲人在日常生活中，有着利用自然的经验。

正因为是实际利用着自然，打算保护的心情也就特别强烈。

今后日本的森林，也不应该只作为精神场所来看待，必须使其与城市空间相连接，成为能够利用的森林。

因此，很有必要改变以往日本森林建设的主导思想。

到现在为止，日本只培育了能够快速成材便于销售的杉树、桧柏、松树等常绿树种。但是，今后，应该在各个地方营造更多的拥有落叶树种的、明亮的、能够作为疗养地使用的森林。通过有意识地从"销售的森林向使用的森林"转换，在全国范围内，必须恢复人与自然共生的状态。

举些海外的例子，如果去法兰克福和杜塞尔多夫的城市公园的话，就能够看到无数的鸟和松鼠、昆虫等小动物。尽管附近有地铁和高速公路，市民们与自然共生的身姿，还是颇为令人感动的。

类似这种自然与人共生的场所，必须建在城市之中。

以前，我曾经应白马村村长的邀请："虽然冬季奥林匹克运动会的召开地已经决定了，但是对自然的破坏将会使我们感到困惑，我们希望您能够提出一个保持自然平衡开发的景观条例"。于是我便针对全体村民进行过一次问卷调查。那时候很吃惊地发现，很多村民的要求是"自然公园"。而白马村98%都是山林，大家想要的"自然公园"，不是只有杉树和桧柏的森林，而是可以带孩子进入的落叶树的森林。换句话说，就是因为他们没有适用于生活的森林。

现在需要城市与森林的共生，生活与自然的共生。

农业、渔业、林业应该共生

相对于木材而言，我把园林中的树木称为生木，我向农林水产省提交了振兴"生木产业"的建议。现在，日本各地连续不断的城市化，正在如火如荼地扩展着，城市绿化用树严重不足。

我在"太平洋新国土轴"（参照第17章）中，预言了横断和歌山等山林地带的、新林业基地的生木产业将是非常有发展前景的。

我坚信，如果日本的森林，哪怕只有25%左右，能够改变成落叶树种的话，就可以再次盘活近海的渔业。这就是森林和海的共生。日本是被海洋环绕着的，应该成为世界上屈指可数的近海渔业大国，但是事实并非如此。由于农业、渔业、林业是第一产业，是过去的产业，只不过没有人拥有打算把渔业搞上去的精神罢了。

欧美的进步论主张：所谓第一产业是古老的时代的产业，进入工业时代之后人类就进步了。但是，我认为这种论调并不成立。21世纪将是第一产业、第二产业和以信息业为主体的第三产业之间保持平衡、共生的时代，到时候将要登场的是环保产业。如果环保产业只是停留在确保环境的清洁方面的话，那么其规模将不会有多大，但是，如果能够不断地与多媒体技术、与农业、渔业和林业相结合的话，就会变成庞大的产业。在这种时代潮流中，日本应该重新评估自己所拥有的资源，这也不只是日本，对亚洲整体而言都是非常有用的。

关于日本的农业，曾经因为1994年进口泰国米而引起了骚动，大家应该记忆犹新吧。日本人虽然把高级的米称为米，但是大家终于明白了，并非所有的米都可以替代。我很久以前就主张"对于日本人来说，米是文化、是艺术"，这件事情应该算是一个实证吧。日本人把吃米饭作为一种艺术，所以米也可以贵一些。即使从海外进口比较便宜的米，也不会超过用于饲料和点心所用的必要百分比以上。

更成问题的是，有人随意地认为"农业没有未来"。所以，连续不断地减少耕作面积，这难道不是一个十分严重的问题么？

农业，可不是仅仅为了种植稻米这么简单，它是与日本的原风景——"田园风景"紧密相连的，是不可替代的文化。而且，以米为题材的民谣、祭祀等风俗习惯和各种各样的东西相关联。轮岛漆器就是农闲季节的产物，农闲季节的劳动力，还可以去维护山林去除杂木，农业、林业和地方工业是共生的关系。

为此，如果农业变得不行的话，必将对林业带来不好的影响，林业糟糕的话，渔业也会走下坡路。虽然农业、林业和渔业，是作为一个整体难以相互割舍的共生关系，但是，这是由于垂直的分散行政系统而变得乱七八糟的报应。

森林与海洋的共生

环保产业中，实际上还有其他各种各样的东西。譬如培育树木需要的肥料，最好是树木自己制作的肥料。阔叶树种入冬以后就会落叶，这些落叶会变成腐殖土而成为树木的营养。

针对阔叶树木，如果能够组合加入农业或畜牧业，就能够更加有效地利用自然的良性循环。有效利用从农业和畜牧业中排出的垃圾和排泄物制作肥料的技术，已经有人进行了高水平的开发。

其中更重要的是森林与海洋的共生。落叶变成了腐殖土的营养渗入到雨水中，再经过河流流入大海。最近的研究表明，对贝类来说，这些是无比珍贵的营养。所以在日本，为了养殖好吃的牡蛎，也需要将阔叶树木种植在养殖场的周围，牡蛎的饲料就是森林。

森林土壤中所包含的氮、磷、铁等营养盐类和金属离子等流入大海，形成涌升流之后，到水面下 30 米为止的地方，会有大量的浮游生物。所谓水面下 30 米，是太阳光能够到达的深度。

然后，浮游动物吃浮游植物，小鱼吃浮游动物，这样的食物链就形成了，最后成为一个大渔场。

要说由于森林的营养成分，而产生涌升流的海面区域有多少的话，据说仅占全球海面的 0.2%。可是，在那个针头大小的海域内，人类有着每年约 5000 万吨的捕鱼量。世界总体捕鱼量大约在 1 亿吨左右，事实上在 0.1% 的海域里，有着约 50% 的捕鱼量。

因此，北海道等地的渔民开始关注并且种植森林，不过，可不是任何森林都好用。从森林与海洋共生的观点出发，最不利的树种就是杉树和桧柏。

但是，说到现在日本的森林，大部分是杉树和桧柏。虽然大家明白落叶树和阔叶树对于海洋鱼类来说是有益的，但是，对于林业来说卖不出去。由于建筑材料多为杉树和桧柏，所以经营林业的人们，和海洋的事情相比，更愿意种植能够高价畅销、作为木材加工的树种，他们主要考虑的是杉树和桧柏，所以日本山上的山林大多变成了杉树和桧柏。

杉树和桧柏因为根系很浅，看看长崎等地就会明白，一点点降雨就会引起瞬间的悬崖塌陷，鱼也因此变得更少了。

米圣域论

我在前面一章里简单地涉及了，对于日本人来说的米的"圣域"论，在本章中将对此问题进行详尽的论述。

我是从 1975 年开始，变得特别关注日本米的种植的。在 4 年后的 1979 年，

10.4 堤清二（1927~）　实业家，Saison集团的会长。以十井乔为笔名写有《异邦人》等著作，诗人。

付诸了具体行动。

也就是前面所提及的，在美国科罗拉多州的阿斯彭举办的以"什么是日本及日本人"为题的国际会议上，我担任了议长。

由于日美官方与民间的很多专家都要与会，所以，其影响力也是可想而知的。我特别将这次国际会议的焦点，聚集到日本米的制作方面，当时米问题还没有今天那样迫切。

同一时期，我还有幸与堤清二[10.4]先生在电视上进行对谈，有机会开展"米'圣域'论"的讨论。

从这个 20 世纪 70 年代末的发言以来，我自始至终贯彻"米'圣域'论"，认为不应该只关注"作为粮食的米"，更应该把"作为文化的米"当作问题来考虑。

譬如，在加利福尼亚即使种植了与日本同样好吃而且廉价的米，那充其量也只是"作为粮食的米"，不是"作为文化的米"。如果我们将日本的米定位为"作为粮食的米"的话，就会导致在日后展开的"粮食安全保障论"中的被动，日本将成为任性和保守主义的代名词。为了保护日本稻米的种植，无论如何，也需要"作为文化的米"的文化视点。

那么，"作为文化的米"具体来讲指的是哪些东西呢？首先，是日本原风景中水田的地位和作用。说起日本人心目中故乡的风景的话，大部分人会举出水田和山间的绿色。然而，正是这些水田和山间绿色，现在正面临着危机。

这十年间，为了调查稻田和山间绿色的实际状态，除了能登半岛之外，我寻访了日本各地，而且，越发明显地感觉到了这一点。

农业、林业与传统文化是三位一体的

日本现在的农家，大部分是兼营农业，特别是年轻人都倾向去当上班族，农业的崩溃已经开始了。然而，尽管如此，作为日本的原风景的水田风景，仍旧勉勉强强地残留着。

具有讽刺意味的是，这都是崇拜城市化现象的结果。譬如，以大分县大分市为核心，形成年轻人汇集地的结构。那样做的话，地方城市的周边将会产生"过疏化"（人口凋零）的现象，城市规划扩充到城市预备地的情况还比较少。但是，幸亏这样的过疏化，才使得水田和山还能够保留在地方城市的周围，成为一种还来得及补救的状态。

与之相同，农业的兼营化，也是重要的因素。譬如，能登半岛的传统工艺"轮岛漆器"的涂底子，从很早以前开始一直就是农家所从事的工作。能登半岛的农家，世世代代以为轮岛漆器涂底子为副业。我预想如果能登半岛的农家消失的话，势必会给传统工艺——"轮岛漆器"，也带来相当严重的影响。

这种说法对于林业来说也是适用的。由于林业市场的自由竞争开放较早，现在，国内的林业已经被加拿大、马来西亚和巴西等地的进口木材所压制。

日本的林业，是作为建筑材料种植的，私有林、国有林都是以杉树和桧柏为主。然而，如果使用桧柏的话，我们称之为"beihi"的美国桧柏就十分廉价，该材料也已经成为建筑木料的主流。

国有林，因为是国家的事业，所以还有办法维持，但是，私有林好像已经相当危险了。据说林业的困境，已经到了像留出间隔、修剪枝权等，林业最基本的间伐工作的工资都开不出来的地步。

然而，间伐工作以前都是由从事农业的人们作为农闲期的工作来进行的。在农村那些被采伐下来的东西，还会使用。香菇的栽培、炭的制造等传统产业，也和林业紧密相连。山与农业形成一个统一的体系，经济上也有了保障。

尽管如此，因为木材自由化的影响，林业首先受到了巨大的打击，到了连间伐的工资都开不出的状态。如此下去的话，农村毁灭之后，就连能够做间伐工作的人手也会消失。山间的绿色，是通过维护保养来维持的，如果放任下去的话，绿色的山林就会消失掉，与农村一起不得不消失。

如果日本的米全部消失了的话，日本酒也会受到严重影响。虽说只要有好吃的米和好喝的水，就能够酿造日本酒。但是，在美国并没有人酿造日本酒，说不定到了 21 世纪，有人会说"只要有威士忌和葡萄酒"就足够了。但是，我们想将日本酒像法国的葡萄酒和英国的苏格兰威士忌一样，永远保留下去。

还有，现在我们称之为"祭祀"的东西，也是从种植稻米的文化中产生的。民谣中就有很多种稻田插秧歌流传了下来，那些民谣的传人，不是专业歌手，更多的是农民。

据说有一种叫"黑川能"的非常古老的能剧，还保留在山形县。这种能剧，是在冬天雪地里，由农民演出的一种非常独特的能，农村的人们在数百年间，将这种能传承下来。

在美国，即使加利福尼亚的稻米全都消失了，那也只不过是"作为粮食的米"没有了而已。但是，如果日本的米全都消失了的话，林业、传统工艺及其周边的文化，也会承受相当大的损失，作为日本的原风景的农村风景就会丧失，这个差异不是非常大吗？

尊重"圣域"是全球化的要谛

在东西方冷战对立的意识形态消失之后的世界中，文化的差异是不可避免的。在《共生的思想》（1987 年首刊）一书中，我曾经预言过：霸权文化，霸权性的普遍主义，会在临近 21 世纪的时候逐渐崩溃。总之，我在书中指出了，从进化论向多种文化共生转变的大转换时期。

在苏联，有许多少数民族。苏联禁止那些民族使用其固有的语言，全部推行俄语教育。这是很明显的霸权主义想法。在欧洲也有相当多类似的事情发生，所以才会有今天南斯拉夫的结果。正是这样的时代，才更加需要"共生的哲学"。如果只是通过努力就能够 100% 的相互理解的话，也就不需要提"共生"了。正是因为有对立，才需要"共生"这样的哲学。说不定，对于像日本朱鹮一样濒临灭绝的，或者日本水獭一样已经灭绝了的动物来说，不应该说"因为自由竞争，所以灭绝是没办法的事情"，而是需要去保护它们。

有人会有"为什么一定要保护日本的朱鹮的疑问，如果去其他国家的话，不也有朱鹮么？还有那长得像朱鹮一样的仙鹤，不也挺多么？灭绝了也没什么关系吗？对于强势文化和弱势文化也有同样的看法。弱势文化的灭亡和强势文化的生存，不也是自然淘汰的规律，没有办法吗？"这是一种与支撑现代主义的达尔文进化论和自然淘汰法则相符的看法。

这种看法，确实在经济和技术领域里通用。然而，在文化领域中是绝对不行的。我认为文化与遗传基因一样，是历史性积蓄的成果。地域独特的文化，正是因为如此，才超越了好坏而存在。其民族如何贫穷，无论其国家的 GNP 如何低，也绝对不能无视地球上的任何一个民族和国家的固有文化。

我们不能忘记，正是因为各种各样的文化的共生，才有我们人类社会的繁荣，也正是由于各种各样的生命存在，才有我们如此丰饶的地球环境。虽然我认为，日本从 1995 年 4 月才开始施行《濒临灭绝野生植物种子保存法》有些晚，但是，就其意义而言，这还是个非常重要的行动。还有 1994 年在巴西签订的《生物物种多样性条约》，也具有划时代的意义，历史已经开始重新评估达尔文的进化论了。

另一方面，世界渐渐开始变得无国界起来，全球化进程正在向前迈进。这是不可避免的趋势，对此，毫无疑问需要创造出一个世界共通的平台。然而，像合理主义者、现代主义者们所考虑的，全部这些在普遍性这个熔炉中被熔化掉的事情，是永远不可能发生的。各个国家必定会有"圣域"保留下来，同时也应该保留下去。

对于地域、民族来说，无论如何也不能让步，"圣域"一旦失去的话，就会丧失民族自豪感和民族认同感。对"圣域"的尊重，不正是保证创建世界的共通平台、扩大全球化顺利发展的关键吗？

积极地保护海外的"圣域"

典型的日本文化，除了稻米的种植以外，还有天皇制、相扑的横纲、歌舞伎、茶道等等。

所谓相扑，是在圣武天皇时代（据说是御览相扑的起源），作为天皇家的仪式而开始的。随着时代的变迁，加入了体育性要素，最终成为现在的样子。我们基本上可以认为，横纲晋升的过程也是一种体育活动。它严格地遵从公正的比赛规则，有胜负之分，胜利以后可以按顺序晋级。

然而，如果说相扑是100%的体育活动，没有丝毫仪式性要素的话，那就不符合事实了。所谓"横纲"，是一个特别的地位。横纲是举办镇国、祈愿丰收和和平等传统仪式的使者。绝对不能无视这个事实。所以我认为，由于横纲必须是适合此类仪式的人选，其国籍就必须是日本。

歌舞伎也一样。现在国立剧场中有歌舞伎进修所。即使是有美国人入学，取得了优秀成绩，也不能获得"中村吉右卫门"的袭名。即使是有人反映"那不是太过分了吗？"也没有办法。属于传统艺术的茶道、日本舞蹈、插花都一样，存在着掌门人制度，根据世袭制度而保持了传统。歌舞伎的"中村吉右卫门"就是这种情况。

美国也有同样的情况。好莱坞的电影产业、汽车产业、音乐、棒球、爵士乐、西部音乐、牧场生活方式等就是实证。1994年，我偶然到芝加哥去看棒球，作为海湾战争英雄的施瓦茨科普夫，被邀请做White Sox的开球仪式。对于美国来说，所谓棒球，就是邀请海湾战争英雄来开球的最重要的"圣域"性体育活动。所以，不管多么有钱，也不要去做买下棒球联赛的一支球队，或者一部分好莱坞电影产业的事情。

美国关于本国的"圣域"，是绝对不自知的，他们更喜欢到处游说"站在世界共通的平台上……"。从感情上来讲，电影产业和汽车产业，被日本企业蚕食是不堪忍受的，但是从理念上，其始终要优先考虑"世界共通的平台"。这就是普遍主义的超级大国——美国的苦衷。

而且，美国的经营者们，也会把企业本身作为投机的对象，竟然毫不在乎电影公司的买卖。在我对索尼的盛田先生谈论关于"圣域"的言论时，盛田先生解释说："不对，是哥伦比亚公司自己主动要求我去买的"。任天堂买美国联赛棒球队的时候，好像也一样。的确是从美国方面发来的请求，但日本一下子就买下了的话，还是会有逆于美国人民情感的。即使在美国，也需要把商务行为和国民感情分开来考虑。

针对我的共生思想和圣域论的想法，基辛格来了封信。信中写道："到目前为止，无论我怎样对政府有关人员和官僚进行说明，也不能让他们理解，而采用了黑川先生的意见之后，我们的讨论有了积极向上的突破。"读了《共生的思想》英文版的布热津斯基，也给我写信谈了同样的感想。

美国现在是世界上一个拥有超级大国的世界警察使命感的国家。正因为如此，即使美方想说"圣域"也说不出口。但是，不能因此就认为"美国没有圣域"，日本方面应更加慎重考虑，保护美国的"圣域"。

"为什么日本人要酿造葡萄酒呢"？针对三得利的佐治先生，我曾经提出过这样的问题。这种做法也有侵害法国的"圣域"之嫌。

除此以外，还有类似在法国小夜曲的比赛大会上，日本人获得了冠军；法国大菜的世界比赛大会上，日本人也获得了冠军之类的事情。听到这样的新闻，法国人会有什么样的感想呢？是不是"日本人真恶心"呢？

经过磨炼技巧，的确可以在法国小夜曲比赛和法国大菜比赛上获得世界第一。但是，为什么要刻意去做那样的事情呢？如果也能够有保护"法国小夜曲和法国大菜等圣域"的心情，时刻保持尊敬的念头的话，也不会被别人认为是"令人毛骨悚然的日本人"了吧？

"米的'圣域'论"，不是"作为粮食的米"的保护主义，而是如何制定新的世界秩序，针对世界秩序的主张。正因为如此，说不定，听起来好像是非常极端的论据一样，"给美国的汽车产业一万亿日元的 ODA"是我最近的主张的延伸。

一般说起 ODA 的话，是面向发展中国家的 [10.5]，但是在现代的世界中，"发

10.5 ODA　Official Development Assistance的简称。也称之为政府开发资助资金，是国家
　　　向国家（通常规定是发展中国家）提供的，具有转让（赠送）成分的资金。

展中国家贫穷，发达国家有钱"的图示变得不再成立了。

　　因此，日本向美国提供 ODA，一点也不可笑。那样，如果美国的汽车产业能够恢复的话，世界第一的需求者就能够恢复，对将来的发展中国家更加有利吧。

　　如果真有那样的事情，即使日本的重要产业，譬如电子产业、汽车产业、家电产业等开始衰败，日本面临危险的时候，不也可以仰仗美国的援助吗？对今后的世界而言，为了共生世界的新秩序的设想，共生思想会变得越来越重要。

飞翔着直升机的"田园都市"的牧歌

　　人与自然的共生，不仅仅是人与树木或者人与动物、昆虫的共生，人类创造出来的人造物也应该包括在内,经过时代的演变将成为自然的一部分。且不说，人工建造的人工湖、运河和森林，就连城市与技术，也可以当作自然的一部分来认识。

　　神创造的万物是自然，人创造的东西是人造物，等于反自然的二项对立，变得越来越行不通。

　　在大部分日本人是在乡下出生成长的时代，大城市里居住的人们多是从农村出来涌向城市的。对于那些在城市里思念着"追兔子的那个山，钓小

10.6 冲击日本软肋的阪神大地震。城市防灾在地震发生之后就太迟了。

鲫鱼的那条河"（日本的民谣歌词）的市民们来说，城市与自然的对立是当然的事情。

但是现在的日本，包括地方城市在内的城市人口，已经占到了总体的八成。在城市出生成长的人们，小时候没有追赶兔子、钓鱼的经验。甚至当被问到蜻蜓等昆虫时，孩子们在最后关头竟然会回答说："是百货商店里卖的东西。"在成长过程中，认为城市是自然的一部分、把混凝土当作土的一部分去感觉，已不再是不可思议的事情了。说不定就连城市和技术，也可以归结到自然当中去的时代也会到来呢。

我预感到松塔克所说的"都市的牧歌"的感觉和弗兰克·劳埃德·赖特所描绘的直升机飞来飞去的田园都市理想，意外地与 21 世纪充满活力的自然和城市的共生印象不谋而合。

据说，江户是个完全人工化的城市。川添登先生在其著作《东京的原风景》中对江户的街道风景进行分析指出：江户的街道完全没有绿色，各个地方有花木市场，人们把玩盆景，牵牛花、葫芦等植物在胡同里开得四处都是。江户人是通过盆景和盆景中的人工植物，来保持着对自然的丰富联想的吧。

人与城市、技术、小动物、昆虫，还有盆景和人工森林共生的"城市"，在不远的将来将成为现实。

10.7 大正十二年（1923年）的关东大地震。

森林和运河是城市防灾的秘诀——冲击日本三大空洞的阪神大地震

下面，我从今后预防灾害的观点，来试着阐述关于人与自然的共生。

1994年1月17日上午5点46分，在靠近神户市的兵库县南部，发生了非常严重的大地震。死亡人数攀升到5000名以上，这场超出地域冲突级别的灾害，从三个方面冲击了日本的软肋[10.6]。

第一是大地震袭击了关西；第二是超出想象的规模，震中发生在城市的正下方；第三是从二次灾害转向三次灾害，灾害的规模逐次扩大。

在发生阪神大地震之前，大家都认为日本列岛整体有发生强烈地震的可能性，但关西很难发生大地震。都认为根据地域的不同，大地震的可能性有大小之分，这是统计学上的推算。按照统计来预测将来的事情，应该属于一般科学所涉及的范畴，将其应用于地震学这个专业领域中进行探讨，也不是例外。以往的做法是通过调查过去的地震，尽可能地收集数据作为标准，再按照该标准来进行建筑物的安全设计。因此，《建筑基准法》的制定，是依据到目前为止没有发生过大地震的地域，从统计学的观点来看，今后也不会发生大地震的假设之上的。

然而，可以追溯到的"过去的地震"，其实就是关东大地震[10.7]。当然，在此之前各种各样的文献里面，也有过有关大地震的记载。但是，对于地震破坏程度的记录非常暧昧，有价值的科学数据几乎没有剩下多少，很明显，震级和震度都是不得而知的。

就关东大地震自身而言，设置在东京大学本乡校区的地震仪都被震倒了，从极不完整的记录数据分析受害的程度，正确的规模直到现在也并不十分清楚。但是，有关震源地以及受到损害的程度等，都有相当详细的资料被保留了下来。于是，人们只好暂且先将这类规模的地震设想为大地震，建造能够承受这类地震的建筑物，并以此制定了日本的抗震建筑标准。

关东大地震到底是什么样的地震？

关东大地震的震源，在神奈川县的最南端附近，距离东京50多公里。虽然，没有正确的有关地震强度的数据保留下来，但是，从受害情况和各种各样的资料中，我们得知"关东大地震是0.3g=300伽（Gal）级别的地震"。所谓g，就是重力加速度（1g=9.81米/秒^2，1伽即1Gal=0.01米/秒^2）。

仅仅从断层和地裂状态来看，震度7度的地震，不能进行建筑物的抗震设计。建筑和土木结构的构筑物，通常在进行抗震设计的时候，使用伽这个单位。在这里顺便提一下，地球的重力加速度是980伽，与之相比较，想必大家应该明白到底是怎么回事儿了。

传媒报道中经常提到的表示震级（magnitude）的M，到底是表示什么单位呢？距离震中100公里的地点，放置倍率为2800倍的特定规格的地震仪进行观测的时候，所记录的最大振幅的常用对数为M，虽然是经常使用的单位，却不易懂。但因为是全世界通用的单位，在比较世界各地发生的地震方面很方便（关东大地震的震级被认为是M7.9）。

除此之外，还有一种普通为大家所熟识的单位就是震度 *。这个气象厅发表的所谓震度，是依据气象观测者的体感得到的，对于同样的地震，因为地基的不同，真实感觉也有差异。为此气象厅开始了对一部分地区，实施由机械观测震度的决定。顺便，将气象厅震度级别（scale of seismic intensity）和伽的关系表示如下：

震度 0

震度 1（微震）

震度 2（轻微的地震）谁都可以感觉到。

震度 3（弱震）

震度 4（中震）架子上的东西会掉下。25~80 伽。

震度 5（强震）墙有裂口，墓石倒下，烟筒、石垣等损坏。80~250 伽。

震度 6（烈震）房屋（木结构的两层建筑）的毁坏在 30% 以下，许多人站不稳。250~400 伽。

震度 7（强烈地震）房屋（木结构的两层建筑）的倒塌在 30% 以上，发生山崩、地裂、断层等。400 伽以上。

据说关东大地震是 300 伽，在神奈川县南部发生的地震，的确有 300 伽的能量传到了东京，但这并不是在神奈川县南部震中地区有 300 伽。然而，建筑界一直说，东京的建筑物，只要做出可以抗震 300 伽的设计，就可以做到"关东大地震来袭也没问题"。如果相当于关东大地震级别的地震，不是在神奈川县南部，而是直接袭击东京的话，"关东大地震来袭也没问题"的神话便会不攻自破。

而且，最近"比关东大地震更大的地震就没有吗"的意见也开始出现了。但是，因为没有良好的记录数据，所以很难进行讨论。

阪神大地震袭击了关西地区，阪神大地震的震级是多少呢？事实上有的地方达到了 900 伽。关东大地震是 300 伽，以此作为抗震标准确定了日本的《建筑基准法》，但是，相当于其三倍的 900 伽被观测到了，我也非常震惊！"我们将如何面对这样的事实呢"？

而且，震源靠近大城市的大地震，在关东大地震以后没有发生过。即使是新潟地震或是宫城儿海地震，大地震都发生在几公里以下的海底。宣传机构通常把震源在城市正下方的内陆地震，称之为"正下方型地震"。这种地震即使规模不大，也有巨大灾害的危险性，被多次惊天动地地报道了，而现在发生的的确就是那种"正下方型地震"。面对淡路岛的北部，神户市区的正下方，非常接近地表的位置发生的大地震，我们既没有记录也没有经验。

新抗震标准的有效性

我们这些建筑专家在宾馆开会的时候，发生了一次小地震。那时候，大家都去推测在哪里、发生了什么样的地震？大多数的推测都很准确。说到原因，因为地震总是首先有轻微的感觉，之后才真正感到摇晃。

最初感觉到的轻微摇晃，是初震 P 波的表现，之后才是 S 波的真正到访。P 波的传递速度，大概是 S 波的 1.7 倍左右，通过预测 S 波和 P 波之间微动的继续时间，就可以计算出震源的距离（称为大森公式）。

到目前为止的地震，必定是先感觉到 P 波的到来，经过一段时间之后（伴

《建筑基准法》——现行法律规定：在城市规划指定的区域内，建造建筑时，需要提交建筑确认申请（申请报批），接受结构、防灾（主要是防火）的审查确认。该制度把不同用途地区指定的结构标准、防灾要求等作为主要着眼点，除此以外，还有限高、道路斜线控制、北侧斜线控制、建筑密度、容积率、日影规制等，必须接受检查的事项。

随着初期微动的继续），S 波才到达。因为震源直接传递的纵波总是很轻微的，之后沿地表移动的横向晃动的横波才会真正到达，地震比较重视测量横波的大小。然而"正下方型地震"，纵波和横波会同时到达。因此，施加在建筑物上面的力量也就特别大。这次众多受害者都异口同声地反映："这次地震与到目前为止的其他地震完全不同"，"转眼之间身体就被抛到了顶棚的位置，之后又被摇来摇去"，"简直就像隔壁的房间有喷气式飞机坠落了一样"。

日本的《建筑基准法》[10.8]，大正十二年（1923 年）制定的《市区建筑物法》，使用了很长一段时间，后来以关东大地震为参考，在昭和二十五年（1950 年）制定了战后的《建筑基准法》。1970 年进行了部分修改，但是，当时并没有对地震对策进行修改。1980 年的大修改，是建筑学会调查了美国旧金山地震之后制定的，从根本意义上引入了抗震设计方法，变得相当稳妥。

昭和五十五年（1980 年）修改后的抗震标准，被我们称为"新抗震标准"，遵照这个标准建造的建筑物，即 1980 年以后建造的大型建筑物，在此次阪神大地震中并没有受到很大的损害。

在神户的端口岛建有超高层宾馆、音乐厅和住宅楼，全部都是新抗震标准以后建成的建筑物，充分具备抗震性能，混凝土桩打到了支持的地基层，虽然有些地基液化了，但是建筑物本身，除了部分玻璃破碎之外大部分保持完好。

为此，日本的现状是：既有学者主张"如果能够严格遵循现有的新抗震标准今后便不要紧"；也有学者认为"虽然日本的抗震标准是世界上最严格的，但还应该再一次进行评估"。主张应该对抗震标准进行强化的人，主要是那些重视这次正下方型地震纵波振动的结构专家。

"安全性和经济性"的反论

关于建筑物的安全性，现状是必须考虑经济平衡，我想试着用下面的比喻进行说明。

我以前曾经担任过开发研究新型飞机的社会工学研究所所长。课题是安全性，能否制造出当飞机坠落时大部分乘客都能够获救的系统呢？得到的回答是可以，每一位专家都说技术方面并不困难。那么怎样具体实现呢？每个人身穿宇宙服，全部座位可以根据机长的判断，在紧急时刻，能够像战斗机一样，及时弹射出机身之外，靠降落伞降落。与此同时，粮食和水、紧急联络用的通信设备、橡胶救生船和帐篷等，也一起弹出舱外。那样的话，乘客在紧急时刻的救命装备，会同时和降落伞一起降落在陆地或者海面。

这个系统并不需要去重新开发。因为战斗机上已经装备了这些设备，在技术方面也没有什么问题。但是，真要是实施起来，制造成本会非常高。据说，从日本到美国的航空费用，为此，会高达每人1200万到2000万日元。技术方面虽然可行，但是，这样的飞机在经济方面是不成立的。

总之，我们的社会，是必须保证安全性和经济性的平衡运营的社会。有理由让专家不能只是一味地单纯追求安全性的极限。

就建筑而言，建造能够承受关东大地震3倍地震力的建筑物，在技术上也是可能的。但仅仅因为如此，就改变了建筑标准的话，柱子会变得很粗，房间变得狭窄，建造成本也会十分惊人。如果是公共建筑，或者大富翁建造自己的住宅的话，是可以不顾代价建造出来的，但是，如果办公大楼或者出租的公寓等商业建筑物，为了满足那个标准而建造的话，很明显，就会出现建造成本大幅度上升的问题。

东京的土地价格和建筑费用，已经比纽约和伦敦高出了两倍多。即使工资成为世界第一，因为物价十分昂贵，也感受不到生活的富有。在这种情况下，如果无止境地提高安全标准，从而使得建造费用高涨的话，就会使得产品的造价太高，商品价格随之追加。那样的话，高涨的物价又会反过来给生活带来压力，开发商也会失去价格的国际竞争力。这就要求我们既要慎重地看待安全和经济的平衡，彻底弄清楚可以容许的范围，又要尽可能地提高建筑物的抗震水平。

经济中心主义和计算机的登场

1980 年的《建筑基准法》大修改，确立抗震设计法的抗震标准是一个很大的进步，究竟抗震标准应该考虑到什么样的程度，会在多大程度上影响安全。到目前为止，一般的业主都会要求："因为地震很少发生，虽然也想遵守抗震标准，但是还是希望设计师尽量使用刚好擦边的标准，来进行更省钱的设计"。为此，建筑师如果能够刚好贴着抗震标准的底线进行设计，便会受到业主赞扬："设计便宜的非常棒的建筑"。在以经济为中心的日本，此类建筑物的出现也是不能简单加以否定的。

为什么能够进行抗震标准的极限设计呢？那多亏了计算机的功劳。明治时代因为没有计算机，建筑师的数量也少，当时日本建筑界的元勋辰野金吾等人，以直觉估计留出一定的裕量，建造了超粗的柱子和像混凝土块儿一样的建筑物。现在还有带着讥讽意味的"还是明治时代的建筑物坚固的"说法，就是在这样的背景中产生的。现在，因为使用计算机进行模拟计算，制作模型进行风洞试验，确实能够正确地做到必要的最小限度，使抗震标准的极限设计成为可能。

所谓的抗震标准，只是制定了"最低限度必须遵守的原则"，不能低于规定的限度，但是最好是超出标准。实际上，公共建筑因为其重要性和业主的要求，也会提高抗震标准的一成或者两成。不过到现在为止，作为现实问题，建造那样的建筑物，在重视经济性的时代，不得不说也是一件难事。

同时，地震特别麻烦的是，即使是同样的建筑，一层、二层、三层或者是二十层，所受到的加速度和因此产生的摇摆周期、强度，全都不尽相同。理由之一，是因为地震沿着地基传递，即使是同样的建筑物，在不同质地的地基上建造，受害程度也会有很大的差异。一般来说，木结构瓦屋顶的二层建筑最危险，虽然整体上有那样的倾向，但是也有特例。

并且，高楼和低层建筑相比，更容易与地面缓慢的晃动产生共振，所有结构都有其固有的振动周期。阪神大地震的周期1~2秒左右的晃动特别强烈，如果结构的摇摆周期与这个1~2秒左右的摇晃一致的话，就会产生惊人的破坏力。在阪神大地震中，一些大楼和高架桥出现了严重的损害，我认为那是因为结构的摆动周期与地震的摇晃周期相一致引起共振的结果。

到现在为止的日本抗震标准，因为是以关东大地震为依据制定的，所以关东地区的标准十分严格，京都阪神地区则相对缓和。我认为这种根据地区来加以区别的做法是不恰当的，这也是从此次大地震中可以看得很清楚的，是绝对不能放过的重点。

如果关东大地震再次袭击东京

以前，我曾经模拟过相当于关东大地震级别的大地震，傍晚六点半左右，风速为 3 米 / 秒的情况下袭击关东地区。当时的结果是，860 处同时发生了火灾。如果这是事实的话，东京及东京周边地区的消防车是无法应对的，死伤者将达到 100 万人。细分的话，压死的人占两成，烧死的人占八成，死亡近 25 万人，受伤者多达 75 万人。

然而，阪神大地震死者的近八成左右，是被最初阶段建筑物倒塌压死的。这正是正下方型大地震的实际情况。这样的话，东京地震死伤者的 100 万人中，压死者只占两成的估算，对于正下方型地震来说，还是太乐观了。

同时，我们在这个模拟中还了解到，在东京，火灾所产生的有毒物还非常多。各种工厂和设施内存放的化学物质、建筑材料等，燃烧后就会产生有毒气体。这些有毒气体和灌满油的油罐车都开始燃烧的话，的确会有多种有毒气体充斥东京。在东京发生多处大火灾的时候，即使能够避免被烧死，恐怕还有更多的人会被毒气毒死，其受害规模与程度目前是无法模拟的。

阪神大地震由于发生在早晨，公路上没有发生汽车爆炸引起的连锁反应，但是，如果在东京发生大地震的话，着火处 17 米范围之内被认为是危险圈，根据时间带的不同，汽车火灾也会扩大到相当的规模。本来就是交通堵塞严重的道路，成不了火海，也会成为"火焰之路"。这种情况在客运和货运铁路也同样会发生，出轨翻车所带来的二次灾害，也将产生非常可怕的后果。

东京为每个地域都规定了避难场所，但是，这些避难场所的周围同时着火的话，该地区的氧气将被耗尽，有可能发生缺氧致死的情况。我在做

10.9 关东大地震中发生的最悲惨的事件，本所被
服厂。

住宅设计的时候，经常会接到"出现什么情况的时候，为了家族全体人员
的避难，请给我们设计出一个绝对不会燃烧起来的混凝土房间"的委托，
可是，即使建造了那样的房间，如果周围的房间爆炸性地燃烧掉的话，只
要没有氧气吸入装置，人也会不可避免地缺氧而死亡。这就需要我们针
对各个避难场所，事先讨论有没有可能发生同样的事情。

在关东大地震中，本所被服厂遗址发生了大惨案 10.9。关东大地震发生
的时候，大概是中午，那之后的 4 个小时里，在本所被服厂遗址避难的 4
万人全都死亡了。

为什么会发生这样的大量死亡事件呢? 那是由于缺氧窒息而死亡。人们
被四周的火势包围，排子车上装的家具什物和衣服也烧着了，同时在广域
地区爆炸性地发生了大火灾，以超越台风的风速，在一瞬间将空气卷跑，
陷入缺氧状态，结果造成人们好像"为了要死在一起"似的大量死亡的
惨状。

避难第一的日本

地震和火灾的时候首先要逃跑，这已经成为日本的基本常识。但是在
瑞士，有《民间防灾组织法》，规定在发生灾害的地区，首先是该地区全
体居民，互相配合控制灾难，从现场逃跑的人会受到处罚。

《民间防灾组织法》，最初是为了在发生地域纠纷和核战争的时候，规定市民为了自卫，而应当采取什么样的行动，同时也适用于其他灾害时刻。为此，每个地区都设置了市民防卫组织，建立了完善的地下避难场所，在那里除了储藏粮食、蓄水槽、医疗用品之外，还准备了消防装备和防毒面具等救生用品，以及枪械等兵器。大火灾发生的时候，首先大家要互相协助一起为灭火而努力，如果还是不行的话，在领导人的判断下，全体人员再到地下避难所避难。瑞士有全民服兵役的制度，大家都会使用武器，而在火灾发生的时候又都能成为消防员，这种训练从平时就开始了。

瑞士的做法，在建筑设计中也发挥了充分的作用。譬如防火门，日本规定是向外开。一旦发生火灾，尽快让人们从着火的房间避难出逃。人出去了以后防火门再关闭，即使那个房间烧毁了，燃烧也不会扩展到其他地方。但是，瑞士的防火门却是朝内开的，因为如果火着起来了的话，其他楼层的人也可以跑进那个着火的地方，大家一起灭火。在日本，发生火灾的时候，防火卷帘门会自动落下的地方不少，想办法灭火的话，就会变得极其危险。

不管怎样，先逃跑再说，后边交给消防队员和警察等专家处理的方法，只能使初级灾害不断扩大，升级到二次灾害、三次灾害，因此，这些做法需要重新评估。

看阪神大地震的报道，特别悲惨。当看见建筑物倒塌后被压在下面的人的手还在动着的影像画面时，不禁潸然泪下。据说看见母亲或小孩子的手还在动的话，就说明还活着，但是那些重重地压在上面的粗大的柱子和混凝土块，怎么也没有办法移动得了，如果有电锯、锤或是铁棍等工具，也许还可以营救，若没有工具就没得救了。我简直无法直视那些电视中哭喊着，"没有工具，什么办法也没有，空着手没有一点办法"的人的身影。

我过去曾经主张安全保障应该包括：军事、经济、环境破坏或灾害以

及文化四个领域，不综合性考虑全部要素是不现实的安全保障。应该在到目前为止的只考虑军事的、地域纠纷的安全保障之外，再加上像最近墨西哥经济危机一样的全世界金融危机的安全保障，还有因氟利昂和砍伐热带雨林所引起的环境破坏危机、宗教对立引起的文化危机的安全保障，以及对地震、台风、大火灾等灾害的安全保障，这一切都将成为极为重要的课题。此次阪神大地震向我们表明，必须更加综合全面地考虑生活安全保障。

如何复兴？

阪神大地震发生后，其实，可以安心的事只有一件，那就是填海造地的构筑物没有受到损害。读者听起来也许会觉得特别意外吧，一般的报道是，"填海造地发生液化，生活设施损失严重，港湾设施特别严重，神户港不行了"。

然而，填海造地的人工岛上的建筑物，并没有遭到很大的破坏。即便是关西机场和端口岛，死者也是为零，建筑物受害实际上很轻微。液化发生后港口设施损害确实很严重，但是隐藏在背后的是，神户人工岛上的建筑物受到的损害相对来说比较微弱。那么，填海造地究竟受到什么样的损害呢？只局限于生活设施和港湾设施，没有人因此而死亡。填海造地是安全的这个结论，在考虑今后神户的复兴时，是一件非常令人激动的事情[10.10]。

正是因为发生了阪神大地震，如果这次再不去建设一个安全宜居的神
户的话，就会成为全世界的笑柄。即使是关东大地震之后，当时的日本，
尽管还没脱离发展中国家的范畴，但还是认真制定了新城市建设的规划，
直到第二次世界大战，经受战争的损害为止，进行了相当有特色的城市
建设。现在，日本是世界第二大经济强国，不创造出让日本在世界面前
自豪的、安全宜居的美丽城市，是不能向死者交代的。

在国土规划方面，也应该立即扭转只有一个国土轴的体制。三十几年来
我一直坚持，日本的国土轴应该不仅仅只有一个，需要两个到三个（注释
10.11 的图是我 1961 年提出的未来国土轴的构想）。因为日本是细长的列
岛，当然要建造像脊梁骨一样的、由高速公路和新干线等快速交通组成的、
一个贯穿中心的国土轴。首先从九州到北海道，铺设一个通过全部大城
市的国土轴。

然而，这次大地震明显表明，一个国土轴是不够支撑日本的[10.11]。
由来自灾害的避难和救助开始，到了复兴运输，高速公路、新干线、以
往的 JR、地铁、阪神电车和阪急电车，总之都集中在窄小的一个国土轴
上的话，会引起严重的交通堵塞，陷入不能活动的僵硬身体一样的状态。
由于神户将日本分为东西两部分，因此，日本的产业和经济也就动不了了。
如果那样的话，至少灾害会波及经济活动，必须从更加广泛的视点来修

10.11 多个国土轴和连接它们的环状道路。像细胞一样的部分，成为被环状道路包围的城市或地区的单位。

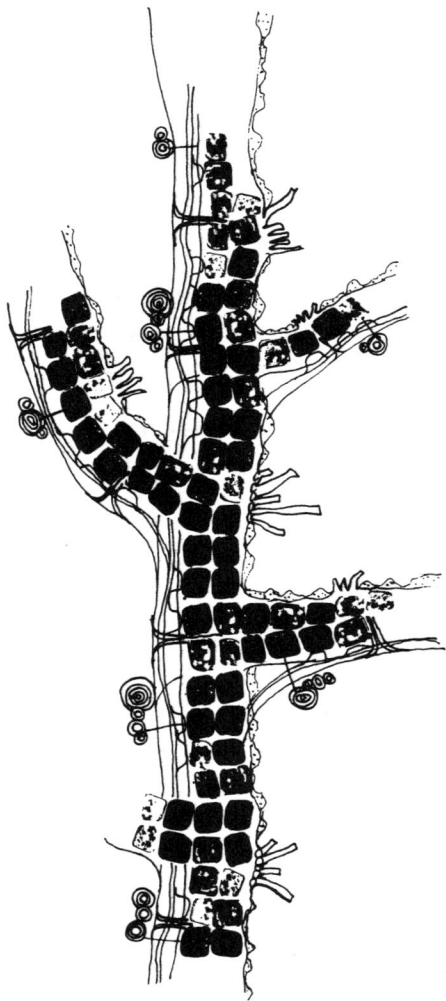

改国土规划。从九州通过四国，向纪伊半岛出发的太平洋新国土轴，或是在日本海一侧延伸的日本海国土轴，将这些新国土轴通过几个迂回道路、几个环状道路，与现在的第一国土轴相连接，就肯定会解决所有交通堵塞的问题。

而且，今后的时代已经很明显，不仅仅是大城市型文化能够独自生存的时代。如果不改变观念，将渔业、农业、林业加上环保产业，以及和自然形成一体的研究和居住环境等都包容进去，彻底改变产业质量的话，将不会长久下去。为此，和贯穿大城市的国土轴一起，我们还需要支撑21世纪产业的贯穿大自然的国土轴。

同时，日本的产业从东京圈出发，包含了东北、北海道的一部分的一个经济圈正在形成，有过度集中于东日本之嫌。在关西建成了关西机场之后，也没有出现改善这个平衡的效果。在东京周围有埼玉、千叶、神奈川、枥木、山梨、静冈等县，并且扩展到新潟、北海道等地。因为力量强大，如果关西不建成能够与之抗衡的经济圈，日本的经济则会太偏向东面。为此，在中部圈和近畿圈，以及中国地区、四国地区和九州等地，必须建成一个西日本经济圈。为了强有力地推进这件事，可以首先将第二国土轴建在西侧，使西侧的流通更加活跃，经济上发展更快。为了支援神户的复兴和重建，第二国土轴（太平洋新国土轴）非常重要。

守护森林和运河

我以前曾经做过，相当于关东大地震强度的地震再次袭击东京后，将会造成什么样的危害的模拟试验，其过程表明，为了减少死伤只有两个方法，那就是树木和水、森林和运河。

将常绿树培育成为小型森林，插入到住宅区之中。小的 200 坪，大的 500 坪、1000 坪左右的规模，在小公园内密密麻麻地种植厚皮香等防火能力特别强的树种。如果可能的话，在东京都内种植 7000 处左右，最少也要建 3000 处，尽量多地建在木结构建筑率高的住宅区内，这对防止火势蔓延有着非常有效的作用，这是试验的结果。为了防火，还可以考虑挖防火沟、拓宽道路的幅宽等多种方法，但是，最有效果的哪怕规模很小，只要有茂盛的常绿树的森林，就会发挥最大的效果。小型森林，即使受到大地震和大火灾的包围，也会成为绿色的、非常好的街道绿洲。

具有抵御火势蔓延效果的另外一个东西，是水路或运河。经确认，火灾在碰到幅度 70 米以上的水面时，燃烧停止的概率极高。为此，像注释 10.12 的图一样，如果挖掘外环、内环幅度 70 米的两条运河，将其两岸种植成作为防火林带的落叶林荫道，即使内环以内的 860 处同时发生火灾，也能够通过这两条运河的双重隔离圈，将火势控制住，至少会降低死亡率的一半。

我将这个建议，总结为"东京规划 2025"[10.12]，虽然在相当程度上得到了赞扬，但是关心的焦点，只是集中在东京湾内建造人工岛的事情上面，作为地震对策的两条运河的建议被冷落了。而最初挖掘两条巨大运河、在东京都内建造 3000 处小型森林等对应地震的事情，其实才是提案的中心，在东京湾内建设"新首都新岛"的目的，只是为了清淤、改善水质和进行土地交换。

东京的地价超出世界上任何一个地方，能否有财力购买森林和水路的用地值得怀疑。即使暂时能够承担巨额的预算，但是在现行税制中，高额土地转让所得税，也让谁都不会卖掉土地。因此，我们设想通过等价交换土地，并且免去支付额外的转让税，还有对于将来的土地升值有所期待，

10.12 小组2025筹划的"东京改造规划设想"及其草图。在自然中城市与人共生的同时，还
能够确保防灾。

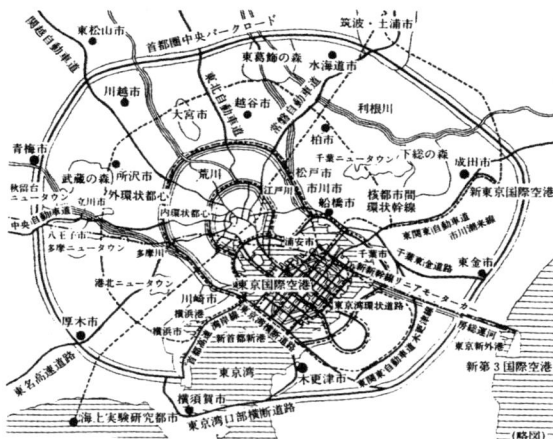

为了解决获得新土地的难题，从而萌发了"新首都新岛"的设想。说到人工岛，很容易联想到政府机关、智能大厦和电报大楼等建筑的转移。但是，"新首都新岛"设想的重心，是放在上班一族的个人住宅上面。为了东京防灾，作为交换用地而开发，可以建造低成本的住宅作为商品房出售，请更多的人从东京市内搬迁过来，同时也能够解决住宅紧缺的问题。

"东京规划2025"还建议，为了确保避难的场所，在东京郊外应该建立三个大森林。但是当时这个建议，也因为隐藏在东京湾中之岛的设想之中，而被冷落了。图上的三大森林，每一个都有山手线内侧那么大，是以恢复武藏野森林为目标的、留给下一代的森林。

对于大地震和大火灾，森林和运河是有效的，除此之外，别的东西就不能考虑了。我想对神户也建议用这个方案，而且，神户又靠近大海，比较容易建造运河。实际上以前也曾经有过运河，运送过煤等工业物资。神户的运河被填了，但是尼崎因为工厂较多，运河没被毁掉，现在，我正在利用这个运河进行城市设计。

我们从阪神大地震的救援活动中可以看出，尽管消防车急急忙忙地赶到了，可是因为没有水，消防活动没办法进行。如果预先挖凿运河，不仅能够确保紧急情况下的消防用水，也能够使用避难救援用船，平常还是一个拥有水景的快乐城市。

而且，这次大地震还表明，平时的道路会变得不能使用。消防车要通过这些道路开到现场，人也要通过这些道路逃跑，由于道路的前方不能通行了，所以从这个意义上讲，确保水路也十分重要。

具体而言，买下神户制钢工厂的遗留用地，首先进行土地交换，开始建造新的城市，一边请受灾者搬到那里，一边推进受灾地区的重建工作。尼崎已经在推进着拥有运河和森林的城市规划，也可以让这边的规划先行实施。房倒屋塌的地方,权利关系十分复杂难以处理,同时电缆、燃气、自来水等生活设施,也需要从根本上进行改造。为此,在如何整备道路等基础设施的规划还没有完成之时,应该准备在这些地方多花些时间。

在学校里建造森林和蓄水池

这时,为了更容易应对一次灾害和二次灾害的危害,整备公共设施也十分重要。最低限度,每个地区都应该确保蓄水池和避难场所,而我则认为学校最合适。学校的很多校舍本身已经是耐火结构的,同时还具备宽广的操场。如果这个操场周围还种有茂密的树林的话,那就可以作为足够安全的避难场所来使用。在树木的包围下,心理上会非常稳定,这种效果也十分重要。而且,因为学校的地下没有用作他用,所以事先可以在这里建成地下室,储备粮食,建设信息中心(无线设备)和救生器械、蓄水槽等,万不得已的时候,还可以储存所有的东西。如果还能够再把消防设备和应急厕所,也建在操场地下的话,那就更没得说了。

如果事先约定好,一旦发生什么灾害就往学校避难的话,就可以避免为了寻求避难地方而引起的混乱。洛杉矶大地震的时候,联结小学校的无线通信网络发挥了极大的威力。在阪神大地震的时候,虽然也有很多人到学校避难,但是,那里没有能够满足需求的足够的电信设备。因为特别校区制度下的小学校,是与地方自治团体密切相连的,一旦发生灾害去学校避难的概率应该很高,我们难道不应该为了提防那种情况,而积极地事先做好整备工作吗?

我已经在 1994 年 10 月建议过,特别是通过有关信息高速公路的论文,建议政府首先应该火速整备联结市政府与警察、消防、医院、学校之间的无线通信网络。

如果说是为了重大灾害而作准备的话，首先东京等地就应该事先决定高速公路等干道在紧急时候的限制方法。如果东京发生重大灾害的话，汽车潮水般涌向高速公路，引起交通瘫痪的情况是可以想见的。阪神大地震就曾经如此，想要逃跑的车流和要来帮助亲属的车流撞在一起，陷入大混乱，消防车、救护车和警车都被卷到交通瘫痪中去了。

那么，我们可以事先将东名高速公路的上下行线路，都指定为前往东京的道路，中央道则专门指定为离开东京的专用道路。如果事先制定好发生灾害时道路的作用，平常加以训练的话，肯定会有相当大的差异。与复兴计划一起，制作应急系统，也同样是件非常重要的事情。

阪神大地震，事实上给予了我们很多教训。我相信今后的日本，如果能够吸取这些惨痛的教训，做好相应的工作，就是对死者在天之灵的最大安慰。

与创造自然相关联的共有空间（中间领域）

自然保护，不只是一味地呐喊保护、保留乡下的森林，而是应该提倡在东京这样的大城市里面，创建新的森林这一类有创造性的设想。

就像通过英国的国家信托（National Trust）可以看到的那样，欧洲和美国的自然保护运动或者文物保护运动，首先是从"想保护的人们自己支付保护费用"开始的。城市街道的保护，文物、古建筑的保护运动等都是如此。首先，是提倡保护的人们自己捐赠部分资金，最后发展成为保护基金的捐款运动。

在日本，所有的人都像评论家一样呼喊着保护自然、保护文物，但是，一味叫喊，却没有人为此而努力去筹集必要的经费。而且，以城市周围的农业用地和山林为对象，叫喊"保护绿色"，其实，农业用地和山林也是种植稻米、种植蔬菜、生产木材的场所。时代的改变，在农业和林业都陷入危机的时候，不考虑经济救济，而只是一味地提倡保护自然的人，就像是用别人的兜裆布进行相扑一样可笑。

不只是依靠祖先经过努力保留下来的绿地（自然），而是在应该开发的地方进行开发的同时，积极地为后世创造新的自然。

譬如，在东京有明治神宫这样的大片森林。那是像原生林一样的巨大森林，但实际上，那是大约75年前种植的，我们要意识到，这是一片完全由人工植树的森林。

我们如果能有100年的话，就足以创造出接近原生林一样的森林了。也就是不仅仅是神灵盘踞的森林，而是作为生活场所的自然森林。

在后面将要阐述的东京大改造规划中，我建议在东京建立三个10000公顷规模的森林。这些森林作为从前关东地区曾经存在过的武藏野森林的复原版，能够成为包含杂木林（阔叶树林）、屋敷林、镇守林等功用在内的可供多方利用的大森林。

这个想法，还与城市环境中的私有、公有的共生关系相关联。

现在的城市规划，个人和企业所拥有的私有土地，与根据公共投资建造的道路和公园之类的公有土地，被区分成两种不同的颜色。

但是，在日本，本来就有作为私有与公有的中间领域的共同所有的土地。

在农业社会里，水利权和入会权，是村民们平等持有的一种共同所有的财产。

而且在近代的京都，夹着道路两侧的街区作为一个组织单位，共同管理作为共同财产的位于其中心位置的道路。

江户的城市，沿着马路划分宅基地，其结果就是那些不临街的土地，会作为街区的中心被残留下来。这样的土地被称为"会所"，被公认是共同拥有的财产。

名古屋市，也是江户时代建立的独特的城市规划。

很显然，街区被正面狭窄、像鳗鱼窝一样狭小的宅地分割，在其中央不临街道的土地上，建造寺院和坟墓，只有一条细窄的小胡同通到里面。

我们把这样的小胡同称为"关所"（或者"闭所"），也是作为共有空间来进行管理的。

现在，我们如果从自己家走出一步的话，就是市、县、都等管理的公有土地，假如在那里有了窟窿，绝不会想着自己去把它修补好吧。或是脏的时候，即便是给政府机关打电话提意见，也不会自己动手去打扫。

可是，以前的共有空间，正因为是共同拥有的财产，大家各自打水，做扫除，孩子们在那里也感到安心。

这样的共有空间，是作为私有空间和公有空间之间的中间领域，是一种富有人情味的空间。

英国的国家信托也把保护自然、购买文物作为共同财产来解释。最近，日本北海道知床的原生林，也开展了"一坪地主运动"，这种让人们关心的日本版国家信托活动，也是一件让人欣喜的事情。

为了面向21世纪进行新的城市改造，必须再次在私有财产和公有财产之间，以各种各样的形式建造共有财产，这些都和在城市中创建自然相关联。

可以是小公园，或是某座大楼屋檐下的空间。或者，就像我在福冈银行总部所设计的那样，虽然是民间所有地，但是，是向市民开放的公共性空间。

就是要通过各种办法，将城市中人与自然的共生，确保到具体生活的水准。

在日本，曾经存在过"借景"这样出色的与自然共生的方法，这是一种将周边的自然风景"拿来"作为自己的东西的方法。修学院离宫等就是这样的例子。对于人口密度小、周围有丰富自然资源的时代来说，这个方法很有效。可是在现代，对于大家来说，借自然之景的方法不再成立了。很多人都或许忘记了，只顾着向周围的自然借景，自己家反而变成了难看的风景的例子。

对于借景，我们不能忘记，自己也是风景中的一个部分，也许有谁正在观看着我们呢。总而言之，取代借景而出租景色的方法也很重要。

11

机巧的思想——人与技术的共生

11.1 让·雅克·卢梭（Jean-Jacques Rousseau，1712~1778年）　法国思想家。以《社会契约说》、《人类不等起源论》成为民主主义论的先驱，对法国大革命带来了影响。他的"人从自然中脱离出来的时候，就是其不幸的开始"的这个思想，给现代思想家，特别是列维·斯特劳斯等人以巨大的影响。

航天飞机中的茶室

在西欧，技术一直被认为是和人对立的。随着技术的发展，人与自然的距离越来越大，这也许就是让·雅克·卢梭的"回到自然"批判文明的原因吧[11.1]。

可是，如果冷静地思考，在现代生活中，我们从技术上受到的恩惠的话，现在很难想象全盘否定科学技术吧。

不是"是技术？还是人？"这样的二项对立，而是以人为本的技术思想，才是今天的课题。

像前面所讲的一样，邻接着茶室"唯识庵"，我建造了配备 IBM 计算机的书房，在那里，最尖端的高新技术和传统的茶道艺术空间共生，丝毫没有什么不协调。

"在航天飞机中建造茶室"，是我倡导"人与技术的共生"时所使用的口号。航天飞机在飞行的时候，塞得满满当当的话，就不能说是特别成熟的技术。只有配备了像茶室一样具有人情味空间的航天飞机，飞行时才会给人们带来新的快乐。

在日本，技术不是与人对立的，是人的延伸。如果从日本的传统中，去找寻共生的技术概念的话，我们可以在江户时代找到,使用频率很高的"机巧"这个词。

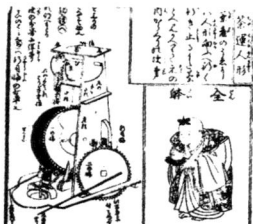

11.2 机器人的前身，"端茶玩偶"——《机巧图汇》

享保十五年（1730 年）出版的贺谷环中仙的《矶训蒙鉴草》，宽政八年（1796 年）出版的细川赖直的《机巧图汇》，竹田近江少掾使用活动玩偶的戏剧，以及为竹田芝居在大阪演出，木匠栋梁长常川勘兵卫发明的引屋台、三方上、御殿押出等，各种各样的舞台机关，使歌舞伎中全新的豪华场面成为可能。

《机巧图汇》中，有可以称作机器人前身的"端茶玩偶"的设计图。[11.2]

与客人对坐的主人，把茶碗放在玩偶的手上之后，玩偶就会向客人坐的地方端送茶水。客人拿起茶碗的话，玩偶就会停住，喝完茶的客人把茶碗放回到玩偶手中，玩偶会迅速转身，返回到主人原来的位置，如此精巧。

这样令人吃惊的装置，是使用鲸鱼的胡须作为发条，通过复杂的齿轮组合制作而成。而且，这个"端茶玩偶"不像西方机器人那样拥有机械外表，而是一个可爱的儿童形像。

就这样，江户时代的技术引进，或是合理主义的引进，并非将技术本身展现出来，而是以看不见的形式将其隐藏起来，让人感受到不可思议或是神秘。机械并不是在表现自我，只不过是扮演着人的角色。

建筑中的机巧，有五重塔的悬挂式中心柱和海螺堂的螺旋式结构。[11.3]

宽永四年（1627 年）谷中感应寺的五重塔及文政六年（1823 年）的日光五重塔，中心柱都是从上面悬吊起来，下面并不落地，完全没有承重的作用。说到原因，这个中心柱，不是支撑建筑物的柱子，而是通过建筑物整

11.3 机巧建筑。螺旋式的房檐，十分新奇的鹭鸶得堂。

体重心的下移，起到联系和稳定的作用。

海螺堂的例子，包括安永九年（1780 年）的罗汉寺的三匝堂，宽政八年（1796 年）的会津若松的正宗寺的海螺堂。在外侧螺旋上升之后再下降，是一种使人在感受佛教所谓的"轮回"的同时，能够体验永恒的时间旅行的装置。

在日本，技术并不像西方那样，只是些赤裸裸的机械装置，而是具有无限拟人化的魅力。

这种技术的拟人化，技术与人的共生，对于 21 世纪来说，有着十分重要的意义。

生物时代，更换器官可以到什么程度？

因成功地让移植了人工心脏的山羊成活了 80 天以上，而世界闻名的东京大学医学系教授渥美和彦先生，使用了"生物自动化（biomation）"这一词汇，设想着技术的生物化。

渥美教授，在题名为"生物自动化时代的医疗、人类及社会"的论文中，对 21 世纪技术的"生物自动化"情况阐述如下：

"人类技术的发展，通过技术代替人来劳动，这就是自动化控制。蒸汽机车、汽车、输送机、电报、电话、打字机、复印机、计算机和智力机械，

11.4 技术与社会的变迁。

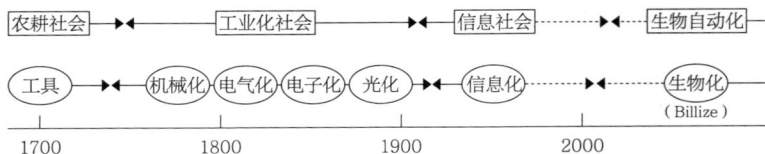

从代替体力劳动到智慧转化[11.4]。可以认为，其成果就是信息技术的普及和信息社会的诞生。在信息社会中，标准化、统一化、人类疏远等问题将会抬头。因此，为了解决这些问题，需要学习生物巧妙的行动和软件，也就是说，作为人类技术的 Automation 和生物的 Bio 的混血，可以成为新社会需要的技术。我决定称这种技术为生物自动化（Biomation）。生物自动化时代，也是人性化的时代，是可以感觉到自由的、多样的、个性的、艺术的、业余的或是健康和医疗的时代。"

渥美教授在同一篇论文中，将技术与社会的关系，通过下列图解来表示：

"约翰·冯·诺伊曼，在审视机械的历史时发现，机械呈加速度地发展，更接近了人类的思维。在后机械时代，人与机械的领域还会更加接近，机械与人互相超越了各自的领域，相互共生的状态将会诞生。

譬如，现在就有在心脏里装上人工起搏器而生存下来的人。人工生产出来的假手和假腿，精巧程度越来越接近生物本身。为了弥补人类肉体的缺陷，把一部分装置植入人体的情况，今后将会越来越多。"

反过来，在部分机械中植入生物技术的可能性也会出现。

譬如，最近看到的电影中，就描写了"制造血液的机械设备"。其内容是，在工厂里有几万个植物人排列在一起，其制造出来的血液，用罐装汽车运走，是一个利用人体的血液制造工厂。

让植物人来制造血液的想法，日本人会有非常强烈的抵触，但是，因为技术上充分可行，在不远的将来，不能说没有实现的可能性。

那样一来，是应该将其当作机械来考虑呢？还是应该将其当作人？或是，在考虑这些问题以前，要面临着"到底能不能做"这样的伦理问题。

遵从医学和生物工程技术的进步，有关医学伦理（bioethics）的各种复杂的新问题都会出来。关于这一点，渥美教授有下面的看法：

"心脏移植、体外受精、遗传基因治疗、生命的合成等医学革命，从根本上改变了社会的通常观念的同时，有必要面对新的伦理问题，取得价值观的一致。"

面对这样的新伦理性课题，思考问题的标准，可以从区分人体能交换的部分和不能交换的部分开始。

从结果来看，我认为，只有"可以交换的部分"，才能够被容许使人成为机械的一部分。

譬如，在湿度计中，使用了人的头发。头发，地地道道是人体的一部分，但是，因为还能再生长出来，谁都不会怀疑它是可以交换的部分。

血液也可以交换。即使将某个人的血液100%的替换，也不会对这个人的人格产生影响。而且事实上，皮肤和内脏器官的移植，如果在一定限度之内进行，也可以认为这些是可以替换的部分。

如此一来，最后剩下的，只有以人格为中心的、精神活动的大脑部分。只要这部分健在，人就可以保持自我认同，最终其他部分全都能够成为可以替换的部分。

关于植物人，由于作为人来说的意志、思考、感情等大脑功能完全停止了，可以说，是一种只有可以交换的部分活着的极限状态吧。这种情况下，当然应该容许安乐死。但是，如果植物人的大脑功能恢复可能性是零，根据其生前的意志，同意为人类使用自己身体制造血液的话，使用植物人来制造血液也可以被接受吧。说到底，这是个人选择的问题。

生与死、人与机械的界线

我访问过德国专门治疗残疾人的医院，在那里，有二十几个患了脑积水的孩子。

所谓脑积水，是头部膨胀到一米左右的病，从顶棚将那些孩子们头冲下吊着。

据说，如果不那样倒吊着，他们就活不下去。要让他们站立的话，会因为头部的重量导致头部骨折而死，横躺着的话，头也会嘎巴一下折断死去。

据说如果是倒吊着的状态，还能活几年。

医院，至少在拼命地让他们活下去。在那样的状态下，等待着具有划时代意义的治疗方法的诞生。

我去的时候，他们都冲我微笑。头部虽然巨大，可是眼睛、鼻子、嘴巴还是原来大小，正好集中在脸的正中。

但是，对于这些数年间倒吊着生活，慢慢死去的人来说，能否称他们为人类呢？那样倒吊着是幸福还是不幸福？都是很大的疑问。

可是，即使有那样的疑问，任何弱者也有活下去的权利，努力让他们能活多久就活多久，是人类的爱，是人道主义。

反过来，想要灭绝那些没用的弱者、不好的物种的却只有纳粹的"优生思想"、希特勒的"精英思想"。

人可以不管是谁，都是在这两个极端中间徘徊。

譬如在非洲，每年有几十万、几百万人饿死，若是从日本人的收入中截取 10%的话，就能够将这些人从饥饿的死亡中拯救出来[11.5]。

可是，作为现实问题，谁也不会去那么做。大家想救人是好事，但是，

11.5 非洲的饥饿。为了救助他们，我们能准备
出收入的10%吗？我们正处在需要思考
与弱者的共生、与疾病的共生的时代。

不能因此而降低自己的生活。

同时，在艾滋病传播开来的时候，必然会出现保护患者的人权、禁止歧视，以及将他们隔离，不让他们靠近健康人的两种极端的想法。

保护人权的想法，既包容了艾滋病患者这样的弱者，同时，也包容了会对人类造成致命危害、人类不活下去的话就没有意义的想法。因此，一定要对艾滋病在某种程度上的蔓延有精神准备。

人类的爱需要很大的代价，从某种意义上讲，是效果糟糕的思想。可是即便如此，也决不能支持"弱者就该死、劣等就该死"的纳粹思想。

无论付出多么昂贵的代价，人类整体也应该去思考与弱者共生的关系。如果作为出色的生物，希望更加长久地生存是人类的一致意见的话，尽管优生学的精英主义是一条道路，但是即使效果再糟糕，人类也许还会甘愿缩短自己继续存在的寿命，而选择与弱者共生、跟疾病共生这条道路。

这样，伴随着科学技术的进步，过去曾经很明确的生与死、人与机械的分界线，会变得越来越暧昧，并作为新的伦理课题摆在人类面前。

包含着如此微妙问题的技术与人类的共生，作为更加认真的课题，一定会浮现在迈向21世纪的我们的面前。

轻视其他生命体的"中心思想"、"等级思想"

21世纪的另一个课题，是如何针对"生与死"，去构筑新思想和新生活方式的课题。

现代主义社会、工业化社会是在到目前为止的人类历史中，最高评价"生"的重要性的时代。"人的生命重于地球"的说法，直率地表达出了对"生命"的过度评价，可是，我认为这其中有两个严重的错误。

首先第一点，这是特别看重人的生命，轻视其他动植物生命的思想。极端地说，重视人的生命用轻视其他生命体的生命来填补，就像神是绝对的存在一样。这些人认为，人是地球上的绝对存在。是一种以人为中心的、将其他生命排斥在外的"中心思想"、"等级思想"。如今，这种思想，理所当然地会受到从生态学（Ecology）立场出发的反击。

可是，假设再次将地球试着设置在原始生态的状态。那样做的话，就能够解决这种隔阂么？我并不那么想。自然生态学中有淘汰，弱肉强食的原理在起着作用。也有因一个物种的迅速发展，而灭亡其他物种的事情发生。针对以"人的生命为中心的思想"的批判，就是对自然生态学过度"信仰"的典型的二项对立、二元论道路的批判。

人不可能不吃其他的生物（生命）而仍然能够生活下去，认为不吃肉的素食主义者，是更加靠近生态学的想法，也存在着矛盾。

我的老师椎尾辩匡先生，在共生佛教的理论中，说人吃其他的生命，实际上就是一种为了活命和被养活的共生关系。佛、人、动物和植物，还有道路旁边的石块，全都在大的生命轮回中共生着，都是一种延续生活和被养活的共生关系。人通过蔬菜或牛排、生鱼片、米等形式，吃着其他的生命体，可是人也在死去以后返回土壤被植物和动物吸收。

石块，也就是矿物质，是人维持生命的必需品。我们不应该认为人的生命重于地球，也并非回到原始的生态状态就好，必须通过认识其他的生命来重新思考"生与死"的问题。我们把这种"通过其他生命而成活的生活方式"称为共生的思想。

我们需要把那些只把其他生命当作食品和资源来考虑的生活方式，与我们的生活方式区分开来。

人在完全的"生"和完全的"死"的中间领域中存在

第二个错误，是把人类作为单一纯粹的生命与其他生命区别开来的想法。仔细思考的话，人并不是由肉体和精神这两项而构成的生命体。肠子里面经常有各种其他生命体（病毒）和细菌共生着。没有这些生命体的话，人的生命也不会维持下去。同时，各种无机物为了维持人的生命，也常住在人的体内，且不管发病与否，携带着病原菌和成为病原体的活人也有很多。无论是谁，都会与某种病菌和病原体一起共生，人类就是多种多样的生命流动的共生体。

与此相对，到现在为止的（现代主义的）人类，是被作为肉体和精神这种纯粹体来看待的。我们一直将"不曾活过"的这种抽象化的人称之为人。

健康这个概念与"进步"的概念相似，意味着更加接近纯粹的人。把其他生命体的入侵称为疾病，认为它们是对"生"的反动、是侵略者。

古典的西方医学，认为将"侵略者"的病原体"杀死"的过程是治疗，甚至把被侵犯的肉体一部分也"切除"掉的外科手术，也当作一般的治疗方法。

最近，通过提高自身免疫力或者通过精神力量来治疗肉体的无痛治疗方法在医学界正受到关注，中医也备受人们瞩目。但是尽管如此，考虑排除异质物，认为完全的肉体才是"健康"的信念，仍然根深蒂固地存在着。

对"生"过于肯定，就会演变成为对"死"的绝对恐怖。现代社会，比起对战争的恐惧来说，更是对"痛"、"死"产生恐惧的时代。这样的时代，就像苏珊·桑塔格所说的一样，"痛"特别是"癌症"、"艾滋病"，这样的不治之症的病痛，成为过分的死的隐喻，创造出恐惧的隐喻，使整个社会陷入不安。

人们打算逃避死亡，逃避死亡的恐怖。希望通过远离、忘记死亡、否定死亡，而享受人生。

可是，人难道不是从一出生的时候开始，就是"半个健康的人"，同时也是"半个病人"吗？天生纯粹的、没有任何其他病原体和病菌，完全没有任何肉体故障的"绝对完美的人"，是不可能存在的。

人都是或多或少，肉体上有着某些缺陷的，与其他的生命体（病毒）和细菌共生着的。

这种共生状态的平衡崩溃以后，直至死亡的变化，就是我们所说的病痛。如此一来，大部分人都生活在完全的"生"与完全的"死"的中间领域。今后的医学，肯定会向着那种中间的状态，即稳定与疾病的共生状态发展。

享受着生与死的共生而生活下去的思想，就是共生的思想。

12

从后现代走向共生的时代——国际文化的样式

12.1 让·弗朗索瓦·利奥塔（1924~）　法国哲学家。巴黎第八大学教授、国际哲学学院院长。主要著作有《现象学》、《政治文集》、《从马克思和弗洛伊德开始漂流》、《非人》、《力比多经济》等。

单一结构的现代主义

就像第 4 章及其他部分介绍的那样，现代主义在我们的生活中，已经完成了一个时代性的作用，更可以说，它是已经走到了尽头的思想。

有观点认为，现代主义的根基是追求物质主义、唯物质文明社会的欲望，其结果，就出现了人类被极度发达的技术所出卖的现象。

因公害等各种各样的问题，导致出现了排挤人类的情况，这样就不能想象，只依靠现代主义这一条路，来使人类生活得以延续。

那么，什么是现代? 什么是工业社会? 什么是物质文明? 汇总起来说，什么是现代主义呢? 这些问题应该再次探讨，寻找超越它们的理论。这就是现代以来的问题，即后现代时期，探索新的文化、艺术、社会，以及新的知识状态的争论开始活跃了起来。

所谓"后现代"一词，原来是美国的社会学者和批评家经常使用的语言，但是，后来逐渐成为在文化、美术、建筑等艺术领域中被广泛使用的词语。

例如，法国哲学家让·弗朗索瓦·利奥塔 [12.1]，在其著作《后现代状态：关于知识的报告》（1986 年，原书出版于 1984 年）一书的序文中，对于后现代做了如下的描述：

我们将现在最发达社会中的知识状态称为"后现代"。这一用语目前在美洲大陆的社会学家和批评家中间颇为流行，人们用它来指称我们眼下的文化处境，即 19 世纪末以来的多重变革，从科学、文学到艺术领域的游戏规则，均已大幅度地改变。

另外，在建筑领域，建筑评论家查尔斯·詹克斯于 1977 年，出版了《后现代建筑语言》一书，他在书中列举了关于后现代的六个定义。

第一个定义是"对人们来说，建筑至少要在两个标准上去表述。"

如果用符号论的语言来说，只用一个标准表述的，我们称之为单一性结构。

例如，交通标识，高速公路上的"距离出口还有 5 公里"这样的标识，只能完全按照那种单一的读法来理解，如果采用多种方法解读那就麻烦了。

六法全书以及政府下发的文件等，如有若干个解读就达不到目的了。这类东西都要求尽可能地采用不管谁去阅读它，都只有一种读法的书写方式。

当然读起来稍感无聊，这就是所谓单一结构的性质。

与之相对，小说虽然同样是语言的组合，但是允许多样化的解读。读者用想象力补充语言之外的意思，自己丰富故事情节，这是与读小说的乐趣相关联的。

读者凭借自己的想象力，可以参与的余地越大，小说的艺术品质就越丰富。

这样，有着两种以上解读方法可能性的表现，在符号学上称为"二重结构"。而查尔斯·詹克斯则使用"双重译码"一词（与多元的价值观相对应）。

再举一个例子，在绘画领域，侮辱性地将那些即便是具有完整描述对象的技术、但并不具有使欣赏人感动能力的画家，称为招贴画画家。

即使都是写实派画家，既有怀斯那样受尊敬的人，也有不是那样的。这也是因为，其是否具有诱导看画的人有多种解读方法的能力差别所导致的。

12.2 现代建筑的代表作，湖滨公寓的确是"无须争论的建筑"。

"无须争论的建筑"的前卫性作用结束了

现代社会正是单一性结构的社会，现代建筑是不能读取出任何故事的，由钢、玻璃、混凝土构成的建筑是只重视功能的建筑。

最具有代表性的现代建筑作品是美国建筑师密斯·凡·德·罗 1951 年的作品——"湖滨公寓"[12.2]，一个被誉为现代主义建筑杰作的非常高级的高层公寓。作品很抽象，是排除一切历史象征与情节的"无须争论的建筑"。如果想从其中读取什么的话，那只有对现代建筑的印象吧！

密斯、勒·柯布西耶开始倡导现代主义建筑运动时，其自身具有很大的反叛意味。例如,法国的学院派教育传授的完全是古典主义建筑风格,而且,实践古典主义风格建筑的群体，在当时主导着世界建筑的潮流，如果想要脱离它，其状况就是不可能有任何争论或者工作任务。

这其中，密斯等现代主义建筑师们，开始与这一群体诀别或者对抗，高举着同风格与装饰决裂的旗帜站了出来。

但是，现在可以说，现代主义建筑的前卫性作用已经终结了，群体已经失去了过去曾经拥有的权势，即便如此，还是应该认为现代主义建筑仍然形成了新的群体为好吧。现代主义完全与商业主义和经济理论联系在了一起，至今还拥有极大的权势。

12.3 街道整体是一部小说。漫步在佛罗伦萨的街道中，一栋栋建筑在述说。现代主义之前的街道是快乐的。

1984 年夏季，我作为短期客座教授去悉尼大学访问。当时的主任教授提醒我说："在悉尼大学是忌讳谈后现代的，本大学的全体教授一致认为，后现代是一种病态，请您协助，不要向学生传授后现代理论"。

我那时就感受到，现代主义建筑也开始具有以前那个群体所拥有的僵化权势。

我绝不是要全盘否定现代主义建筑，我自身常常思考，要发扬现代建筑中好的部分，以创造新的建筑。但是，环视现代主义建筑这种僵化、失去通融性的状况，现代主义建筑及现代主义社会的弱点就暴露无遗了。而且，现代主义建筑诞生之时，正是抽象艺术比起具象艺术来被认为是高级、前卫的时期。正因为如此，现代主义建筑作为与抽象的绘画、雕塑等同的事物，可以说被评价为具有抽象性吧。

与动物只对具象的指示起反应相对照，人类则即使面对抽象的表现，也能够依据智慧控制其反应，所以从这个侧面出发，说抽象艺术更高级也并无不妥。

但是，现代主义社会的抽象性，只是工业化派生出来的产物，是偶然性的产物。其结果，现代建筑已经成为阿尔杜塞所提倡的"认识论"（依据阅读的理论）中所缺少的单一性结构，或是单一性结构之前的无须解释的建筑。

我们散步在意大利文艺复兴时期的城市，例如佛罗伦萨的街道中，哪怕仅仅是漫步，都会有非常愉悦的心情[12.3]。

位于街角的一个个建筑在述说着，一个个雕塑也在述说着故事，人们好像阅读小说似地能够阅读城市。街道整体成为一部文学作品，步行在其中的人们能够喜欢它、阅读它，欧洲的街道的确具有这样的乐趣。

但遗憾的是，现代主义之后的城市规划所创造的街道缺乏这样的乐趣。说真心话更可怕的是，使人感受到杀气腾腾的气氛，使人感到疲惫，怎么也不会有去巴西利亚和堪培拉观光旅游的想法吧？同样，人们也不会有和恋人手牵手在霞关地区的高楼群中散步的心情吧？

查尔斯·詹克斯基于以上情况，对后现代主义建筑下的第一个定义就是："至少同时用两个标准来表述自己的建筑"。

后现代主义的第二个定义是："各种要素混合的建筑"。

这是过去风格与现代生活、纯粹艺术与通俗的大众文化相互混血的、混合而成的建筑。

例如，说起大众文化，在美国，从拉斯维加斯、好莱坞的文化中，探寻出什么是吸引大众的事物，然后再在现代建筑上灵活运用。拉斯韦加斯类似日本东京新宿的歌舞伎町，好像是闪烁炫目的、低级趣味的事物的代名词。但是，探寻其中魅力的本质，却正是后现代的一个战略。

换句话说，现代建筑把拉斯维加斯作为通俗的大众审美意识而轻视，将其放在低俗的位置上。现代建筑和纯文学、抽象艺术相关联，体现着特权的精华意识。与之相对，可以说，后现代是抛开纯粹艺术和大众艺术的界限在实践着。

第三个定义是："具有被意识到的精神分裂症"。

精神分裂症本来是对同时具有两种不相容的精神状态的人们所患的疾病起的名称。从中应该能够看得出来，健康人群可以认识到它的意义所在，这是第二个定义"各种要素混合的建筑"的扩展。

第四个定义是："具有语言艺术的建筑"。既然是能够从中读取多种意义的建筑，那么它就必须拥有建筑语言。

第五个定义是："暗喻丰富的，新鲜的，比起排他性来更具有包容性"。

第六个定义是："呼应城市的多样性"。必须是能够解读城市的多种价值观，及其复杂文脉的建筑物。

重视附加价值的信息社会

将查尔斯·詹克斯的后现代主义定义作为一个指标，让我们来重新领略现代文化之中的后现代建筑的定义吧。

①后现代是以工业社会向信息社会的转型为背景出现的。

在发达国家，正在进行着以厚重庞大的工业为主导的产业结构，向研究、教育、影视、出版等信息产业，以及以个人、事务所为对象的服务业、金融业等非制造业为主导的产业结构转变。

工业社会重视物质生产，而且比起品质来，产量位居首位，主要是以低廉、大批量地生产相同品质的产品为目标。

但是，在信息社会里，是将产品的附加价值放在重要的位置。

当今工厂中生产的工业制品，正在从便宜、结实这样的工业社会早期的目标，向下一个阶段，即追求更好的设计转变。

就连汽车、家具、家电产品等这些以前工业社会的明星制品，也不得不重视作为附加价值的产品设计，实际上，在成本构成中设计的价值已经占有相当大的比例。

日本过去以纺织业为中心，是世界重要的纺织品生产地，曾经有一个阶

12.4 三宅一生（1938~） 服装设计师。多摩美术大学毕业后西渡巴黎，并经过纽约，于1971年发表ISSEY MIYAKE品牌，得到好评。1975年在巴黎开设服装专卖店，活跃在日本国内外。综合日本和西方的美感形成朴素的设计风格。

12.5 川久保玲（1942~） 服装设计师。庆应大学毕业，在旭化成工业工作后，成为自由职业者。1981年去巴黎，1983年去纽约。在服饰世界中摒弃世俗，创造出使人联想到流浪者的反传统服装和开孔毛衣。

段出口过纺织品布料。但是，现在的日本，已经不考虑纺织品的输出了，由于日本的人工费是世界最高的，因此，只生产原材料是不可能赚取利润的。为此，纺织品的生产地转向了韩国、中国大陆及其台湾地区，日本的作用是产品设计，并将其设计品牌推向全世界。由三宅一生[12.4]、川久保玲[12.5]等设计师设计的，带有附加价值的产品走向了世界，在这种情况下，国际分工也发生了变化。

例如，三宅一生的服装，如果只考虑材料本身的价值，恐怕连一成都不到吧。但是，如果追加上设计的附加价值，那就成为高档商品了。

在影视、教育、出版等领域，比起硬件的价值，也是由软件的价值来支撑着产业发展的。

旅馆业的四星、五星等级评定，也是由服务品质、房间装饰质量、餐厅饮食质量等附加价值决定的。在这种向信息社会转变的过程中，对待建筑与城市，也应该超越单纯的便利性、功能性及空间的舒适性，在其中追加像阅读科幻小说似的紧张感和期待感、使人们追忆对过去的历史的憧憬、使人们突感惊讶的神秘感等，这种阅读小说时具有的有趣附加价值，也不是不可思议的。

因此，把后现代主义只看作是艺术、文学领域中的后现代运动带给建筑、城市规划的影响是不够的。应当把后现代主义产生的条件，看作是我们社会的产业结构，由工业社会向信息社会的巨大转变中，伴随着社会整体价值观的变化而出现的。

城市空间的私人小说化、私有空间化

②是生活类型的私人小说化、私有空间化。

现代主义时期，"人性化"一词经常被提起，这也可以说是工业社会的一面旗帜。人性化、人本主义，常常起着发展技术的免罪牌的作用。

但是，我认为在后现代主义时期，有必要舍弃已经被理想化、抽象化了的人性化旗帜。让我们思考一下，把人性化放在首位形成的设计是什么样子呢？人在世界上并不是抽象存在的，存在的只有男人、女人、老人、中年人、年轻人、儿童、各种各样年龄的人，或是日本人、美国人、中国人、各个国家的人。如果再追问的话，那就具体到 A 人、B 人了。

即使在世界范围内搜寻，也不会遇到现代主义所提倡的，作为旗帜的、抽象的或者平均化了的"人"，这情况归根到底，是现代主义创造出来的冠以"人"的一个符号。

现代主义把这种理想的"人"作为对象来设计建筑。

但是，后现代时期，必须针对具体的 A 人、B 人，针对男人、女人、老人等等，这样具体的每一个人来建造城市、设计建筑。也就是说，这是把人类从抽象的理想化水平降下来，返回到我们生活的场所中去的工作。

让我们进入中世纪伟大的哥特风格的教堂中参观一下吧，教堂空间是供奉着神的建筑，抬头看，光线透过彩色玻璃照射到我们的头上，管风琴的琴声也好似从天上飘来。我们在这种壮丽的建筑中，跪拜、忏悔、祈祷与神接近，这就是中世纪的寺院建筑。

经过文艺复兴时期之后，现代主义建筑所追求的，是用人类取代神的位置的人本主义建筑，是供奉着没有具体容颜的、伟大的人类理想景象的建筑。

这是一种为了表达抽象的人类与人类社会，而使作为具体的个体人——"我"不能发展，并给人以疏远感的建筑。在工业社会、现代社会中，政府的作用在逐渐地扩大，同时在城市空间中，冠以公共福利之名的公共空间也在扩大。

看看公共建筑的入口、大厅，那里通常是巨大的空间，没有人可以停留的场所，人们为了寻求或哭或笑的私生活，只有返回家中。这就意味着城市在拒绝我们的私生活。

但是，在后现代主义时期，建筑、城市则应该恢复我们私生活的空间吧。

例如：

- 独自步行也会感到愉悦的小路；
- 两个人想手挽手进入的小型公园；
- 一把在树荫下放置的椅子；
- 迷宫似的惊险空间；
- 想象中只有自己发现的新奇场所、西餐厅、布丁；
- 不能再来的具有恐怖、讨厌气氛的空间；
- 一到夜晚便生机勃勃的场所；
- 一进入其中就沉浸在自我幻觉之中的地窖。

以上这些即是蕴含着我们私生活某种空间原型的印象，城市正是由于在公共空间中包含有私生活空间，才会变得有趣、有内涵。

像浅草这样的小工商业集中的地区就非常有趣，原宿和赤坂的小路也充满着魅力，那都是由于公共空间与私人生活空间能够很好地共生的结果。

在现代主义出现以前的城市建筑中，惊恐性、趣味性以及合理性，本来就是混杂着存在的。

12.6 现代城市规划破坏了迷路，剥夺了人们满足好奇心的印象浓厚的空间。于是，直截了当地出现了"凶宅"。

江户时期的城市街道中，到处都有类似被称为"凶宅"[12.6]的宅第，以及被用来测试胆量的道路。在那里，夜晚与白天完全不同，给人以鬼怪横行似的浓厚印象。

现代的城市规划拆除了"凶宅"与"迷路"，拒绝那些能够满足好奇心的夜晚街道，其结果是夜晚变得比白天更恶劣，没落成了"被稀释的白天"。所以我们现在就要重新追求，白天与夜晚能够取得共生的城市。

丢掉非合理性的阴影，让平面化的城市与建筑，寻找回充满了趣味性、惊恐性和可以满足好奇心的东西，让经过那里的人们，都可以自由地编写他们自己的故事（私人小说）。

所谓的空间私人小说化、私生活化就是这个意思。

现在，可以说是体现民间活力的时代，所谓民间活力，其目的不只是由民间担负政府财政的作用，实现小社会，而是相对于建造白天城市的公共中心，我们还要创造夜间也同样具有魅力的城市。我们要有这样的思想准备，那就是创造私人小说空间的作用，应该由民间的活力来承担。

由看不见的圣像所支配

③无中心时代。

现代主义以前是皇权的时代，权力的时代。大众的中心，有帝王和特权

12.7 米歇尔·福柯（1926~1984年） 法国哲学家，《词与物》、《人的终结》的作者。认为现代是在把疯狂、酒色之徒、浪费者等异质个性，作为"病态"和"非理性"排挤后而成立的。批判现代将这种主人公的"人类"作为智慧的主人公放在中心的位置。认为在各个时代，有各自不同的智慧形式（认识学），并称之为知识型。

阶层，或者是替代他们的巨大政府。所有的规则、所有的视线，均从这个中心开始。

在现代主义以前，城市与建筑，特别是文艺复兴时期的建筑，以广场为中心的放射状展开的道路是其特征。如建设巴黎、罗马的广场时，道路两侧整齐地排列着统一高度的建筑，强调着越远看起来越小的远近透视法则。

把作为权力象征的广场当作中心，从那里视线可以延伸到任何地方。

如果把现代主义以前称为超结构化时代，那么现代就是去结构化的时代。

米歇尔·福柯[12.7] 将边沁的"圆形监狱"[12.8] 作为现代的典型例子。"圆形监狱"是看守位于放射状构成的房间中心，犯人们常常从身后被监视的监狱。即使在中心应该有看守的房间里没有看守，犯人们也常常会有被监视的感觉。

换句容易理解的话那就是，现代主义出现之前，是被称为王者的教师站在讲坛上，学生们全部朝向他的时代。而现代，则是被称为教师的权力者不在讲坛之上，学生们却能够感受到老师的视线从背后射来的时代。

尽管权力者的实体并不存在，但是，个体中存在的圣像意识所统治的正是现代的主体。

例如，我们驾驶汽车时，当然要遵守交通法规。由于有交通法规的存在，

12.8 围墙之中收容有"不接受教训的人们"的"圆形监狱"。

所以可以认为是遵守着它，但是另一方面，也可以认为是被看不见的权威所控制。

在教育、产业、生活等所有方面，均由这样的圣像所支配，以自主规则、自我管理的形式进行着。

现代主义的国际风格建筑，也是一个圣像、一面旗帜，不过，即便不建设它，也不会受到社会的制裁。但是，建筑师有某种恐惧感，害怕脱离现代主义建筑，患有必须是国际风格的强迫症。

后现代时代，是解除监视从背后而来的这种咒语的时代，与边沁的"圆形监狱"相对应，我称之为"第三教室"时代。

"第一教室"是教师站在讲台上，"第二教室"是教师从背后监视，而在"第三教室"中，教师已经不在教室之内，这就是后现代主义。

这样的时代，因为看起来好像是混乱的，因此为追求恢复秩序，想返回过去的错误风潮就有所抬头。但是，谁也不想开倒车，真的回到过去的秩序，不应该用统治与伦理的枷锁去开创新时代。

引入历时性和共时性

也许我们还能用鱼群的流动，来比喻这种王者不在的情况。例如，青鲹鱼群在转换方向时，不是由特定的首领来领导的，鱼群中的任意个体，都

12.9 皮朗内西（1720~1778年） 意大利画家。主要活跃在罗马，古代废墟的幻想风景画成为其独特的画风。

12.10 柯布西耶的马赛公寓——永远凝固着人类社会的理想形象的建筑。

可以成为领导者首先采取行动。跟随着它，鱼群整体就好像具有统一意志似地在行动。

没有王者与权力者，每个个体在任何时候都有可能成为领袖，但却并没有失去整体性和活力，可以认为，这是后现代主义时期的一个典型范例。

在这样的时代，历时性与共时性的概念就变得重要起来。

现代主义建筑是基于以下设想而成立的：

在时间方面，割裂过去，认为未来也很遥远。在空间方面，把西方看作是领袖，其他均当作恶劣、落后的东西。

但是，我的建筑思想则一贯认为，在城市空间、建筑空间中，引入历时性与共时性为好，这是把时间和空间相对化的思想。

那么在建筑上应该如何考虑现在、过去与未来呢？

皮朗内西[12.9] 所描绘的《黑暗的牢狱》（1734）中没有现在与未来，而未来派的圣伊利亚的新城市（The new city 1914）中又没有过去与现在。

由于现代主义社会是对过去和未来不感兴趣的现实主义，因此，现代建筑拒绝过去的历史与传统，以及作为其象征的装饰，同时，也拒绝不能预见未来的事物。换句话说，未来被认为是位于现代倾向延长线上的东西。

所谓现代建筑，在现在的功能上，只要是合理的，适合于人类及社会的愿望，那就是好的。柯布西耶的马赛公寓[12.10]、密斯·凡·德·罗的湖滨公寓，都是已经凝固成人类社会理想景象的圣像般的现代建筑。

换句话说，现代建筑具有以所谓现在时间为中心，组成金字塔形的时间序列。与之相对，我认为建筑是从过去到现在，并且向着未来，变化、成长、代谢的过程。时间不是线性连续的东西，也不具有树木和金字塔形的序列，应该认为，它是一个错综复杂的网状构成的根茎形态。

根茎是德勒兹、瓜塔里经常使用的语言，它不像金字塔或者树干与树枝一样具有清晰的上下层关系，而是如同蜘蛛网那样，只具有中心与末端，开始与结束并不清晰的状态。根茎不被固定化，常常是生机勃勃地交替组合在一起的关系。

现在、过去和未来如果呈现根茎状，我们便能够感受到与它们那种等距离、具有自由的关系，绝不是只有现在离我们近，过去或未来却离我们很遥远的关系，这种将时间相对化的概念就是历时性。

与之相应，共时性是空间的相对化。列维－斯特劳斯将世界同时期存在着的诸多文化结构化，相对地把西方文化放在了绝对的高度。

而实际上，西方文化、美洲文化、非洲文化、伊斯兰文化，以及亚洲文化，都各自拥有不同的价值而并列着，各种文化对我们来说，应该都是等距离的。

在"第三教室"中，这样的时间和空间均被相对化了。

其结果，我们能够在一个建筑中，使现在、过去和未来等不同的时间与历史，或者是拥有欧美、日本、伊斯兰等各自价值观的文化共生，将它们编织在一起。

作为圣、俗、游三者共容器的城市

④二元论及二元对立的消亡。

12.11 罗歇·卡约瓦（1913~1978年）　法国批评家、思想家、作家、社会学家、人类学者。以其广博的知识开拓了考察"作为总体的人类"之路。主要作品有《神圣社会学》、《人类与游戏》等。

在别的章节中，我也提到过"二元论的消亡"，这大概是后现代主义的一个重要指标吧。

在后现代主义时代，

肉体与精神，

宗教与科学，

人工与自然，

机械与人类，

纯文学与大众文学，

真相与假象，

娱乐与劳动，

生与死等等。

这些对立项的界限开始模糊起来，同时从它们中间，还衍生出各种各样的创造性事物。

精神水平与物质水平，或者神圣事物与庸俗事物，从这两方面出发生成的事物及其感觉，就是后现代主义。在这里，矛盾的事物以及看似矛盾的事物，像"克莱因瓶"似地相互缠绕着。

从此，开始了完全崭新的价值。

例如，罗歇·卡约瓦[12.11] 相对以前的"神圣"与"世俗"之间的对立，引入了"游戏"的概念，形成"圣·俗·游"三元论。

马丁·海德格尔（1889~1976年）　德国哲学家。在日常生活中，假设极其普通的人类被各种各样的世间问题所困扰的状态，其基本事态用"忧虑"表示。认为人类存在的方式为世界有秩序，但人类并不存在于其中，世界是根据人类体验呈现出来的姿态而被确定的，这就是人类在世界内生存的意义。这就是海德格尔的"此在存在"或者"在世"的人类观。

"神圣"对应第一教室。

王者与权力者具有圣的精神性，君临天下超越一般人，接近神而存在的就是圣。

"世俗"对应第二教室、现代主义。

现代主义时代是大众化的时代、大批量生产的时代，其世界语似的普遍性，是适用于海德格尔 [12.12] 所说的作为现代象征的普通人的。

普通是现代主义创造出来的价值观，拒绝差异，目标为普通幸福家庭的第一主义是其典型代表。

由于在设计中形成标准，而且合并为一个，就形成了人类的标准型，也就是对应于人类抽象圣像的人本主义。

人类拥有平等权利，虽然是非常好的事情，但是，将人类抽象化、标准化，从中形成人类的理想时，人类的面孔就开始变得相同了，能够发挥多样个性的社会已经远去。

"游戏"对应第三教室、后现代主义时代。

这是个拒绝、抛弃神圣与世俗的区别的时代。

例如，在建筑上，警察的派出所、岗亭等，可以有各种各样有趣的形状，有红砖砌筑的、葱头状花型，以及许多其他稀奇古怪的形式。而警察仍然面容严肃地站在其中，这是很好玩的事情。

从这一现象开始，城市在向神圣与世俗的共容器转换。

在思想的世界里，新艺术至上主义则用故事漫画风格，来解说难懂的思想类型，使神圣与世俗共容。

浅田彰曾经引用过的，在德勒兹和瓜塔里的共同著作中，也采用过以下的语气：“粉红色的豹子。你的爱人也似班胡蜂与兰花、猫和人。”

相对于过去的哲学只用严肃的哲学用语，在这里，智慧用语和与大众肌肤相关的日常用语是等距离的。这里，也应该是根茎状态。

哲学领域只采用哲学语言的时代已经终结，二元论及二元对立的时代，因各种原因也开始动摇。

从协同组合到高度协同合作

⑤拥有快乐。

快乐可以说是世阿弥的“花”。所谓世阿弥的“花”是快乐、珍奇、有趣的意思。

现代主义由于与纯粹主义携手，把对功能的忠实作为善，而把娱乐、宽松、有趣、快乐这类的事情，作为应该排除的部分加以拒绝。

看看巴洛克、文艺复兴或者它们之前的时代，装饰是建筑中的重要内容。然而现代主义却是从拒绝它们开始的，这也是为什么会把现代建筑看成是“不能读取的建筑”的一个原因。

⑥世界的相对化和对折中样式的评价。

西欧文化不是唯一的价值标准，世界上存在着无数的异质文化，这是我们大家都认同的事实，也是后现代的潮流。

由于我们已经认识到，具有压倒性优势的西欧文化，只不过是一个地方文化而已，认识到英语、法语，也只不过是一种地方语言而已，这便是

12.13 傅立叶（1772~1837年）　给蒲鲁东、克鲁鲍特金等无政府主义者以巨大影响的空想社
会主义者。傅立叶描述的理想社会，中央统治机关只不过是管理物品的合作组织（法
朗吉），这是一个以农业生产为主的共同生活体，中央是被称为"法朗斯泰尔"的大
楼，有成员的居室以及大温室、室内庭院、剧场、教堂、学校、图书馆、医院等。

世界观的巨大转变。

　　世界上有无数的异质文化。列维－斯特劳斯认为，文化并不存在先进
与落后之分，各种文化均有相同的价值。如果说，他的结构主义有欠缺的话，
那是由于他将结构定型化、固定化，这样恐怕就隐含有将结构中没有被
纳入的事物排除掉的危险吧！

　　后现代主义时期，必须使彻底的世界相对化与异质文化的同一性共生。

　　在建筑上，后现代也是世界文化的混合组成，对折中主义也应该重新
进行再评价。折中主义不应该被认为是以前事物的妥协产物、是中间产品，
而应该将其作为更加积极的、多元创造的源泉来评价吧！

　　我之所以对以筑地饭店、三井组公寓为代表的从江户末期到明治初期的
折中样式有很高的评价，也正是基于这个理由。

　　⑦整体性理念的崩溃，部分和整体的共生。

　　现代主义时期是黑格尔的世界，是工业化的世界，以国家、巨大产业、
巨大科学等为背景，形成了整体性的理念。

　　与之相对，后现代主义的世界，可以说，是傅立叶[12.13]构想的"小型共同体"
的集合、"法朗斯泰尔"的乌托邦，是小集团具有活力，联合起来的世界。

　　阿瑟·凯斯特勒将这种状态称之为："从协同组合的时代转变为高度协
同合作的时代"。

　　协同组合是认同差异的友好协作关系，高度协同合作，则包含有比部分

12.14 海森堡（1901~1976年）　德国理论物理学家。提出在某一时刻同时正确测定电子的位置和运动量是不可能的"不确定性原理"。从理论上对即使假设能够选取在某一时刻决定电子的位置和运动量的各自数值，但在实际中也没有测定它们的方法进行了说明。"不确定性原理"提出之后，引出了"被观测对象已经由于观测行为受到干涉"的观点。

对立更加严峻的紧张关系。

"高度协同合作"，是接头词"高度"和"协同合作"连接在一起的合成语。凯斯特勒将其解释为，"两个完全没有关联的认识组织，在新的平台上融合为一个，在那里有创造的本质"。

"协同组合"是某种程度上有关联的同志关系，"高度协同合作"是完全没有关联的同志结合，当然，在其中可以引起剧烈的紧张、反抗与刺激。

所以凯斯特勒才会说那里有创造的本质。

从低效益到良好的SOHO社会

凯斯特勒的《整体革命》原来的题目是《雅努斯》（JANUS），即两面神的意思。

他将部分与整体拥有两面神的性格形成的秩序，称为SOHO，自我调整展开的阶层性秩序。

在对部分关心的意义上，与此相类似的有19世纪的原子论。但是，在"自我调整"的部分，它们有着决定性的区别。

在没有教师的"第三教室"中的互相监视、互相管理，大概就是"自我调整"吧。因此，将我所思考的基于相互管理的新的社会结构概念，称为SOHO社会也没什么不可以吧！总而言之，后现代世界应当是整体与个人、企业

12.15 亨利·柏格森（1859~1941年）　认为伴随着理性认识的理解，存在着生命的认识理解。而且，所谓生命的认识（心理的生命）不管是少还是多，都将超越机械的因果关系和认识的合目的性。他捕捉到部分的集合无法理解整体，持续成长的事物状况，发现其不是被空间化抽象的时间，而是具体的自由创造的时间的进化。

与个人、社会与个人，都能够等价值生存的世界。

这是在现代主义中被否定的、某种意义上效益低下的社会。

根据现代主义理论，社会要追求更高的效益，要整体化、组织化。那么理想如何呢？社会常常向着重视整体的方向偏移，即使在资本主义社会，尽管原则上尊重个人，但实体社会也常常把整体看作是优先的而偏向于它。

无论如何，能否形成部分、个人和整体等价值的 SOHO 社会、共生社会，是后现代主义的重大课题。

在建筑方法论上，我用独特的方法，从整体和部分两个方面开始设计。这就是要从把手设计、装饰的纹样设计及整体的草图设计同时入手。

建筑师一般首先会决定整体的形状，然后考虑房间的形状，把手等细部则放在最后。他们受到这样的训练，构思常常从整体向部分发展。

即使在城市规划领域，普遍的做法也是先决定道路、公园等大体块，最后才沿着道路在残留的地方布置住宅。

但是，这是行不通的。如果不同时、同等地位地考虑住宅和城市，就不能创造出新型城市。将整体和部分同时进行思考本身就是创造。

例如，在西欧，旧的社会彻底解体，并成为 20 世纪固有性格之一的姿态展现，是在 20 世纪初到 30 年代之间。

在这期间，普朗克的"量子论"、海森堡[12.14] 的"不确定性原理"、柏格森[12.15] 的"创造进化论"、爱因斯坦的"相对论"等等陆续发表。

12.16 奥尔特加·伊－加赛特（1883~1955年） 西班牙哲学家。在其代表作《大众的反叛》
（1930）中，奥尔特加描述批判大众为"压制精神野蛮的人物"，骄傲自大带来对文
明的决定性破坏。在古典意义上的社会解体期，他始终意图从知识的自主性的展开，
来抓住救赎的线索开始"大众批判"。
* 弗洛伊德著《文明及其不满》由上海外语与教学出版社2005年出版。——译注
12.17 E·R·德·祖尔科 20世纪50年代的建筑师。历任美国得克萨斯大学等理工类学校
建筑学科的教授。著作有《功能主义理论谱系》。

进入20世纪30年代，则从各种各样的角度开始尝试从中解体摆脱。
克雷明的《不安与重建》、奥尔特加 [12.16] 的《大众的反叛》、弗洛伊德的《文
明及其不满》* 等著作陆续发表。在西欧社会，个人主义或者自我确定，
在进入20世纪之前就已经成熟，并形成了以之为根基的共同体。

即设想的基础中有个体和整体、个人和社会这样的图式，相对于整体主
义的倾向，个体的伸张、社会解体论非常盛行。在解体过度的状态中，可
以说，又出现呼唤社会再建的运动，钟摆式地反复进行着。

在英国，威廉·莫里斯开始倡导工艺美术运动，这是反对产业革命，复
兴工匠手工艺的主张。

产业革命中，由于引进了机械，集体处于优势地位，工匠的手工艺变得
没有多少用武之地。因此，他主张否定产业革命，回归工匠时代。

在欧洲，像这样主张整体的时代和主张部分、个体的时代相互交替出现，
或者倡导技术开发的时代和保护绿色回归自然的时代相互交替出现。我将
之称为西欧二元论的"钟摆现象"。

而后现代主义时代必须超越二元论，它是部分和整体共生的时代。

从"经济之死"到"象征交换"的时代

⑧物质要素和精神要素的共生。

12.18 阿尔伯蒂（1404~1472年） 文艺复兴初期的意大利建筑师、诗人、画家。因《建筑论》而闻名，根据其理论设计了佛罗伦萨圣玛利亚小教堂。

12.19 帕拉第奥（1508~1580年） 意大利建筑师。古典建筑研究的第一人，他的古典风格建筑被称为帕拉第奥风格，作品有圣乔治教堂以及众多别墅建筑。最近再度受到好评，极具人气。

12.20 勒杜（1736~1806年） 法国路易十六的宫廷建筑师。发表了很多革命性的几何学形态的设计方案。

现代的唯物主义以功能和有用性来评定事物，并且，将与事物功能无关联的部分作为"游戏"而加以否定。

但是在后现代主义时代，结构之外的精神要素、未知要素和物质功能，同时存在于事物之中，同样受到重视。

我不是否定功能主义，即使在后现代主义时期，也不能否定功能吧？因为，功能主义并不是由现代主义创造的，而是起源于希腊、罗马时期。

E·R·德·祖尔科（Edward Robert de Zurko）[12.17]在《功能主义理论系谱》一书中指出：功能主义理论起源于古希腊的亚里士多德，经过中世纪的圣奥古斯丁、圣托马斯，文艺复兴时期的建筑师阿尔伯蒂[12.18]、达·芬奇、帕拉第奥[12.19]，以及18世纪的克劳德·尼古拉·勒杜[12.20]、莱辛[12.21]、辛克尔[12.22]，19世纪的沙里文[12.23]、格里诺[12.24]等人的发展，才演变成为20世纪的现代主义建筑。后现代主义也应该是这个系谱的延续。

当然，本质性问题是，作为西方文化根基的主要认识论的理性主义的转换。

也就是与感性相比更尊重理性，理性主义从不允许些许罪恶的理性和只有善才是人类的本来面目开始。由此产生的科学性思考、实证主义的手段、分析的手法，使工业社会发达起来。理性主义在工业化社会中起着重要的作用，但是另一方面，也产生出蔑视唯心主义、精神主义，以及属于感性上的事物的倾向。

12.21 莱辛（1729~1781年）　德国剧作家、艺术评论家、启蒙思想家。杰出作品有被称为德国三大戏剧之一的《明娜·封·巴尔赫姆》、悲剧《爱米丽雅·迦洛蒂》、戏剧诗《智者纳旦》。在戏剧评论《汉堡剧评》中，摆脱盲目的外国崇拜，贯穿创造独自文化的批判精神。

12.22 辛克尔（1781~1841年）　德国建筑师。使希腊古典建筑在近代再生，作品有柏林音乐厅、古代博物馆。

后现代主义时期，必须使唯物的与唯心的、功能的与感性的、美好的与讨厌的、分析性思考与综合性思考共生。

例如，事物除了功能之外，还有固有的氛围。在说明一个杯子的时候，功能性的表达比较容易。"这个杯子易拿，玻璃制的，容积为 0.18 升"，这是功能性的说明。但是，如果要说明杯子的感觉效果，现代人就感到棘手了。

现代教育，虽然开发了现代人的功能性说明能力，但是，由于没有刺激感性的教育，使现代人用语言形容看到的物体的背景氛围的能力较低。

尽管掌握优秀的学习能力，一旦遇到论述和追求感想的测试，很多学生就有不知所措的想法，这也是表现之一吧。

"从事物发现功能，是遵从技术性的革命。从事物发现氛围，是遵从文化性的革命"。——这样来定义也是可以的吧。

事物功能性以外的部分，设计、氛围、眼睛看不见的背景、精神性等等，在信息社会就会变得非常重要。而且，认清眼睛看不见的事物的感觉，会因人而异。

让·波德里亚（Jean Baudrilltard）[12.25] 使用"经济之死"，这样大胆的语言来说明这个新时代，的确，经济时代已经终结，"象征交换"的时代开始了。

被称为大众高度消费社会的时代，是物品和货币大量交换的时代。人们购买现代主义工业社会生产出来的制品，然后再扔弃，再购买，重复着这样的循环。可以说，是物品的消费创造了经济时代。

12.23 沙里文（1856~1924年）　美国建筑师，功能主义小组"芝加哥学派"的领导者。因其名言"形式追随功能"而闻名。作品有芝加哥百货公司大厦。

12.24 格里诺（1805~1852年）　美国雕塑家、建筑师，作为功能主义思想家而闻名，作品有Chaunting Chelbs。

* 　让·波德里亚著《象征交换与死亡》由译林出版社2006年出版——译注

但是在信息社会，被消费的不再是物品，而是象征、信息、符号。

例如，商业设施的室内装修更替得非常频繁，从中可以看出脱离事物本体的倾向。咖啡吧一流行，纯白色的室内装饰，电风扇在上面摆动，冷冰冰的、到处飘荡着毫无生机的印象的商店很多。但是，这也是在非常有限的范围内消费。现在，将以前废弃的仓库之类的空间改造成店铺，也开始受到了欢迎。

人们喜欢的氛围在逐渐变化，商店也在相应地改变着内部装饰。

这并不是功能老化，建筑变得古老了，并不是变得危险、肮脏，也不是空调没有功效、桌椅破损。

只是，那里被赋予的象征、信息和符号变得古老了。

在这里，能被强烈消费的并不是物品，而是象征、信息、附加价值的部分。波德里亚在《象征交换与死亡》* 一书中，彻底批判了生产中心主义的思想体系，指出现代社会是生产主义和经济学结合为一体的产物。

从价值和意义的积蓄时代开始，可以把价值和意义的一切剩余荡尽的诗一般的实践，称为"象征交换"。能够认为诗是气氛的创造，但是，现代社会是由没有特别意义的符号创造出来的氛围——"类似"的时代。

一次也没有使用过的钢琴、不显示时间的钟表、不能坐的椅子、不能使用的武器等等，在我们的生活中，充满了象征交换时代的证明——"类似"

12.25 让·波德里亚（1929~） 1970年著有《消费社会》（日译本为《消费社会的神话和结构》，今村仁司、冢原史译，纪伊国屋书店）宣告现代资本制社会渗入到完全崭新的时代——符号交换的时代。并且，在此之前陆续发表的作品中，提出现代"正是符号和实在性内容的等价关系面临终结，没有实在交换、符号交换的模拟时代。"以此为契机，改变将生产劳动处于优先位置的经济观、社会观，让社会面向消费，抓住时代变化成为支配性的观点。

（波德里亚称之为拟仿物）。

城市和建筑已经渐渐成为表演的空间，人们开始演出自己的戏剧。

"理智与疯狂"的共生——"似仿"

在这个象征交换的时代里，人际关系带来了持续的巨大变化。

人与人是友人关系时，如果对方拥有自己不掌握的信息，从新闻媒体得不到的信息时，这是非常珍贵的。由于信息的价值，人与人相互结合。

或者，产生出即使付出高额金钱，也要成为某一特定小组成员，以获得信息的欲望。人们这样寻求新的信息，然后离开。昨天能给自己出色话题的人，今天再提起同样的话题，也会感到腻烦。那么，这个人的信息已经消费耗尽，信息价值就变成了零。为了寻求更加稀缺、更有价值的信息，人们又在重新寻找朋友，选择团体。

如果环顾四周，从由于大家都是"普通人"才能够安心的现代社会来看，这是非常大的变化。

自己拥有什么和他人不同的信息？是如何不同的人？探索这样的生活价值的时代到来了。

这绝不是能否成为快乐人生的保证限度。如果比起现代社会温吞水般的人际关系，生活的喜悦、刺激、快乐在无限度地变大。但是反过来说，自己必须时常拿着陀螺仪，确认和他人的差别来生活，因此，这也是个非常严峻的时代。

在自身必须选择信息的意义上，向着要求知识能力和敏锐感性的时代发展。现在是从安逸、享乐主义的大众社会，向着渴求知识、欲望强烈的社会发展的时代。

在电视中，新闻广播和对话栏目等节目，以新学院派的形式阅读哲学，也只是其表现吧。可以预测，今后这种倾向还会加速发展。

象征交换时代的关键词是"拟仿"。波德里亚说："氛围的结构是模拟，又是由非日常性构成的体系"。电影导演森田芳光拍摄了名为《类似》的作品，也可以把它译成"拟仿"。

据说日本现在有近 500 万台钢琴，但是有调查说，其中有很大的比例是完全不使用而被放置在起居室内的。在这种场合，钢琴没有发挥其本来的乐器功能，放在那里，只是散发着贵族气息、文化氛围的装饰品。

这样的钢琴，不是使用作为乐器的功能，更像是"作为像钢琴的物品"而摆放在那里。

还是在森田芳光导演的电影《家族游戏》中，汽车也作为"拟仿"物品使用。在这个作品中，伊丹十三扮演的主人公，在家庭内一发生什么问题时，就使眼色给家庭教师和妻子，一起到停车场的汽车内说话。在这种情况下，汽车也已经不是原来驾驶的目的，而是反映日本的住宅情况，作为守护个人隐私的房间使用。

或者，这对于主人公来说，是按照自己设想的空间，是有亲切感和拥有主动权的房间，是作为隐喻而使用的。这种场合，汽车已经不是车，而转换成"像车的物品"。

再举一个通俗的例子。例如，甲壳虫乐队乘坐过的劳斯莱斯，以异常高的价格来交易的情况，这是由于劳斯莱斯沾染上了甲壳虫乐队的文化氛围，相对这些，便需要支付高价。

大概，我们从此以后生活的时代，就将会变成被这样的"拟仿物"所包围的时代吧！

在关注功能的同时，捕捉事物背后产生事物的能力这方面，日本人具有极其悠久的传统，这是来源于对"气氛"的感受。

在"氛围"、"气氛"等词语中，使用的"氛"这个字，具有漂浮在物体周围的象征性、精神性、文化价值等意义。再有"气氛"一语多使用在非合理性的、宗教的、具有超越性的事物上。

通过"气氛"这样的概念，功能和氛围、物质要素和精神要素的共生这一主题，具有向理智与疯狂的共生、科学与宗教的共生，这样的主题过渡的共通点。

被解体，没有任何指向的"诗的实践"

象征交换理论和索绪尔 12.26 的"诗的实践"理论具有共同点。

"诗的实践"是索绪尔在作为诗的解读法的"回文构词法"中，给词语的象征性操作所赋予的名称。

波德里亚将索绪尔的"诗的实践"描述为："所谓诗的实践，是所有的构成要素相互交换整合，发出声音，最终在那里没有任何残留的象征交换的状态"。

在诗中，神不是主体，诗人也不是主体，正是语言在诗中产生共鸣后，自我消解。通常，文字和思想有指示超越性的神及其他主体产生意义的作用。但是在诗中，其意义也会被完全消费。

把这些置换成建筑，在设计城市、建筑时，其指示如果具有异常强烈的、明快的叙事性时，便会有强加于人的感觉。例如，在社会主义社会，常常可以看到的列宁大街和列宁铜像，以及由围绕着列宁神话所形成的象征性的街区等。不过，这种纪念方式已经是过去的事情了。

我们生活的环境、城市和建筑，可以像小说似的，有各种各样的解读方法，但是我认为，它最终还是应该被解体，向"什么也不指示"的诗发展。

借用波德里亚的话就是："作为象征交换的诗的实践，使被严密限制、分配的语群行动，在这种场合自我编排，直到最后使之用尽"。

内在多样性理论——"暧昧工学"或"暧昧理论"

⑨在以前认为的界限部分，能够发现作为中间领域的暧昧性。

现代主义时期排除暧昧性，即排除认为不合理的东西，或者陷入有理无理的二元化分类之中。是外部还是内部？是公有还是私有？是永久还是暂时？是善还是恶？等等。但是我认为，应该重新认识人类是非常暧昧的这一事实。

人类的大脑，特别是头脑的前部，比起分析性来，更是创造性的，具有允许暧昧状态存在的结构。因此，人类的研究越发展，越会出现在许多方面不可能分析的、以暧昧状态存在的形态。

只是由于科学尚欠发达，这样的人类暧昧性不被了解而存在，是现代主义的重大误解。

人类的本质不应该只是由能够理解的部分构成，暧昧性也应该是人类的本质之一。关于人类的暧昧性，我的朋友——电气通信大学的合田周平教授[12.27]，在其著作《暧昧之认识》一书中，从工学的视角有如下论述：

"'我思故我在'作为从哲学角度表现人类自身的语言，很早就有名了，人类'暧昧'的根源在于思考，这依存于人类大脑的活动。大脑被看成是自然奇迹的产物，其构造由无数的巨大细胞群组成，是管理所有功能的物质集群。"

不用说对于声、光、热等物理性刺激，大脑就连对人能够感觉得到的刺激，都能很好地处理，巧妙地控制情感和身体的各个部分，伴随着维持人的生理与感情的平衡，产生各种各样的动作。这些信息处理和指令，在生理学上根据电信号的刺激而行动。因此，"我想"时，在大脑内部，刺激信号以各种类型狂舞，并遵从于某种秩序而被整合，形成人的思考和印象。

换句话说，每个人的头脑里，有独自的生命空间，有世界，有语言，有小道具和舞台。在那里，每天都上演着宏大的戏剧，创造出思想和智慧。这样来看，我们人类的语言和行动，是大脑这个有生命力的东西所持有的、以广阔的景象为背景营造出来的。当我们一个人在静静地思考人类自身时，就会感觉到其身体是将自己的思考和意志变为行动的道具，同时，也是创造自身的主体……在这里，潜伏着拥有大脑和身体的人类特性。暧昧工学正是抓住从这里派生出来的各种各样的现象，在认识到这是人类所具有的更大特性之上展开的系统论，是具有内在多样性的理论。

没有像我们人类大脑一样，共同拥有生命和物质世界的事物。横亘在思考世界与物质世界之间，广阔、黑暗的谷地，就是暧昧工学的发祥地。

12.27 合田周平（1932~）　电气通信大学教授。专攻系统工学，主要著作有《人工头脑学的思考方法》、《生态技术概论》、《暧昧之认识》、《生态技术》。

*　　L·A·扎德著《模糊集与模糊信息粒理论》由北京师范大学出版社2005出版，其中"模糊"，本书译作"暧昧"。

本书"暧昧"一词，其他文献中多译作"模糊"——译注

在这个谷地间架起沟通的桥梁，逐渐发现与把握暧昧的手段，以此为基础，人类与机械在人类的周围，构筑起了复兴现代文明的理论。

美国加利福尼亚大学的L·A·扎德（L.A.Zadeh）教授，是"暧昧理论"（模糊理论）的倡导者*。

如果思考一下，围绕在我们生活周围的"语言"、"色彩"、"形状"、"声音"等等，都是"暧昧"的信息。这些各自接受的信息，在理解、判断、认识上有差距，在暧昧的范围内可以互相了解。

这主要是因为言语容易产生误解，色彩和形状容易给人以各种各样不同的印象。

以前的工学，丢掉了这个本来存在的信息差，并且更加严密地将它们加以排除。暧昧理论将"暧昧"的信息理论应用到工学上，创造出暧昧电子计算机，根据电脑的暧昧程序，无线控制汽车。

正是对与错的古典二元论、两价值理论中的不可能的推论，创造出了可能的电子计算机。我认为，这种暧昧性即在二元理论中不能被说明的中间领域的存在，是后现代主义、并且是共生时代的重要条件之一。

现代以后的社会，在探索生存的、崭新的人类世界万象之际，我认为，首先应该有假设存在着所谓精神准备期人类的必要。

其象征论的思考给文艺、思想界以广泛的影响。巴什拉尔认为"人类的思想力没有界限，甚至扩展到宇宙边缘也不停止"。"想象力有歪曲知觉提供的印象的能力"。例如，"火"，把"火"作为主题，追溯唤起火的印象，可至古代神话的印象。他发现人类意识的原始形式，对现代主义指向的文化人类学、文艺批评影响巨大。

小此木启吾即在其著作《精神准备期人类的时代》中指出："犹豫人类理论"等于"暧昧人类理论"。

非线性、分形几何学、套盒结构、内藏秩序、整体医学

暧昧性无论是在科学上还是在思想上，都已经作为重要课题表现出来，加斯东·巴什拉尔[12.28] 在《新科学精神》这本书中，对这个新时代作了如下描述：

"假如现代是寻求真的时代，那么新时代就是寻求关系的真的时代；假如现代是欧几里得领域的时代，那么新时代就是包含有欧几里得和非欧几里得的时代；假如现代是否定和矛盾的时代，那么新时代就是包含有否定和矛盾的时代。在数学上，如果现代是欧几里得领域，那么在新时代里，就会转向非欧几里得领域。在物理学上，如果现代是牛顿的领域，那么在新时代里，就会转向非牛顿的领域。在化学上，如果现代是拉瓦锡的领域，那么在新时代里，就会转向非拉瓦锡的领域。在逻辑上，如果把现代假设为从亚里士多德到康德的领域，那么在新时代里，就是非亚里士多德与康德的领域。而且，与现代主义不同，今后我们生存的时代，就是这种非哲学、非领域的前者，也就是包含着至今所有事物的特征。"

过去欧洲的进步观，革命观，都是对以前世界观的100%的转变，以至于全盘否定。在这里，巴什拉尔所说的，也是继续否定从前的东西，并将

12.29 分形几何学 1977年由曼德尔布罗特（B.B.Mandelbrot）提出了分形的概念。不是球和正方体等具有长度特征的几何学形体，而是像云彩、海岸线和河流等形状一样，不具有长度特征的几何学表现是分形几何学。所谓分形，在意为"半边"的语言意义上，被曼德尔布罗特解释为，从整数维度分出来的半边纬度，叫作分形维度。具有d维度元素经复杂组合，表现为图形的复杂度的指标称为分形维度D。

其纳入共生的姿态，巴什拉尔把它叫作"新的非哲学"。

从这种非哲学的角度来看，明治维新也可以被看作是一场不彻底的革命、暧昧的革命，也许还可以给我们一次再评价的机会。不全盘否定从前的事物，并将其原封不动地移入新的领域，经常自我改革下去的这种日本精神，完全可以说，在巴什拉尔所说的新时代里，也同样具有相称的适应性。

在数学专业上，从此前的布鲁巴基体系、牛顿世界观脱离出来的，非定理设定的"非线性解析"，以及"分形几何学"，都成了最先进的潮流趋势。

"非线性解析"可以认为是研究无秩序，解释数学专业以外的涡旋和空气乱流的科学。

"分形几何学"[12.29] 是处理自然之中的"套盒结构"，证明在有秩序中的无秩序，在无秩序中的有秩序这类问题的学问。

普里高津的"耗散结构论"和拉康的"无子女合作家庭"，也是这类有秩序与无秩序纠缠在一起的混沌学问。

从前的科学，只以有秩序的事物为对象，而把无秩序、混沌的事物放在研究对象之外。对此，后现代科学必然要把有秩序和无秩序一起作为对象，去研究它们之间的关系。

由于复杂的事物是从简单的事物中派生出来的，所以，至此无关联领域的有秩序和无秩序，就在同一个学问中共生了，产生出了混沌理论。

这也可以说，是对莱布尼兹世界的再评价吧，莱布尼兹是发现了在局部

12.30 克里希那穆提（1895~1985年）　生于印度，14岁时被布拉瓦茨基创立的神智学第二代长老贝森特发现，成为拯救世界的精神领袖。可以发现，克里希那穆提告别自我，步入通向绝对自由之路的学说与禅的理论非常接近。他从深思冥想中得出的语言，给予从事新科学、新婴儿运动的年轻人以重大的影响。

12.31 整体医学　这是由主张新科学的学者提出的，在从鞋襻理论等新的物理学与世界统合的观点来看，有机系统论等思考方法上主张互为联系（整体）的健康观。包括所有一系列通常的运动，它批评将身体简单归结为皮肤、骨骼和脏器等部分的现代医学，评

当中有全局的人，他有着"拓扑"的世界观。

由于后现代科学和暧昧科学渐渐地扩大了版图，基督教文明体系便开始直接受到了冲击。

为什么呢？因为基督教文明把自然和人类看作是神的被造物。但是，后现代科学却宣称：

"自然本身具有创造自己的力量"。

这就意味着决定了神的死亡，而且，后现代科学认定在所有的动物、植物、矿物的存在当中都有佛，更接近于佛教的世界观，这就引起了西方文明世界的大雪崩。

理论物理学家大卫·博姆在同印度哲学家克里希那穆提 * 12.30 会面之后，便开始了非常独特的物理学研究。

世界上无论哪一部分，都有其内藏秩序的世界，这就是他考虑问题的新的出发点。

"心存在于物质之中，在这个意义上，物质更有包容性，物质是作为延长之神"，这是他引用斯宾诺莎的一句话。更进一步地说："在古典物理学里，物质完全是唯物论、机械论的东西。在那里，没有心、理智或灵魂进入的余地。但是，在新物理学里，没有专业共同体的真的分离，心是从物质中萌生出来的。"

从这种革命性的命题中，博姆提出一个叫作"整体医学"12.31 的想法。

价身体是一部分，精神是一部分，主张精神与经络合为一体的东方思想，或是萨满教健康医学观，以及民间的传统疗法和健康观，他们的这一主张有益于整个社会系统中人类观念的再生尝试。

*　　《克里希那穆提传》由深圳报业集团出版社2007年出版——译注

从前的医学，是把肉体当作物体来进行治疗的。但是，人类的精神活动和肉体是紧密地联系在一起的，由于人类认为自己是健康的，给神经系统以影响，所以就可以健康。

在日本，有"病由气生"的说法，并没有把肉体简单地当作物体来看待，而是同时抓住精神这种东西。可以认为，是非常接近于中医疗法的东方医学的东西。

如上所述，虽然应该把超越后现代、现代的潮流分成几个定义来看待，但是，如果把这些特性极端地表现出来的话，可以说，只有共生思想才能够做得到。

在建筑界，也有被称为后现代主义的流派。以美国的文丘里、格雷夫斯为中心的人们，还有日本的矶崎新先生，虽然都被称为后现代主义者，但是，我认为这些人是狭义的后现代主义。

这些人的设计手法是把过去的历史样式，以欧洲样式为主地拿到现代建筑之中，只不过是一种设计手法，并不排除西欧至上主义，也没有从根本上超越现代主义的思想。

我认为，我们并不需要这种手法上的后现代主义，而是要考虑真正的后现代时代，到那时，共生思想应当成为我们强有力的思想武器。

13

走向意义的生成——共生创生出新的意义

13.1 《玫瑰之名》在被翻译成各国语言的同时，还拍摄成了电影，因而极具人气。

《玫瑰之名》提示的现代主义之后迎来的新世界

翁贝托·艾科的冲击性小说《玫瑰之名》[13.1]，是从 15 世纪贝来狄派有学问的僧侣贝尔纳·德·莫尔莱的拉丁语六脚诗中的"昨天的玫瑰散去，只有虚名留下"一句中提取出来的。

这也可以说，是对中世纪最大的哲学争论——"普遍争论"的挑战的现代版。

该小说的舞台背景，是 14 世纪意大利北部山沟里的大修道院。

为了追查该修道院相继发生的奇怪杀人事件，天主教方济会派有学问的僧侣巴斯克威尔的威廉，带领弟子阿德索来此调查。在调查这些事件之时，发现正殿有个迷宫图书馆。在那里，他们找到了亚里士多德诗学的第二部(实际上并不存在)。这部书就是对作为实体而普遍存在着的实在论、柏拉图的理论，以及作为神学侍女的繁琐哲学的强烈反论。

所谓原来的天主是指普遍性的意思，天主教会也可以被认为是不只是信教者单纯的集会，而是在人们信奉该教之前，就已经普遍地存在了＝权威的实在。还有，所谓人类的普遍性一旦不存在，那么原罪和救济的考虑也就不成立了。

对此，英国的经院哲学家威廉说过：所谓普遍是单纯的名词(名字)。不过是作为表示事物的记号而已。

13.2 托马斯·阿奎那（1225~1274年）　意大利的经院哲学家、神学家，以使基督教发展的亚里士多德的哲学为基础，主张信仰和理性的调和。

13.3 R·培根（1214左右~1292年以后）　中世纪的英国哲学家。其作为自然科学的先驱，思想与业绩流传于世。

13.4 艾克哈特（1260左右~1327年）　德国神学者，多米尼克会的神秘主义者。

13.5 柯南·道尔（1859~1930年）　英国小说家，因小说主人公福尔摩斯而闻名。

所谓主人公巴斯克威尔的威廉，是由歇洛克·福尔摩斯探案中的《巴斯克威尔猎犬》和经院哲学家威廉的名字合成的东西。

据说在这里语言＝符号，产生出语言＝符号，在解释产生解释的同时，也生成了意义。因此，读取符号理论学家翁贝托·艾科的主张是可能的。

此外，在该小说中，到处散发着从对托马斯·阿奎那[13.2]、R·培根[13.3]、艾克哈特[13.4] 大师和柯南·道尔[13.5] 这些人物的隐喻，到教会建筑学、哲学、政治学、医药学等等的引用和暗示。

另外，当看到该小说附录中记载的大修道院的总平面图[13.6] 时，位于中央的教堂已经不是剧本的中心，事件常常发生在位于周边的附属房间里，而且，连最高点的正殿（图书馆）也处于建筑用地的边缘。

嘲笑普遍性的亚里士多德的诗学第二部描绘的迷宫图书馆，与中央八角形结构的 12 层书库，用 60 个台阶连接起来。从那些台阶可以走到墙上的门窗，有的是达·芬奇的绘画，有的是陷阱门。暗示着宇宙的八角形迷宫图书馆的八个数字，是这个世界的第八天，也暗示着这个世界的末日，而且，还关系到这本小说的章节构成。

我在这里介绍翁贝托·艾科的《玫瑰之名》，不只是该作品所拥有的意义是文学，我认为，还因为它提出了哲学、建筑、艺术，技术在所有领域中都共通的最先锋性的问题。只有该作品表示的世界，才能把它称作是后现代，或是下一个现代，是现代主义之后将要到来的新世界。

13.6 常常在周边发生事件，《玫瑰之名》的修道院平面图。

从认识论到存在论直至"非主流"的复权

从希腊、罗马时期直到现代，建筑师不断地探索"建筑的存在是什么？"，同时创造了无数的建筑。不仅是建筑师，"世界的存在是什么？"这一认识论，从亚里士多德、柏拉图、笛卡儿、黑格尔，直至现代哲学，已成为西欧形而上学的中心课题。成为这一认识论前提的是："根据理性应该有完全能够说明的、唯一的正确世界景象"。"排除了民族文化的抽象人，根据理性可以理解的、普遍的、正确的建筑理想，应该只有一个"。——这样的建筑认识论，与现代主义时代的现代建筑的认识论具有共同点。

国际风格的现代建筑的唯一理想形象，是超越所有文化差异的，普及于世界的东西。这种国际风格被抽象化、普遍化了的现代建筑理想形象，究竟是以什么样的价值观为基础的呢？很明显，它是以追求物质丰富的工业化社会的价值观为基础的，或者也可以说，是以西方文化的价值标准为根本的。这就如同我们确信，以西方语言为基础创造出来的国际语，将成为世界通用的语言相似。

但是，阿瑟·米勒用英语，陀斯托耶夫斯基用俄语，三岛由纪夫用日语创作的文学作品不是更丰富多彩吗？借助准确的翻译，我们是可以阅读外国文学，进行互相对话的。与之相对，笛卡儿派语言学家乔姆斯基则主张，在各国语言中存在着所谓深层结构的普遍文法。在此基础上，他进一步

*　　　让·弗朗索瓦·利奥塔著《后现代状况——关于知识的报告》，湖南美术出版社2001
　　　年出版——译注

明确表明立场——"在不同的文化之中，有如深层结构似的人类共通的、
更深层次的秩序，从中不是可以生成唯一的世界景象（理想景象）吗"？
而这种对由超语言所构成的世界景象的说明，既是现代主义的中心课题，
也是后现代主义阵营所强烈批评的要点。

　　例如，J·M·伯努瓦（J.M.Benoist）在其著作《结构革命》中，批评乔姆
斯基的"句法结构"，他写到"句法结构这一概念，只能认为是从西欧文
化中固有的民族中心观念中生成的。与此相对，则又有文化相对主义这样
的完全相反的观点。"

　　由于笛卡儿的实体论是"要求不变项回归实体"。因此，提倡深层结构
作为句法结构的乔姆斯基也被称为笛卡儿派语言学家。

　　在超越各种作品之外的超语言，作为说明世界共通像的超级语言（大语
种的建筑），也成为后现代主义攻击的目标。让·弗朗索瓦·利奥塔在《后
现代状况——关于知识的报告》* 中做了如下叙述：

　　"科学仅仅局限在有用规则的表达上，只要是探求真理，科学就必须使
自身的游戏规则正当化。即科学有阐述自己地位正当化的必要，这个阐述
被冠以哲学之名。这种超级语言是一种明确的方法，以精神辩证法、意义
解释学、理性的人类或劳动者的主体的解放、财富的发展等这样的大情
节为根据，为了自身的正当化，我们将以这些情节为标准的科学称为'现
代派'。如果不担心极度的单纯化，大概可以说所谓的'后现代'，首先便

13.7 现代建筑因"非主流"这样固有的事物而生存。由奈良海龙王寺五重檐小塔的斗拱与京
都商家建筑正面衍生出来的埼玉县立现代美术馆。

〔左上〕京都商家建筑正面
〔右上〕奈良海龙王寺五重檐小塔的斗拱
〔右下〕埼玉县立现代美术馆

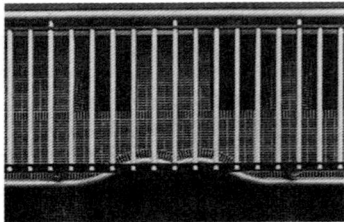

是对这样的超级情节的不信任吧！"

如果以西方文化为基础，创造世界的普遍形象是现代建筑的话，那么这的确可以说是一种超级语言（大语种的建筑）。

德勒兹和瓜塔里在《卡夫卡——为了非主流文学》一书的第三章中阐述道：所谓非主流文学，不只意味着是以小语种语言完成的文学，也指少数民族运用世界上广泛使用的语言来创作的文学。在占据世界上压倒性主流的欧美文化、欧美建筑中，属于世界少数派文化的建筑师（日本也应归入这里吧！），采用现代技术、材料和造型语言所创造的建筑，也应该是非主流建筑[13.7]。

由于是非主流文化，传统在东京被封闭

文化与传统不只是眼睛能看得见的造型语言，也包含着眼睛看不见的生活方式、习惯、审美意识、思想等。特别是日本文化，比起作为实体的物体与形态来，对于传统的继承更体现在唯心的审美意识与思想等方面。这也是日本的现代建筑虽然呈现出现代形态，却仍然可以在其中融入传统，而东京这样的大都市，虽然一看是无国籍的现代化城市，但实际上，其中也有蕴藏着极大的日本特性的理由[13.8]。

最早提出非主流文化存在的重要性，以及异质文化共生的文化相对主

13.8 正因为非主流文化的存在，才能够持续保持传统，积极地吸取异质文化。从德源寺的唐门与有乐院中，可以看出其共时性。

义的，是前面提到的人类文化学者列维－斯特劳斯。列维－斯特劳斯根据从乡土文化审视西方文化的角度，将西方文化相对化，进而提倡结构主义。

我将这种异质文化共生的新价值观，称为"共生的思想"。基于共生思想的建筑，是深深根植于自己的历史与传统，并积极地吸收异质文化所创造出来的。

如果不存在唯一的、普遍性的建筑理想形象，那么建筑师就必须首先是自己文化的表现者。同时，建筑师根据与其他异质文化的冲突、对话与共生，也是可以创造出新的建筑形式的。

地方的，同时必须是世界的。国家、组织、文化等排除异质的存在，寻求向心性的发展是消沉的。而经常吸取异质要素，偏离中心结构才是必要的。

认识论认为以此为前提，根据理性，能够完全说明唯一的建筑理想形象。这个理性中心主义是西欧形而上学的传统，同时，也是现代主义的另一个支柱。西欧现代主义的历史是依从理性，支配与驾驭自然的历史。城市由支配自然而形成，将自然形成的城市进行功能性再组织，规划成几何形态就是所谓现代化。

建筑也是支配自然，作为人类的理性证明而创造出的。可以认为人类的理性，是支配与驾驭作为人类外部环境的自然的产物。不仅如此，人类还将能够支配、驾驭自身内部的自然，即现代人类也可以同时支配野性和

13.9 雅克·德里达（1930~）　法国哲学家。解构主义思潮的代表思想家，以极新的概念形式提出各式各样的问题。德里达的最中心性课题是对形而上学的批判。

感性。

　　所有多样性宝库的自然、所有多样性根源的人类野性与感性，对于追求普遍性真理的理性、追求唯一理想形象的理性来说，都是被排除的对象，至少是支配与驾驭的对象。这对于泛现代化来说，是特别重要的课题。因为，现代主义的理想社会是工业化社会，是基于工业化产生的大众社会。对于以产量为目标的工业社会来说，大众不是具有个性与感性的多样化人类，而必须是具有普遍性的容貌与欲望。

　　比起人类个性、文化差异、历史差异、普遍性、共通性、物质性、快捷性来，效率更加受到重视。理性中心主义的时代，是将科学、技术、经济，放在比文化、艺术、文学、思想更优先的位置的时代。

　　对现代主义、现代建筑提出异议，就是对西欧中心主义和理性中心主义提出异议。不能说现在的后现代主义建筑，充分体现了克服西欧中心主义和理性中心主义的本质。将西欧文化相对化的列维－斯特劳斯的结构主义，更是基于后结构主义者而进行的新的拓展。德勒兹和瓜塔里提出的从树形结构到根茎体系，以及德里达的解构主义 [13.9]，这两者之间的共通点，即是对形而上学（理性中心主义）和西欧中心主义的解构。

　　走向后现代的质的变化，可以说明从认识论到存在论的变化。海德格尔在其《存在与时间》一书中指出："认识论的问题，是怎样找到一种说法，将存在正确地与存在者画上等号。与之相对，存在论是要问现在是什么？"

13.10 对现代建筑提
出异议。

这里所说的存在者是桌子、房间、建筑、自然等事物，所谓存在，即是"事物"＝存在者的存在状态。

"建筑的存在是什么？"这样的问题，是相对于探求作为物（存在者）的建筑的正确秩序（普遍的唯一理想形象）的认识论，而存在论所问的是，"建筑的存在意义是什么？"在这一点上，存在论与意义论相关联。

在存在论、意义论中，不是追求"世界上普遍的国际风格"这种唯一正确的秩序（建筑形象），而是在追求建筑上的意义生成。不是考虑超越时间与历史，作为真实的、唯一正确的建筑理想形象的存在，不是考虑超越地球上所有异质文化、普遍正确的建筑理想形象的存在，而是考虑时间与历史的过程及其差异所生成的意义，考虑各自文化差异所生成的意义。从追问"建筑的存在是什么？"的现代主义、现代建筑的立场来看，真理是先天给予的，是能否运用理性力量使之趋近的努力。

跨越折中主义的杂音共生

我们很容易推想出后现代的建筑，相对于那种唯一的结构秩序，是在追求非主流文化、异质文化、杂音叠加的解构与中心的消解。从这个意义上讲，后现代建筑是合成物，它具有较多的折中性倾向。但是，这与基于过去历史样式的折中主义风格，在意义上有着本质性的差异[13.10]。

327

13.11 我的早期教科书——江户穿插着共有与共生的印象。

如果假设不存在唯一的建筑理想形象、唯一正确的秩序,建筑就不是表达唯一价值的事物,而是多样价值的复合体,或者是包含异质要素的秩序。类似存在论研究建筑存在的意义,则建筑大概是各种各样意义的生成吧! 异质文化的冲突,作为杂音的异质文化的投入,创造出新的文化。这正说明了对差异的感受性能够发现意义、使意义生成。由于是差异、偏差形成的意义生成,所以折中样式在本质上也是产生各种新建筑的质的创造。

前面提到的翁贝托·艾科的推理小说《玫瑰之名》,充满了众多的引用与暗喻符号。针对这部 1600 万册的畅销作品,谁能说它是"折中的,而不是创造的呢?"

对于翁贝托·艾科来说,使其得以跨越现代主义的早期教科书,是欧洲的中世纪。书中所有的引用与暗喻的符号,都与中世纪的文化、中世纪的宗教、中世纪的哲学相关。这与我把日本近代江户时期(17~19 世纪)的文化作为早期教科书[13.11],从中提取引用符号的方法相类似。

根据历史样式的感觉性组合而形成的折中主义风格,是将和谐比例作为表层化处理所创造出来的灵巧的手工技术,既不是对历史文化的重新解读,也没有面向未来的智慧性操作。

对过去建筑风格的随波逐流式的引用,是现代的折中主义。因此,我对这种基于历史主义的后现代建筑是否定的。

让我们问问作家是以什么理由，将历史的什么时期作为前期教科书来引用的吧。

对于艾科来说，中世纪是他思想的早期教科书。这与对于柯布西耶来说地中海文化具有特别意义，对于毕加索来说非洲的原始艺术作为其早期教科书具有特别意义是相同的。

我将日本的江户文化，作为早期教科书而特别关注的理由是，江户是当时世界上最大的城市，已经形成了独特的大众文化。另外，也因为其文化特质是我的"共生思想"的原点。

如此，对于作家来说，如何抽取历史符号，如何搭配它们，是巨大的创造性行为，与模仿或折中有着根本性的差异。

现代建筑只考虑由钢铁、玻璃、混凝土构成的抽象形体所形成的"国际风格"的普遍性，排除了历史符号的引用、异质要素的共生等，这些被认为是不纯粹的东西。但是我相信，历史符号的存在、异质要素的共生，可以产生更加丰富的意义。

比起柯布西耶和迈耶的理想城市的纯粹抽象性，保存历史性建筑，并使之与现代建筑共生的城市，会更加丰富多彩。有对这种看法持有异议的人吗？

我认为将这样的历史与未来共生的城市，称为折中主义是很不恰当的。

不能想象所有艾科的1600万读者，都能够解读艾柯的智慧性引用与暗喻的符号。但是看过《玫瑰之名》出版之后的众多评论与解释论文，就会明白其解读方法也是各异的。

可以认为，正是取代普遍性的多样性、模糊性、两义性，才是超越现代主义、理性中心主义的新时代的本质。

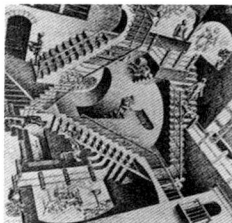

意志=思想，走向意义的生成

现代建筑是深深扎根于现代主义、西欧中心主义和理性中心主义的认识论。如果认为对于后现代的建筑来说，存在论、意义论以及形成意义生成的创造性方法论是必要的话，那么，迄今为止的现代建筑的设计方法应该如何转换呢？

迄今为止的现代建筑方法论，被认为首先是先天的，具有普遍的唯一的建筑理想形象（秩序），并且被称为国际风格。这样的现代主义理想形象（秩序）有必要根据理性加以说明。这种重视分析、结构化、组织化的设计过程，常常要求根据理性和理论来发展，其最终结果是形成具有普遍性的统合。

在这种设计过程中，常常会排除异质要素，重视导入、结合、明确化、指示、调整之类的操作。在这里，要求要用理性与悟性来支配、驾驭感性。

西方的形而上学与理性中心主义，必然是重视二元论与二元对立的。理性与感性的二元论（精神与肉体的二元论）、必然性与自由的二元论、科学与艺术的二元对立，是从亚里士多德、笛卡儿直到现代主义的形而上学，常常支配着西方的思维。

在建筑历史上，理性与感性的二元对立，常常引发反向的钟摆现象。在产业革命以后，有威廉·莫里斯的工艺美术运动，之后，又有新艺术运动

13.12 如果存在先天给定的唯一正确的建筑形象的话，那么秩序就没有存在的必要了。

与青春风格运动，再以后，还有佩特的合理主义。在表现主义和未来派运动之后，以功能主义为旗帜的现代建筑出现了。而在现代主义时期，这种二元对立的反复，就不幸落入到现代建筑之中。

在受理性支配的现代建筑中，阿尔瓦·阿尔托、赖特、汉斯·夏隆、保罗·索莱里、布鲁斯·高夫等建筑师的野性与感性的反叛，被划为天才而置之不理，没有成为现代主义建筑的主流。但是，对于理性的支配，用野性和感性的反叛来对抗的战略，以及反对现代主义的钟摆现象并没有改变。伴随着后现代时期的到来，各地的感性派、野兽派的抬头，对高迪的赞美，以及对历史主义时代的回归等等，都没有对克服现代主义起到任何作用。

如果先前给出的唯一正确的建筑形象（秩序）已经没有必要了的话[13.12]，那么，我们究竟要寻求什么样的建筑呢？如果存在着世界万象的普遍的秩序，那么顺应这个秩序的潮流便是非常重要的，建筑师会被其牵引，越接近它越好。建筑师的才能在于如何很好地适应潮流，在理性的秩序中，怎样更好地表现自己的个性。

但是，我们现在生活在现代主义转型的时代，后现代的建筑师必须从表明时代变化的意志＝思想出发，仅仅在意志＝思想如何转换这一点上，对于建筑师来说，就已经构成了建筑创作的动力。"建筑存在的意义是什么？"这样的后现代的建筑存在论，正是根据这种多样化的意志的表达而存在的。

日本文化特征与现代主义转型的共生思想

我本人的志向正如前面所说的，是在推动"西欧中心主义和理性中心主义观念的转变。"这种转变的志向，是与我在文学、哲学、艺术等领域中的后现代的战线上的志趣相关联的。

我将西欧中心主义和理性中心主义观念的转变称为"共生思想"，并且一直在深化着这个个人主题。"共生思想"包含有我在代谢、变形等各个时代所表明的志趣。现在，我的志向已经成为建筑意义生成的动力，共生思想不是形而上学，还是称之为：为了运动与创造的思想为好。

作为表明建筑师意志的思想，比起任何事情来，都必须是扎根于其所属的"历史"与"文化"之中的。相对于现代主义时期的建筑师追求超越各自个性与地域的国际性、普遍性，后现代的建筑师则必须首先从对自己的"历史"和"文化"的意志表达开始。对历史差异、时间差异的敏锐感受性，对文化的敏锐感受性，是建筑存在的意义生成的动力。

相对于现代建筑的最终结果是综合努力的表现，而共生思想的建筑、后现代的建筑的最终结果，则表达为一种启示。与之相应，设计方法论也必须根本性地加以改变。

相对于分析是象征化（symbolization）

相对于结构化是消解结构（deconstruction）

相对于组织化是建立关系（relation）

相对于导入是引用（quotation）

相对于结合是媒介（intermediation）

相对于调整是转换（transformation）

13.13 意义的生成是飘浮在过去、未来与现在之间的。

相对于明确化是复杂化（sophistication）

相对于指示是共示（connotation）

以上这些形态操作，对意义的生成起着决定性的重要作用。

不能说形态操作比起理性与悟性来，是根据感性进行的，而实际上，这是理性与感性的同时作业、共同作业。象征、解构、建立关系、引用、媒介、转换、复杂化、共示等操作，非常适合对于时间差异、文化差异、要素差异的敏锐感受性。

反过来说，正是敏锐的感受性才能够发现差异，生成意义 13.13。这个敏锐的感受性，是在不间断的理性与感性训练中，在思索和行动的自由飞跃中获得的。

有关意志＝思想的内容的详细论述这里就省略了，用一句话来说，就是将形而上学（理性中心主义）与西欧中心主义的思想进行解构。

异质文化的共生

人类与技术的共生

内部与外部的共生

部分与整体的共生

历史与未来的共生

理性与感性的共生

宗教与科学的共生

人类（建筑）与自然的共生

以上这些共生思想的基本内容，是对现代主义、现代建筑提出异议，这也就是我的志向所表明的转型。

共生思想是以印度的唯识思想与日本的大乘佛教思想为早期教科书的，即我的主张是扎根于日本文化的，是我自身的身份证明。我认为，对传统的继承不只是继承眼睛能够看得见的形态，还应该继承生活方式、习惯、思想、审美意识、感受性等这些眼睛看不见的东西。

特别是对日本文化传统的继承，更应该重视这些眼睛看不见的部分的传承。我们日本人在现代材料和高技术构成的建筑表现中，融入与继承那些看不见的日本文化传统是可能的。并且，在日本文化的审美意识中，抽取出极具特征的形态与空间性格也是可能的。例如无中心性、模糊性、开放性、非对称性、部分的表现、结构性、平面性等等。

这些日本人的审美意识，不是作为系统而给予的，而是作为配置各种要素时的平衡感觉（审美意识）出现的，或许也可以说，是作为烘托氛围、气氛、精神形态与空间特性更为合适。并且，这样的日本文化特质还可以作为共生思想的说明。即共生思想是具有日本文化特质的思想，同时也是作为现代主义转型的思想。

在要素与要素的空隙间发现意义系统

精神、情绪、氛围，可以说是具有不固定结构的象征秩序。某种符号、象征要素的关系状态、被引用时的转换方法、在各种异质要素之间插入媒介（中间领域）的存在、符号的共示、部分（细部）与整体的关系等等，这些都会使动态的横向的关系和组织，在瞬间产生出情境、气氛与氛围。

13.14 以日本人具有的审美意识构筑细部。

各组合要素生成的意义，及其相互之间的关系生成的意义，使建筑形成多义的、双重的意义。这样的意义生成，达到触发情绪与氛围时，建筑就隐含着接近诗歌创作的可能性。

将建筑想象成实体空间，用砖石砌筑的构造做法，是金字塔式的树形思想。与之相对，应当将建筑的所有要素当作语言（符号），在语言和要素的关系中创造出意义、氛围。

柱子、顶棚、墙壁、门窗、天窗、用墙壁围合起来的房间、出入口、中庭、家具、照明器具、门把手、墙壁装饰等，这些东西无论是被引用、被变形、被复杂化、象征化，或是作为一种媒介应用于建筑，那么像砖瓦那样被构筑起来的实体性建筑就会被它们解构[13.14]。

人们能够在要素与要素之间的中间领域（空隙）中发现意义，换句话说，就是要素与要素的关系可以生成意义。具有结构意义的柱子与墙壁，只有脱离结构秩序，才有可能作为象征性要素而自立。

建筑工地开工奠基仪式时所立的 4 根竹柱子，表达着虚空的共示作用。竹柱子的物性消失了，但它却表达着降神场所的象征性氛围。

对于被物体要素包围的空间，法国的社会学者波德利亚在其著作《物之体系》中指出："空间也具有表示虚空的共示作用（内涵）。诸多形状通过空间而相互对比。有空间的房间有自然的效果，在呼吸。空间的缺乏，物质就会占有呼吸空间，从而破坏了氛围。恐怕在空间的分配中，应该读取

13.15 朱莉亚·克里斯蒂娃（1941~）　出生于保加利亚的犹太人家庭，1966年在巴黎研究文字符号学、精神分析。现从事符号学的批评活动，一边作为精神分析医师从事治疗。其美貌和才能让罗兰·巴特也为之感叹，其夫为菲利普·索雷尔斯，两人因活跃于杂志而极有人气。

出分离与距离在道德上的反映。因此，在那里也有所谓传统意义上充实实体这样的逆转。"

在这里，他所说的空间是物体与物体之间的空隙，就是日本所说的房间，是存在于事物之外意义上的自然，是作为野性的呼吸。这不是砖瓦那样的作为充足实体的含意，而是什么也没有的虚空的含意。

所谓氛围是在物体与物体的关系上生成的。波德利亚的这个建筑论，巧妙地使迄今为止的现代建筑的认识论向存在论转化。

假设金字塔结构、树形秩序，是现代主义的秩序观念，那么后现代的秩序概念，就是由网络与根茎系统等构成的多种多样体。根茎般相互缠绕的多种多样体理论，是前面所提到的德勒兹与瓜塔里共同提出的，与他们所撰写的《反俄狄浦斯》的内容紧密相连。根茎系统是连接原理和异质性原理、是同其他任何一点都能够有关系的多种多样体原理。这是与将一个秩序固定化的树形秩序原理完全不同的原理。

在开放的秩序中，各个点与点之间也常常产生意义，也可以说与多样体原理接近。关于这种存在论关系的意义，朱莉亚·克里斯蒂娃[13.15]把它称作"多重锁链"。所谓多重锁链，就是"逻辑上复数的'我'不在相同场所、相同时间生存的状态"，"是在意义生成过程中起动态平衡作用的秩序。"

无论如何，意义的生成，都不是在固定秩序中实现的，而是在各种关系中生成的动态状态。

超越思想体系的信息社会建筑

现代主义、现代建筑是工业社会的建筑，与此相对，后现代建筑或许可以称作是信息社会的建筑。工业社会给予人民大众以丰富的物质文明生活方式，工厂中大量生产工业产品，并以超越一切文化差异的西欧文化价值和生活方式，在全世界的范围内加以普及和推广。国际风格的现代建筑的普遍思维模式，也是以工业社会的发展为前提的，现代主义的理性中心主义和西方中心主义，也是由工业社会支撑的。

现代主义的崩溃、现代建筑的挫折，实际上，是由工业社会模式转型所引起的。产业结构向信息社会的转型，正在发达国家中迅速进行着。而且，工业社会正处于罗斯托在发展阶段论中论述的那样，从发达国家向发展中国家扩展，而与此同时，信息产业也正在超越思想体系，孕育着超越经济和技术的发展阶段，在全世界同时进行。

具体地讲，信息产业是指广播、出版、通信、金融、研究、教育、观光、设计、时装、计算机软件、贸易、流通、饮食、娱乐、服务等行业。与这些信息产业相通的不是制造加工业，而是信息和信息的附加价值，就连文化自身也成了信息产业的副产品。

在时装业，与原材料的价值相比，设计的附加价值是原材料的几十倍，饭店的价值也是饭菜原材料的几十倍，这些是由调味品、烹调技术、服务以及室内装饰的氛围产生出来的。工业制品也已经和现代社会、工业社会时代的产品有所不同，从大量生产向多品种少产量生产转变，努力创造差异所产生的附加价值，并极其重视设计的附加价值。

工业社会追求的是普遍性、同一性，与此相反，信息社会追求的是多样性。

因为普遍化、同一化的信息价值会降低，人们为了树立自己的形象，就必须突出自身而区别于他人。这样一来，物、人以及社会，都将会无限制地追求差异化，建筑也不会例外。建筑的差异化就意味着必须创新，而创新又将使得建筑更加多样化。

将建筑界的这种现状，看作是后现代的混乱的观点是不正确的，多样化建筑的出现、创新意识的萌发，预示着信息社会建筑时代的到来。差异由对关系性的关怀，或者如海德格尔所说的"担忧"表现出来，差异所产生的意义，没有敏锐的感受性，是不可能创造出来的。

信息社会是通过交通和通信，使当今社会相互联系的时代，不同的语言、不同的生活方式、不同的文化，通过通信、互联网和电视，进入到了家庭生活之中，这就产生了在西方中心主义时代，不可能想象得到的多样化的意义。

如此一来，产业结构的变化、向信息社会模式的转换，起到了使现代主义、理性中心主义发生转变的重大作用。

以人的自由个性和异质文化的共生追求多样化社会

罗兰·巴特在其著作《神话作用》中，将这个新时代称作是"价值作用力的时代"。如果，信息社会可以作为是以差异创造价值的时代，那么，它将是从现代建筑组合的线性联想、指示或者外延，向聚合的潜在联想和内涵转移的时代。罗兰·巴特即将这种共示价值的变形，或者是价值的增值作用，称作"神话作用"。

阿多诺也阐述了现代社会中"神话作用"（模仿）的重要性，根据他的著作《美学理论》，"神话作用"也可以说是"和解的理性"。由西欧的形而上学引起的，直到现代主义时代还在继续着的不幸的二元论、理性和感性的二项对立，用"神话作用"是可以得到和解的。

现代主义、现代合理主义，根据伽利略、牛顿、笛卡儿的客观主义以及合理主义，形成了其本质特征，万人同一的普遍世界像与客观存在的统一性原理，被建筑界和绘画界所采用的透视画法充分地表现出来。

从人观察物体的视点，使世界整体化的透视方法，已将其目光所及化为僵硬的石雕。透视画法自身当然是不用说的，没有进入视野的一切都被排除了。然而，从整体关系上来看，视点的转动，对于模式的转换也是有效的，或者，从物体观察世界、从物体观察人的视点，也都是很有必要的。

所谓物体的视点，是无限差异化的全方位的视点。对于用目光观察世界万象的现代人来说，他们不会懂得为什么印第安人会裸体? 面对现代人的为什么会裸体的提问，印第安人回答道∶"我的整个身体都是脸"。

这一段插话，充分表达了现代人是如何观察世界的。

按照最近量子力学的观测理论，科学的观测结果是唯一正确的结果，实际上，即使偶然选择一种状态，其波动函数（状态矢量）的收敛，我们也是认可的。但是，真正能够阐明客观实际的，是那些多次重复实现的状态。这就是哥本哈根的解释。

理性明确的建筑形象、被目光确认的整体形象、科学实证的正确结果（存在）等等，实际上，都只不过是我们所探索到的大千世界中，像根茎那样的、多种多样体中的一个组成部分。

信息社会的建筑，是从对称性向非对称性、从闭锁系向开放系、从中心性模式向非中心性模式的转换。

其实，人类的自由和个性、异质文化的共生，以及精神上日趋丰富多样化的社会现实，一直都是我们追求的目标。

13.16 连接昨天、今天与未来。新广岛的象征——比治山。

采用历史符号的广岛市现代美术馆

比治山现在是广岛市中心的一座小山，实际上，过去它只是飘浮在广岛湾上的岛屿。

战后，作为"唯一的广岛"象征的和平中心，为了创造另一个新时代的广岛形象，而选择了比治山。

8 年前，比治山整体的公园规划和设施配置的总体规划开始后[13.16]，首先修整了道路、观望台、公园广场等，接着又兴建了青空图书馆。

广岛市现代美术馆位于青空图书馆轴线方向稍稍偏离一点的山脊上。今后，将继续筹建博物馆、乡土资料馆等，比治山将会成为作为艺术中心的广岛市的新的象征。

广岛市现代美术馆的设计就是基于"共生思想"的[13.17]。

如果假设有重新认识现代主义、现代建筑的必要，那么，就应该重新认识现代主义所强调的西欧中心主义和理性中心主义吧。

不用说现代建筑的文化性参考对象、文化性的价值标准是西欧中心主义，欧美后现代文化参考的仍然是西欧中心主义这一点也没有改变。称为后现代也好、称为新时代也好，我认为重新认识现代建筑的第一课题，就是要从西欧中心主义的转型开始。我的"异质文化的共生"的概念，就是在

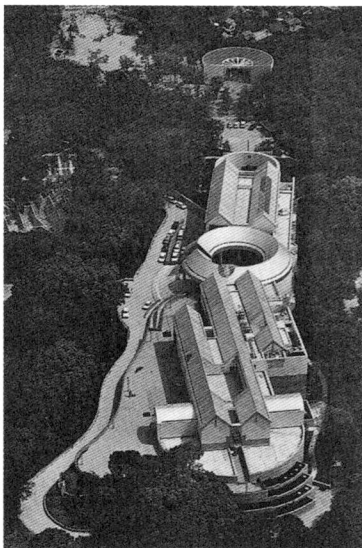

13.17 不仅是日本的传统审美意识，使西欧的概念以及"游戏"在"现在"共生的广岛市现代美术馆。曲曲折折的曲线连接着直线与圆，非常愉快。

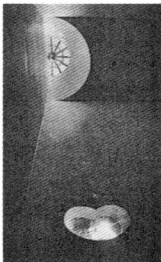

这个意义上的一个转型。

在理性中心主义中，人类理性支配、驾驭着人类外部的自然（建筑）及内部的自然（作为野生的感性）。

"自然与人类（建筑）共生"的概念，是理性中心主义的转型。现代主义是现实主义或现在主义，认为应该把历史与传统作为过去的东西而排除，把历史性符号与象征的引用视为折中，只将纯粹的抽象几何学认为是理性的胜利。

像这样基于理性中心主义的现实主义（现在主义），也是需要重新认识的。但将历史性象征与历史样式原封不动地直接引用的方法，我认为也有陷入历史折中主义的危险。所谓"历史与未来的共生"，为了生成更具创造性的、多义的意义，使历史性符号与象征的变形、片断化、复杂化、媒介化成为必要。

广岛市现代美术馆首先慎重地选取山脊部分作为场地，最大限度地保留坡地上的重点树木。

建筑的高度为了不超过周围的树木，将地下一部分作为展示空间，总建筑面积的60%都埋入地下。

外观部分将中央有圆形柱廊的入口广场、柱廊、中庭、石庭、有石雕的楼梯等，这些建筑与自然的中间领域作为媒介使用，很容易使建筑与自然、内部与外部产生共生。另外，外墙的材质从地表开始，毛石砌筑、粗糙的石材贴面、磨光的石材贴面、瓷砖贴面、铝板等逐渐变化，从地面到天空，从乡土到宇宙，从过去到未来变化着，实现共生。这种方法在冲绳县行政中心、墨尔本中心大楼等工程中也采用过，这是我从十几年以前就开始使

13.18 将江户的泥灰墙仓库作为隐喻，体现历史与现代共生的小松市本阵纪念美术馆。

用的方法。

历史性符号的转换，从暧昧性得到的共示效果

整体的形态是山墙连续。建筑被分段化，可以说是作为村落集合的建筑部分与整体的共生。据此，取得了不压倒周围自然环境的建筑尺度感。

山墙的形态是江户时期的泥灰墙仓库的引用[13.18]，但将历史性符号转换，穿上铝这种现代化材料的外衣，而使其暧昧化，取得共示效果。

中央的入口广场是西欧城市广场的引用，但其中心没有放置喷水与雕塑，表达为虚空的中心或没有中心。包围这个圆形广场的柱廊的屋顶，切断了从正面眺望市中心的方向，指向原子弹爆炸地。柱脚粘贴着被爆炸的石头。与茶室的院子一样，这个入口广场没有特别的功能，但它却是形成"历史与现代的共生"、"异质文化的共生"意义的重要场所。

与这个入口广场相对的室外雕塑广场中，放置着亨利·摩尔的名为"拱"的雕塑，从入口广场的剖面到摩尔的拱的视线，是自动标示着爆炸中心地的瞄准器。

这个入口广场成为右侧的常设展厅与左侧的策划展厅之间的媒介场所，沿着广场连接的走廊成为移动的中间领域（期待空间）。

常设展厅和连接一层与地下层的楼梯上，布置有井上武吉的雕塑，成为

新的雕塑与建筑共生的实验。广岛市现代美术馆是包含有日本最初的建筑、工业设计、视觉艺术等现代美术品的美术馆，已经在前年开馆。其中收藏有柯布西耶的模型和版画。

另外，还收藏有国内外 80 名艺术家以"广岛"为主题的作品，是一个具有独特收藏的美术馆，在这个意义上，我想其今后能成为世界瞩目的美术馆。

本阵博物馆的设计也是以历史与现代的共生为主题的。

这里也和广岛市现代美术馆一样，将江户时期的泥灰墙仓库作为隐喻而引用。错开的纯粹圆形的几何学形态，在正面创造出复杂空间的龟裂。

围绕在建筑周围的四角形池子与格子墙，暗喻着中国天圆地方学说的宇宙观。

建筑物周围的水池，是这个场地在历史上存在有水的符号。内部在中央虽是具有中空的单纯构成，但是这里的中空是不规则的形式，与楔状的天窗一起表现为中心的不存在，拒绝拥有纯粹几何学的普遍性。

由于强调非对称性，对西欧中心主义与理性中心主义提出异议。

新大阪府市政厅的中标方案，也以历史与未来的共生为基本主题。

由于具有历史纪念碑意义的大阪城在相邻地段上，因此壕沟、石墙、大阪城的历史性符号被作为隐喻而引用。

相对其他的征集方案，将行政办公楼与警察办公楼作为超高层的双塔规划，我的方案是超高层为一栋行政楼，其他的降至中、低层，试图和大阪城的景观取得平衡。

在 10 公顷的用地上规划有行政办公楼、警察办公楼、议会楼、知事公馆、家庭审判所、议员宿舍、行政楼副楼、文化会馆等。

在这个规划方案中，为了使这些建筑形态有象征性上的差别，我采用了

13.19 日本建筑的传统符号是窗和格子，尖塔和弯曲的墙壁是欧洲街道和建筑的符号。异质文化共生的福冈海边楼群。

穹顶、四角锥、三角屋顶、中庭等几何学形态，实现了部分与整体的共生。

超高层的行政办公楼，是三段式构成的巨型框架结构，这也是在具有结构意义的同时，对大阪城形态的一种暗喻性引用。

异质要素共生产生的情境

福冈海滨楼群是包括外国建筑师在内的 8 名建筑师所创造的建筑博览会中的展示物，最后作为福冈银行分部、书店、信息中心等的综合建筑使用。

这里尝试着将这些不同建筑功能，以各自不同的形态符号加以表现，它们柔和地连接，形成复合性的整体。

自然石头的堆砌、混入自然石头的表面、水刷石的外墙、木结构、从天窗投进的自然光，这些都是表现自然的隐喻。在窗户和格子的设计上，引用日本建筑的传统符号 [13.19]，在尖塔和弯曲的墙壁上，喻示着欧洲街道和建筑的符号，是异质文化的共生。

外部空间意图经过复杂的中间领域而导入内部，人们也许能够感受到内部与外部共生的这种日本建筑的传统。

涩谷东 T 大楼是在东京市中心建造的小型办公楼 [13.20]。

在建筑狭小的入口门厅内充满了金属屏风、暗示涂漆的树脂屏风、素混凝土的墙壁、花岗岩的石壁等各异的符号。是历史与未来、西方与日本的

13.20 具有违反建筑重力的上升感的涩谷东T大楼。

共生。在单纯的四方形建筑形态中，插入楔形的玻璃幕外墙，打破普遍性与纯粹性。类似飞机机翼断面的屋顶，预示着违反建筑重力的上升感。

以上这些设计的方法论，是以我的共生思想为根基的，对西欧中心主义、理性中心主义、二元论、普遍性都提出了异议。

相对于分析、结构化、组织化、导入、结合、调整、明确化、指示等这样的现代主义时期的建筑方法论，这些规划的方法是象征化、复杂化、解构、关系、引用、媒介、转换、暗示。

为此，这些规划方案中引用的符号，都是作为开放系统被设置的，而解读的方法任凭阅读人的自由。

对各个符号的正确解读并不是目标，这些符号的自由组合所形成众多的意义、创造出诗意、产生出各自情境的氛围，才是真正的目的所在。

14

抽象、象征——抽象与象征的共生

14.1 拉·德方斯区的巨大拱形建筑"德方斯大门"。

德方斯大门

对"德方斯大门"的评审已接近尾声，最后只剩下两个竞标方案。我和理查德·罗杰斯，以及理查德·迈耶等人一直在琢磨，第二天如何才能将人们的眼球，吸引到我们极力推荐的设计方案上来。

密特朗总统参加了最终的评审，终于有了最后结果。另一方案得到了法国评审专家的好评，因为该方案是法国建筑师设计的，所以当时，我们还一直担心总统可能会支持他们自己做的方案。

结果，我们强烈推荐的施普雷克尔森（Spreckelsen）的设计方案最终入选，另一个候补竞标方案是让·努维尔做的。

今天，再访"德方斯大门"，有一种作为评审专家总能推选出优秀方案的自豪感。

"德方斯大门"所处的巴黎拉·德方斯地区[14.1]，是巴黎的副中心，从20世纪60年代开始，法国政府就着力对该地区进行开发。其规划设计基本上沿用了当时现代主义城市中心的理念，在人工抬高的地坪下面做停车场，该地区周围，超高层办公楼鳞次栉比，高速道路（汽车专用道路）环绕其间。

在拉·德方斯区的开发建设有了一定的基础之后，它的再次开发始于1989年，也就是纪念法兰西革命200周年时，将该地区作为大规模投资建设的重点地段。密特朗总统要在拉·德方斯区，建设象征21世纪的世界通信中心（即后来的"德方斯大门"），起到信息时代的世界通信中心、特别是南北对话的通信中心的作用，同时，也是法国大革命200周年纪念的象征。

中期选举后，由于希拉克派的反对，世界通信中心的构想出现了波折，但仍然按照既定方案完成了设计竞赛。现在，世界人权基金事务局就设在这座建筑的顶层。

该项目确定之后，法国政府接着就制定了扩大开发、造福民众的建设方针，将开发建设范围，扩大到环绕拉·德方斯地区的汽车快速道路之外。我当时作为民间的城市开发者，也曾为"德方斯大门"周边的再开发项目，提出过规划设计方案。

另外，泽尔菲斯（Bernard Louis Zehrfuss）设计的巨大壳体结构的展览馆，只保留了屋顶结构，由SARI公司进行了改造设计，具有信息、商业、旅馆等多种功能，可以说是建筑中的城市。

在邻接"德方斯大门"的地区，建设了低层办公楼群。再往西侧的瓦尔米（Valmy）地区，有让·努维尔设计的400米高的圆形超高层办公楼（无限之塔）和我设计的"太平洋塔"。

我作为"德方斯大门"设计竞赛的评审委员，怀着一种使命感设计了"太平洋塔"，将其作为"德方斯大门"的陪衬和路标，使得"德方斯大门"更加引人入胜。同时，它也起到通过步行天桥与瓦尔米（Valmy）区相互联系的作用，而"太平洋塔"本身也是通往拉·德方斯地区的大门之一。

施普雷克尔森有关"德方斯大门"的构想，据说是从我的作品"福冈银行总部"（1975年完成）中得到的启发，尤其与"福冈银行总部"第一方案几乎完全相似。"德方斯大门"继承了现代建筑的高度抽象性的传统，引用了凯旋门的象征性。它与贝聿铭的玻璃金字塔一样，都是抽象、象征

14.2 ［左］布朗库西的"空中之鸟"，费城美术馆馆藏
　　［右］"波嘉尼小姐"，纽约现代美术馆馆藏

的成功设计案例。

"太平洋塔"呈半月形（部分圆被切除的形状），主要是与场地形状协调，也为了同场地相通的快速路的曲线取得统一。正立面是平面的幕墙，有意识地偏离拉·德方斯的中轴线，主要考虑不要妨碍对"德方斯大门"的视线和观瞻。从正面望去，被楔形横穿的檐下空间，与"福冈银行总部"一样，这是特意采取左右非对称的形式，檐下空间（中间区域）被用作室外音乐、戏剧等竞技或演艺场所。

现代建筑遗产的抽象性

20世纪现代主义时代的共同特征，可以称之为"抽象性"。在20世纪兴起的，与所有艺术门类有关的抽象主义中，有立体派（1907年）、俄尔浦斯运动（1912年）、绝对主义（1913年）、构成主义（1914年）、风格派（De Stiyl，1917年）、纯粹主义（1918年）等等。塞尚已经领先了一步，他通过将自然中存在的圆锥、圆柱及球体等形体进行再组合，发现了可以超越肉眼的普遍性法则。创作了"波嘉尼小姐"（1912年）、"空中之鸟"（1928年）的布朗库西（C.Brancusi）[14.2]就曾经说过："真实不在外形，而在其本质。"

同建筑师 J·J·P·奥德（Oud）等合作，风格派小组的成员皮特·蒙特里安（Piet Mondrian）则主张："在艺术中，一切都以数学的单纯性为基础。"

另外，他还在《家庭·街区·城市》（1926年）一书中写道："为了让我们赖以生存的物质环境，具有纯粹、健全、实用的美，我们不应该反映私有的个性和利己的情感，而应是一种单一的造型上的表现。所以，我们希望能够以简约的色彩和线条之间的简明关系为基础，产生新美学，因为只有纯粹构成要素之间的纯粹关系，才能够产生纯粹的美。"

向20世纪的抽象性的偏移，是伴随着机械即工业社会的发展和对未来的憧憬而形成的，特别是由于建筑制品的工业化，使建筑形式的国际化受到了制约。

这样一来，西欧的中心主义和理性主义，在20世纪起到了重要作用，基督教、特别是由天主教派生出来的普遍主义，就更不用说了。

后现代主义由于陷入了狭隘的历史主义和折中主义之中而宣告失败，即便如此，也不能让现代主义不作丝毫改变地就进入21世纪，现在，各个领域都开始了对现代主义的修正和革新。只有明确现代建筑应该继承的遗产，以及需要修正变革的内容，我们才能展望21世纪新建筑的发展方向和广阔的未来。

德里达的解构绝不是造型手法，而是一种精神意义，是与西方中心主义相对立的解构，与理性中心主义（即普遍主义）相对立的解构。我的共生思想与西欧中心主义不同，它倡导异质文化的共生，它与理性中心主义（即普遍主义）也有区别，提倡理性与感性的共生。在提倡多样性（即多元主义）的同时，我还认为，我们从现代建筑或者现代建筑中应该继承的，正是抽象性本身。

然而，在此我们仿佛陷入了自我矛盾之中，本来所谓的抽象性是普遍存在的，如果是由理想主义的几何学派生出来的话，那又怎样才能使抽象性与地域性（即多样性）取得共生呢，这是一个需要解决的课题。

抽象宇宙观与抽象哲学

抽象性到底是不是 20 世纪的时代精神，回答是肯定的，但也是有条件的。在古代，人们就学会了将模仿动作（深化作用）抽象化，并出现了表现神的秩序的几何学。如果没有几何学或测量学等知识与技术，四棱锥的吉萨大金字塔，可能就不会建造出来。吉萨的第一、第二、第三大金字塔 14.3，分别是第四王朝的胡夫、哈夫拉、门卡乌拉等国王的陵墓，建造金字塔就是为了表现帝王的威严，是权力的象征。

那么，为什么金字塔要建成纯粹的四棱锥的几何形呢？这是因为，在古代人们就认为，几何形态中一定存在着神的秩序（宇宙的秩序）。所以，在世界的漫长历史中，可以发现很多现象，都对几何学或者抽象形态有所偏爱。

中国西汉时期《淮南子》卷三的天文训中，有"天道曰圆，地道曰方"的说法，意思是看起来天是圆形的、地是方形的，即所谓的"天圆地方"。西汉时的这种宇宙观，对后来中国的城市规划和建筑形态，都一直有着非常深远的影响。

中国建筑是以堂、殿为基本模式发展起来的。殿的形态基本上是圆形或方形及其组合，屋顶呈圆锥、四棱锥形。1540 年建成的北京天坛祈年

14.3 ［左］吉萨的金字塔群
　　　［右］撒哈拉的螺旋塔

* 　　贡布里希（Gombrich）著《象征的图像》由上海书画出版社1990年出版——译注

殿就是典型的例证。

在须弥山的佛教宇宙观或曼陀罗中，也可以看到正方形和圆形等几何形态。未完成的螺旋形通天塔（《旧约》中记载）与靠近摩苏尔的萨玛拉大塔等，都是早期的伊斯兰教尖塔，在那里，我们可以看到非常漂亮的螺旋形。罗马万神庙的半球形大教堂和顶部的圆形开口，也是通过球和圆等理想的几何形态，弘扬了古典建筑的时代精神。

据贡布里希的《象征的图像》*一书讲，理想之园——柏拉图学园入口的上方，刻有"不通晓几何学者请勿入内"的字样。几何学法则在不断地被理想主义者们体系化，被现代的合理主义的诸学科所接受。同时，理想世界也得到了基督教的认可。

伊藤哲夫先生在其著作《森林与椭圆》中指出，天文学家开普勒于1619年，提出了行星公转轨道为椭圆的观点，16世纪就已经产生了椭圆空间的概念，巴洛克建筑空间是从文艺复兴时期的基督教的"神的调和世界"中分离出来的。

仙崖（1750~1837年）留有描绘圆、四边形、三角形等有名的禅画[14.4]，用以表现宇宙的概念和禅的真谛。江户末期的天文学家吉雄俊藏的《远西观象图说》中，也有象征宇宙（天体运行）的内容。江户时代的学者三浦梅园[14.5]，通过其著作《玄语》《赘语》《敢语》等，展示了反观合一的哲学，所有这些都是各种几何学的表现。勒·柯布西耶也在《新精神》中以罗马

14.4 仙崖的禅画（出光美术馆藏）

的教训为题 14.6，对古典建筑中的圆柱体、四棱锥、立方体、球体等几何形体进行了解读，而欧洲传统的图像解释学，也是通过图像或象征从中了解其含意的，所以，今天抽象性又再次引起了重视。

何谓抽象、象征

如果有迈向 21 世纪的新的建筑形式的话，那很可能就是所谓的抽象、象征性建筑。

1993 年 6 月，我曾经在伦敦的皇家艺术院举办过演讲会和作品展，演讲的题目是"抽象·关系"和"抽象·象征"。

我把 20 世纪称作"机械时代"，1960 年我就曾经预言，建筑迈向 21 世纪时，即进入"生命时代"，社会总体价值观也将发生显著的变化。新陈代谢、变形、变异、共生理论等所有概念，都将成为"生命原理"的最基本的要素。而且，"场"与"关系"将会成为第四个概念。抽象·象征，与"关系"这个概念相互关联，将成为新建筑发展过程的关键点。

综上所述，抽象形态或几何学自古以来就已经存在了，而且，它们已经根植于各种文化之中，并与宇宙观紧密相连。各个不同时代，都向几何学或抽象形态中，注入了各种各样的内涵。

20 世纪，由现代建筑及现代艺术生成的抽象性或几何学，既继承了理

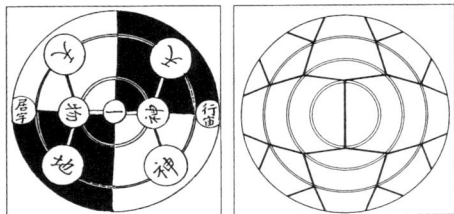

14.5 三浦梅园的"天神天地图"
与"剖对反图一合"（淘
河鸟出版社《三浦梅园的
思想》）。

想几何学，同时，也体现了工业社会的机械形象。因此，它象征着 20 世纪的时代精神。在 20 世纪的抽象性中，包括了历史的图像学与场的独立性，而文化宇宙观（宇宙论），则是另一种具有象征意义的抽象性。若将二者合而为一，则可能会产生新的内涵，这就是对"抽象、象征"进行的哲学性尝试。

地域性与世界性、历史和现代、场的独立性与普遍性，抛开二者之间的对立或二元论，使它们取得共生，如何通过两层意义获得多层含义，是赋予当代建筑（现代主义之后的建筑）的新课题。而只有那些类似这种"抽象、象征"的建筑，才有解决这一课题的可能。

像这样从抽象的形态（几何学）中得到的联想，不是直接的、明显的、线性的，而是隐晦的、潜在的，是可以揣摩出其思考的一种方法。如果从容易理解的角度来看，"无厘头"式的联想与创造性的联想是不同的。标榜非同一性哲学的阿多诺，在其《美的理论》一书中，将通过宇宙的交互作用（通信）而得到的游离性的关系称作神话作用（拟态）。与"支配的理性"相反，称其为"和解的理性"。而且，还以乔伊斯的《尤利西斯》为例，指出了"是类似，把古代和现代联系在一起，因为类似，才使得乔伊斯的《尤利西斯》在无秩序中，注入了意义、形状和秩序"。

在抽象性或几何学中，由于两种形态并存的原因，可以在原有的两义的基础上赋予更多的意义。除此手法之外，还可以通过使几何形态变形，

14.6 勒·柯布西耶的"罗马的教训"（《新精神》的报道）（转载于彰国社《勒·柯布西耶的生涯》）。

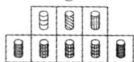

或者扭曲成非对称、变调等方式，同样也可以让两义变为多义。"埼玉县立现代美术馆"[14.7]的墙面曲线等，还有我的作品中经常出现的弯曲的墙面，都具有这种变调的意义。

我最初在建筑中使用圆锥体，始于1983年的"墨尔本中央棒球联盟"设计，后来又有"广岛市现代美术馆"[14.8]的门厅顶棚，"白濑南极探险队纪念馆"的圆锥形极光大厅，"卢万·拉·努普美术馆"的圆锥形会议厅[14.9]，新加坡连卡佛大厦（Lane Crawford Place）的圆锥形入口门廊，"爱媛县立综合科学博物馆"[14.10]的圆锥形门廊等，我的作品中还有很多这样的实例。

圆锥形物体比较多见，像欧洲的尖塔，中国宫殿式建筑的圆锥形屋顶，罗盘指针、超音速喷气战斗机的机头，火箭的头部，还有树木等。"广岛市现代美术馆"是将西欧的表示圆顶建筑物的圆环部分切割而形成的非对称形态。"白濑南极探险队纪念馆"的圆环被剖切成非对称形式，连同纪念馆的圆锥形，都象征着从南极点看到的天体运行轨迹。中国北京的"中日青年友好中心"是根据西汉《淮南子》的天圆地方宇宙观中的圆形与正方形，来确定建筑的基本形态的。

在方格图案中，柏拉图几何学、米利都的街道，以及日本的艺术、建筑中经常出现的方格子，都是呈现双图像形式。1960年的"农村市镇设计"中的方格图案，曾在其后的"日本艺术银行"中出现，后来，在"图卢兹

14.7 ［左］埼玉县立
现代美术
馆；
［右］名古屋市
美术馆
（大桥富
夫）。

国际指名竞赛设计"，以及"新大阪府厅舍"等设计中，都有类似的方格子。

这次发表的姬路城内的"扇观亭"（休息所和公共厕所）与拉·德方斯的"太平洋塔"，尽管规模完全不同，但都是有关联的建筑，是抽象·象征的建筑。换言之，也可以说，是个性中存在着共性的建筑，是能够放开的建筑。

"扇观亭"的曲线符号取自两个方面，一是姬路城天守阁北侧的多门长屋"腰曲轮"的曲面墙，再就是几何学（圆的曲线）。圆形池的两端背靠背地设置了两个半圆形，尽管视觉上有离心的倾向，但圆形池却对这种离心关系起到了抑止作用。这种由于不稳定而产生的动态关系，显示了现代建筑的个性与共性统一的关系，也就是局部独立与整体秩序之间的动感关系。

同时表现整体与局部二重内涵的共生的秩序

现代主义时代的秩序概念称作布鲁巴基体系，是一种拥有共通性的公理主义体系。胡塞尔在他的《欧洲科学的危机与超越论的现象学》一书中，所论述的客观合理主义，即每一种客观的存在，都是一种以公理的存在为前提的体系。伽利略、牛顿、欧几里得、达尔文、笛卡儿等都属于这个体系。他们都重视二元论，追求安定和对称的秩序。

与此相反，克服现代主义秩序的新概念称为非布鲁巴基体系，非布鲁巴基体系是提出问题（研究质疑）后寻求答案的体系。它认为自然本身就

14.8 ［左］广岛市现代
美术馆；
［右］抽象、象征
（大桥富
夫）。

具有创造自我的能力，是巴洛克式的自然科学。比如，莱布尼茨及斯宾诺莎就受到了重新评价。被称为新科学的大卫·博姆的内涵秩序，凯斯特勒的子整体理论，曼德尔布罗特的分形几何学（任何局部都是整体缩小后的图形），普里高津的耗散结构论，哈肯（H.Haken）的协同作用论[14.11]，埃德加·莫兰的杂音理论，以及混沌理论等等，都属于这个非布鲁巴基体系。

它们的共通特点，就是脱离主体的部分尽管是独立的，但仍是运动的和飘游的，与主体之间有一种经常变化的秩序关系，或者说局部与整体之间建立了一种相互从属的关系和秩序。譬如，所谓的子整体理论，是指同时具有整体（全体）和局部（部分）双重含义。还有，哈肯的协同作用论的原理是，由于多数相关部分的共同作用，整体会在空间性、时间性、功能性等方面，向着某种秩序转移。这样的秩序是必然的秩序、变化的秩序、非对称的秩序，当然，也是共生的秩序。

"扇观亭"的靠背曲线，一部分是透明玻璃材料，另一部分是现浇清水混凝土饰面。由于在同一曲线上采用了不同的材料，结果两种几何形态的相互关系出现了颠倒，产生了完全不同的效果。

"太平洋塔"之所以取半圆形，是为了与场地协调统一，而圆的曲线则是从"德方斯大门"中得到的灵感，引用"德方斯大门"的柏拉图式立方体所具有的几何感与抽象性，但采用的并非直线而是曲线，这样既能够形成对比，又强调了自身的独立性。尽管沿用了"德方斯大门"的门和入口

14.9 [左] 白濑南极探险队
纪念馆；
[右] 卢万·拉·努普
美术馆（大桥
富夫）。

的概念，但是由于偏离了中轴线而再次强调了独立性。"太平洋塔"隔着
墓地，与让·努维尔的 400 米圆柱形超高层相对，宽大平坦的玻璃立面终
止了它们之间的呼应关系。这种关系的创造和"捕捉"，首先要做到与建
筑脱钩，从几何学上使部分剥离整体取得独立，然后再由此派生出某种内
在联系。

在"卢万·拉·努普美术馆"，圆锥形的公共会议大厅、立方体的展示
大厅、半圆形的讲堂及露天会场等，形体上都是各自独立的，就像日本庭
园中的石景布置一样，是一种随机的、自由的位置关系。

这种非对称性与轴的偏移，使各自独立的形态之间，产生了动感和紧张
感。日本艺术，就是在可见与不可见的实体之间注入全部精神，利用实体
之间的关系创造出更加耐人寻味的内涵的艺术。龙安寺的石庭、棋盘、书
法、音曲间等等，都是典型的例子，都反映了日本风格的非对称的美学思想，
也可以说是一种关系艺术吧。

"凡·高美术馆新馆"[14.12] 今年终于开工了。原来的凡·高美术馆本馆是
里特维尔德的最后一个作品，与蒙特里安一样，展现了由现代建筑的直线
构成而形成的抽象性几何学。为了能使沿袭旧馆所具有的现代建筑抽象性
（几何学）的部分相对独立，新馆在地上部分完全分开（地下连接）。而且，
形态采取和直线形成对比的圆形、椭圆形与曲线，对应的墙面与旧馆墙面
稍微有些偏斜。浮世绘的专用展示空间也偏离中轴线，面向水庭院的正面

14.10　[左]连卡佛大厦（大桥富夫）；
　　　　[右]爱媛县立综合科学博物馆（新建
　　　　筑社）。

倾斜。这种由于各个部位的不吻合而产生的紧张感，是为了创造日本式的动感关系所形成的秩序。

大卫·彼得在最近的著作《心与外界的共时性》（"THE BRIDGE BETWEEN MATTER AND MIND"）中，通过黏菌、超电导、等离子波等等，把"氢粒子的舞步"、"集合的无意识"、"形态形成场"等最领先的物理学解释得非常清楚。这些成果告诉我们，它们已经非常接近古代的纳斯卡比印第安之梦和中国的道教了，意识和物质世界是相通的，共生的。

由于抽象、象征的作用，今天在被理性中心主义分离出来的世界里，不是正在建立着新的秩序吗？

又一个抽象、象征

到此为止所论述的内容，应该说是"抽象、象征绪论"，基本上叙述的都是在巴黎完成并发表"太平洋塔"时的思考方法及内容。

我认为，其中如果有从现代主义哲学、艺术、建筑中需要提取并承继的内容的话，那就是"抽象性"。抽象的几何形态早在以埃及、中国为代表的古代世界，就已经形成了各式各样的宇宙观。人们一直在探索，如何使现代的抽象性与古代的宇宙观在意识与现实上再建构的可能性。

这些都是经常议论的话题，现代主义或者现代建筑，应该改进的问题是，

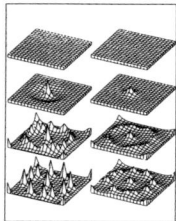

14.11 协同作用论 东海大学出版社《协同现象的数理》。

西欧中心主义、理性中心主义，以及由它们所派生出来的普遍主义、霸权主义、均质主义等等。

这不是形态方面的问题，对类似这样的哲学性、思想性课题的探索，现在才刚刚开始。当决定将抽象性作为遗产继续传承下去的时候，就应该考虑如何控制和抑止，抽象性所固有的普遍化和均质化，为创造新时代而倾注全力。

另一方面，场所性、地域性、固有文化和传统性中所共同表现出来的象征性，是21世纪信息时代（异质文化时代的共生时代）的重要关键词之一。抽象性与象征性的共生，正是21世纪建筑的必由之路，这是因为抽象、象征等新概念已经产生的缘故。

如果大致划分，对抽象、象征可以有两种分析途径。

一是利用抽象的几何形态，控制它们之间的相互关系，通过变化、错位等，产生完全不同的意义或效果。

中心轴如何设定，是采用对称形还是选定中心线，在相互对立的对象物之间应该放置什么（风景、自然、间隔、光线、阴影、风吹、游戏……），仅凭黑白棋子的布阵方式，在多大程度上能够确定围棋的胜负等等，这些我们都可以搞清楚。利用词典中万人皆知的通用语言，能够写出什么样的优秀文学作品，我们也能够心中有数。

螺旋、圆锥、圆柱、四棱锥、三棱锥、正方形、三角形、椭圆形、多边

14.12 凡·高美术馆新馆（大桥富夫）。

形格子等几何形态的抽象性应用，是可以在任何场合表现场所性、地域性和固有宇宙观的有效方法，二者是相互对应的。

20 世纪 60 年代，"Helix 都市"（螺旋形）、"农村市镇规划"（格子形）、"环状单位"（圆环）、"圆筒都市"（圆柱体），20 世纪 70 年代的"EXPO'，70 东芝—H 馆"（四棱锥结构或螺旋体）[14.13]、"EXPO 美容机器·美容制品"（立体格子），20 世纪 80 年代的"埼玉县立现代美术馆"（立体格子）、"国际科学技术博览会三井馆"（圆锥形）、"国际科学技术博览会日本 IBM 馆"（正方形、四棱锥、球体）、"墨尔本中心"（圆锥形、正方形、球形）、"福冈海滨百干福冈银行分部"（圆锥形）、"卢万·拉·努普美术馆"（圆锥形、半圆形、正方形）、"白濑南极探险队纪念馆"（圆锥形、圆形）、"广岛市现代美术馆"（圆锥形、圆形、三角形）、"小松市立本阵纪念美术馆"（圆形）、"凡·高美术馆新馆"（圆形、椭圆形）、"中日青年交流中心"（圆形、正方形）[14.14]，20 世纪 90 年代的连卡佛大厦（圆锥形）、"爱媛县立综合科学博物馆"（圆锥形、正方形、半圆形、球形）、"和平之塔"（半圆形）、"八净寺塔"（圆锥形）、"Shirotopia 纪念公园休憩所扇观亭"（半圆形、圆形）等等作品，都是在运用抽象的几何学的同时，又表现出了某种象征性，并由此体现了抽象、象征性建筑的特征。

也有和这些作品系列不同的逆向的方法，那就是将历史性的象征抽象化。在象征的形态、象征的符号以及传统性的象征中加入可知的操作，并加以

14.13 ［左］EXPO' 70东芝—H馆；
　　　［右］东京规划1961——Helix
　　　都市（大桥富夫）。

抽象化就可以创造出抽象、象征性的建筑。

那么，在此就对另一种抽象、象征再作一番讨论。

历史性象征的片断化

我们说到历史性象征，首先想到的是法隆寺、东大寺等寺院，伊势神宫、出云大社等神社与姬路城那样的城郭建筑，以及桂离宫、茶室等等。

这些建筑不仅屋顶形态、梁柱结构、构图比例、斗拱、门窗洞口的尺度、内部装饰等都从整体到局部十分和谐，而且那种极有特色的、巧妙的关系性也形成了某种象征。正是以上这些要素和关系构成了历史上杰出的作品，使建筑水平达到了巅峰。这种关系是任何要素都不能替代的，而且通过建筑的整体形象充分表现出了当时的时代精神、社会背景、技术背景，以及能工巧匠们的思想与个性。

保护历史建筑，就是让它们能够永远成为时代精神的见证。

今天，我们生活在一个完全不同的时代，要为后人留下什么样的文化遗产，能否创造出有价值的建筑，可以说是关系到如何发扬时代精神和思想，充分发挥技术水平与社会潜力的问题。从某种意义上讲，原封不动地完全模仿个别的历史性象征是毫无创造行为的表现，即使全部照搬照抄历史性象征的主要东西，也是毫无意义的。

14.14 中日青年交流中心（大桥富夫）。

　　就像二战中的所谓"大东亚共荣圈样式"[14.15] 或是发展中国家的"民族主义形式"那样，钢筋混凝土结构的现代建筑，"箱型"基础之上是古典的大屋顶，其尺寸和尺度也是拿来就用，这种设计方法简直就是时代性的错误，至今还没有成功的先例。在这一点上，西方的新古典主义形式大致也是如此。

　　以利用传统屋顶为前提的"奈良市摄景美术馆"，在设计过程中所面临的困难也是很多的。尽管选用了奈良的古典瓦的样式，但实际使用的是新开发的瓦，所以屋面使用了非常接近直线的回旋曲线，顶棚使用曲率半径更大的另一种曲线。这是从古典屋顶形态这一历史象征的构成要素中，既有所继承又有创新的一种设计手法。

　　屋面瓦及其弯曲的坡度、檐口的尺寸、斗拱、垂木、梁、柱等所形成的架构，与建筑立面之间形成严格的构成关系。将表现象征的整体结构分解开，可以看到，由两种回旋曲线构成的瓦屋面与金属曲面板的侧翼，还有，将外墙做成完全透明的无边框的大玻璃，看起来好像支撑屋顶的柱与梁都不存在了，本来应由粗大的柱子承受重力支承的大屋顶，就像被天女托起，飘浮在空中一样。我认为，对古典屋顶形式就应该采取既利用又否定的态度。

　　1960 年，我在"K 邸设计"中[14.16]，通过同样的手法，将历史象征加以抽象化。屋顶是把混凝土壳体结构，设计成弯曲和起翘的形式，而且，承

"大东亚共荣圈样式" "大东亚共荣圈"就是让中国、东南亚脱离欧美帝国主义的统治，以日本为盟主，共同打造共存共荣的大区域经济圈的主张。这不过是太平洋战争末期，日本为了对亚洲的侵略战争合法化而高喊的口号。当时，建筑界也迎合这一口号，出现了"大东亚共荣圈样式"的建筑形式。直截了当地讲，那只是东拼西凑的建筑，是毫无意义的大杂烩。当时，还出现了对民族国粹主义的迎合和吹捧。总而言之，这一切都使得现代建筑只是在形式上的东拼西凑，成为非常恶劣的"民族主义形式"。

载屋顶的柱、梁、斗拱、垂木等，所形成的结构关系也不复存在，屋顶是通过中央的"核"支撑的。尽管这个设计最终没有成为现实，但将屋顶置换成焊接铁板而形成的结构在"国立儿童之家中央小屋"项目上得以实施。同样的"国立儿童之家安徒生纪念馆"，是把屋面做成四块折板形式，也是一次利用没有弯曲的直线构成屋面形式的尝试。

"广岛市现代美术馆"或者"小松市立本阵纪念美术馆"，在屋顶设计中，还利用钛、铝或混凝土等材料，对屋顶的历史象征抽象化。"和歌山县立现代美术馆、博物馆"则将屋顶作为整体、统一的形态所具有的象征性片断化，只是强调了屋檐这一历史性的象征，再用现代的铝板作为屋檐材料，使得抽象化更为彻底。

三层挑檐重叠的美术馆，正面入口的大挑檐通过斗拱、垂木等，表现了外挑大檐口传统象征的抽象性。多重的挑檐，与和歌山城反复出现的屋顶群形成呼应[14.17]。

在沿主干道流淌的溪流之间的地面设置了一排小塔，作用是排放地下停车场的空气，同时，还作为路灯装饰为街道增添了色彩，这也是我经常运用的神社步道灯笼的抽象化表现。此外，二层大进深的檐廊、一层休息室的赏雪隔扇门、腰墙瓷砖风格微妙变化的二层构成、流动水池中的能乐舞台、能野神社的台阶等，都是以历史性象征的抽象化为前提，尽量片断性地设置。

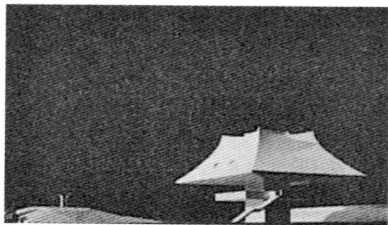

产生多义性和两义性的装饰与纹样的新的应用

历史性的象征中，其他的还有装饰、纹样、族徽等式样，这些象征在不同时期，都有其严密的做法，固定的场所和明确的尺寸。工具、衣物上的族徽，建筑上的金属装饰，压把、把手、装饰窗等，都在历史的象征中赋予了特定意义，以表现各种故事和传说。

如果把传统精神加以浓缩，在历史性的象征表现中，传统精神也有可能被应用到现代生活中来。最容易理解的例子是保时捷的车徽 14.18，其顶端部位放了一枚家族的饰章，而从代表现代的高性能运动汽车与传统纹饰之间的这种组合中，又可以看到抽象、象征的另一个层面。

汉字，也可以理解为抽象、象征的实例。英文字母或片假名及其他一切单个文字，一般都只表达一种含义，但是如果对它们进行组合，并加以某种限定或排列，就会产生新的意义。B 或 I 只不过是一个记号，但是如果把它们组合成 BIRD，就代表了鸟的意思，这其中也向我们展示了一种特定的组合规则。

汉字是表意文字，鸟字就是将鸟的形态抽象化而形成的象形文字。纹样、装饰或家族徽章等历史性的象征，与汉字一样，大多是把具有某种意义的形态，抽象化而得到的象形纹样。

　　正如我们现代人灵活地使用汉字、平假名（或片假名）来书写文章、创造文学作品一样，把历史性的象征应用到现代建筑空间之中，就有可能赋予空间更多的通时性、两义性或多义性。

　　譬如交通信号就是这样，它明确地向千万人显示了共同的意义，红信号表示禁行，此外没有他义，再多的解释就是多余的了。一个记号，如数字或英文字母，单独一个在大多数场合，一般都没有实际意义。但是把它们加以组合、排列，就会派生出各种不同意义。没有一个人会像读小说那样流利阅读六法全书，法律专家或罪犯大概也难有例外。法律，就是向人们展示具有普遍性、共通性的内容与解释，是明确、统一的说法。而诗歌与文学，不同的人读后，就会有不同的理解和心得。当然，作家会在其文学作品中注入自己的思想与观点，但是读者的理解和品味却未必与作家的初衷相同。

　　不论绘画还是音乐，艺术性高的作品都具有多义性、两义性，让读者在解读作品时有更多的伸缩性和自由度。

　　抽象性本身就具有可以做多种解释的多义性，而象征性则因为有意识地断章取义，或由于特意改变关系，都会产生意想不到的联想，甚至，还会改变象征性原本的意义，代之以新的含义和效果。

　　其自身并不是抽象性的装饰或纹样，而是经过设定的程序与造作，使其变形、片断化，再通过对抽象关系的重新组合，产生多义性与两义性。

14.17 和歌山县立现代美术馆、博物馆的大挑檐与能剧舞台（大桥富夫）。

在我的设计作品"国立文乐剧场"中，设置了各种各样的纹样、把手、装饰窗、格子顶棚、门楼、竹栅栏，为了打破它们之间的关系，采取片断组合的手法，形成了随机式的排列关系，目的是突显江户时代的气氛[14.19]。另外，在屋面上还象征性地引用了飞云阁的剪景。

"名古屋市美术馆"与"华歌尔麴町大楼"都画有吉雄俊藏的天文图、三浦梅园的反观合一图、鸟居、格子、易经的方位图、德拉·波尔塔的窗饰、UFO、早期机械形象等象征性的片断画面，有意识地创造诙谐、意外、不和谐的氛围。

到目前为止，我在现代建筑中运用象征的手法，尽管微不足道，但还都是很成功的。在"和歌山县立现代美术馆、博物馆"设计中，使用的象征手法要比以往的作品少得多，把它们的关系也控制在最低的水平。另外，建筑平面尽量设计成四边形、长方形或半圆形，加之被限定的历史象征的反复出现，更加明显地表达了抽象、象征的表现意图。电梯、入口转门、柜台等尺寸都进行了刻意的设计，创造出一种人与机器相互交融的时代"装置"的形象，并由此演出了一幕由历史进入现代的颇具通时性的剧目。

看不见的传统与看不见的技术

传统可以分为看得见的传统与看不见的传统。看得见的传统有建筑、绘

14.18 ［左］"又一个抽象、象征"保时捷的车徽
　　　［右］汉字的变换。

画、工艺、书法、装饰、园林，以及能乐、歌舞伎、舞蹈等。建筑、装饰、工艺等，其形态本身是传统的，而能乐、歌舞伎中的传统，则是表演中所呈现的"形态"，以及艺术家通过肢体所传承的"技艺"形成的。我们常说的人类文化遗产，不仅仅指艺术家或专业人士所创作的作品，也应该包括，对掌握不可见的"技艺"的人本身做出的评价。

对于看得见的传统，以及作为形态而表现出来的传统或象征性，如何抽象化的问题，前面已经叙述过了。

同样，我们也拥有很多看不见的传统，思想、哲学、宗教、美学意识、生活方式以及技术等都属于此类。如果广义地讲，文化就是不可见的思想或美学意识。

每个国家或每个民族都经历了漫长的发展历程，都拥有各自的生活方式和不同的文化。人们从来到人世间的时刻起，就开始拥有一种传统，生活在现代社会中，这种传统是不可见的，是铭刻在 DNA 上的。

之所以把西方文明称为"唯物文明"，而将日本文明称为"唯心文明"，是因为讨厌的二元论。当然，日本的文化传统与西方相比，确实是唯心的，对于这个问题，我经常用伊势神宫和帕提农神庙作比较。

在日本人眼里，伊势神宫是有着 1300 年历史的传统建筑，东大寺是奈良时代的目前世界上最早的木结构建筑之一。实际上，伊势神宫在历史上每隔 20 年便举行一次迁宫仪式，每次迁宫都是完全用新材料重新建造。

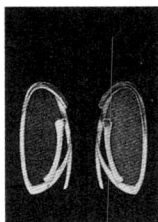

东大寺在镰仓时代与江户时代也进行了大规模的重建,其规模、比例、尺度、立面等,都和原来的不同。外国人在听了这一段解说后,肯定都会有一头雾水的感觉。

这是为什么呢?因为在西方文化中,所谓传统就是原来的结构、原来的材料,都要完全原样保留,而用新材料重新修补,也是追求更加精致。即使有时做得远远超过了原作,那也算是复制或伪作。

假定我们来到了帕提农神庙,考证其所有的尺寸,使用与当时相同的新材料重建一个帕提农神庙。得到的结果只会是,"那不过是精巧的复制品而已"的非议和嘲笑,决不会再有其他的评价吧。

西方的继承传统是继承创造物体(形态及其材料)本身的原始材料的价值,既注重看得见的历史传统,又重视那些看不见的传统,如当时的社会背景下的思想、美学意识、精神、技术等。与西方不同,日本的传统继承,则是要在其传承上赋予新的生命。

日本人的做法容易对历史遗产造成破坏,之所以这样做,与新材料、新技术发展的历史也不是没有关系。对此,应该进行深刻的反省,但是另一方面,重视不可见的传统是日本文化的特质,这就会大大增强现代建筑对传统继承的可能性。

原始材料的质感产生的美感,对尺度尺寸的细致思考,人皆有佛性的佛教思想,让对立取得共生的唯识思想,人与建筑皆为自然的一部分的自然

14.19 ［左］国立文乐剧场的把手
　　　［中］装饰窗
　　　［右］老虎窗
　　　在随机的排列中流露出"江户的气息"。

观，满足吸收他人文化和新技术的好奇心的生活态度，由多义性派生出的两义性空间，重视理性与感性的思想交流，重视中间领域与暧昧性等等，这些日本文化的特征，都是明确地属于思想、哲学、宗教、美学、做法、感性等范畴，是不可见的精神性传统。当然，不可见的传统和可以看得见的传统是文化的两个方面，对于建筑师、艺术家来说，继承不可见的传统才是更重要的课题。

建筑是思想的表现，也是时代精神的体现。

我们认识的传统，就是对各个时代的技术、材料及其时代精神的历史积淀的理解。只有表现特定时代的时代精神的有创造性的建筑，才能够作为留给后人的文化遗产来保留和传承。我们要不断地继承不可见的传统，使用先进的技术与材料，创造具有时代精神、时代风格和特征的作品。

在"和歌山县立现代美术馆、博物馆"的设计中，我曾经对看不见的传统的继承进行了多种尝试。

从正面登上台阶通往入口的道路，看起来就像是神社的参道，列柱在参道以及与之平行流淌的水池之间有序地排列、分割和连续。列柱和建筑之间的道路，成为自然与建筑之间的中间领域，水池一侧的建筑线脚都是由直线构成的，而到了庭园的端部则变成了一组自然的等高线。

这些做法都是以日本的文化底蕴为基础的，是与自然共生的一种手法。

1994 年 9 月 26 日，在费城美术馆举办了"日本设计"展，我担任了展

览会场的布置和设计。同时展出的有工业设计、雕塑、手工艺品和时装等，这是日本战后第一次举办的综合性设计大展。

在产品设计这种带有普遍性的工业制品中，能够体现出日本的个性吗？应该说还是有的。

日本人喜欢洗澡，但是也有美国人说"日本人制造的汽车也喜欢被冲洗"。他们对一乘上日本产的汽车，就自然想到要洗车而感到不可理解。这说明在日本生产的器具中确实反映了日本人的美学意识与思想。

我虚心地听取了有关人员的意见，将"日本设计"展按年代顺序进行分类、展出，把中央原有的列柱做成圆柱，以象征日本文化源远流长，表达共生性、小型化、诙谐性、多重性等传统精神，表现日本文化的思想背景，就连展示台的展线也是根据分形几何学设计的。

现代建筑需要解决的课题，包括传统与先进技术的共生，抽象性与象征性的共生，自主性与世界性的共生。建筑要迈入下一个时代绝不是一件容易的事情，要不断地应用更先进的技术和现代材料去表现不可见的传统与精神，开拓新时期的新的抽象、象征之路。

使抽象、象征成为可能的分形几何学

我在"和歌山县立现代美术馆、博物馆"的设计中，多处运用了分形几

14.20 成为"分形系列"的和歌山县立现代美术馆

　　　[左] 博物馆的把手

　　　[中] 柜台

　　　[右] 栏杆

何学 14.20。本来几何学是理性上的理性，也可以说是上帝赋予大自然的礼物。而且通过人类的理性思维，能够探求并证明带有普遍意义的理想象。从柏拉图几何学到现代的欧几里得几何学，所有的几何学都是为了在自然界或人类社会中战胜各种矛盾、混乱或无序，以理性的胜利为目标的。

　　各个领域都会出现所谓超越现代主义的学问，这也说明，从布鲁巴基体系向非布鲁巴基体系演变的过程中，社会价值观将会发生变化。布鲁巴基体系过去一直主张，几何学与自然中存在的不规则性、无秩序是对立的，而曼德尔布罗特的分形几何学正在超越布鲁巴基体系。不规则的形态以不规则的几何学和分形几何学是能够解释清楚的。出现突然变异的不规则现象的孤立子 (Soliton)，在普里高津的共振理论中也可以找到答案。

　　理性的二元论是现代主义的基础，现在，我们要在生物学、物理学、氢粒子论、数学、哲学等一切领域中确立共生的理论。几何学代表了抽象性，而象征性不能通过理性（几何学）来表现，两项对立的思维方式也已经成为历史。

　　分形几何学以及非布鲁巴基体系，使抽象性与象征性的共生，即抽象、象征的成立变为可能。

　　"和歌山县立现代美术馆、博物馆"的栏杆、柜台、把手、长凳、椅子（现在使用分形系列的名称，开始在德国生产）等等，全都应用了分形几何学。这预示着一个新的开放时代的到来。

14.21 朗香教堂（新建筑社）。

直到前不久，还经常使用有机建筑这一概念，其形态并没有拘泥于几何学的规则。

弗兰克·劳埃德·赖特、阿尔瓦·阿尔托、布鲁斯·高夫、奥斯卡·尼迈耶、保罗·索莱里等建筑大师的作品，都可以用有机建筑这一概念来解释。现代建筑运动的领袖们认为，依靠感性来创造有机建筑的人们，在个性、象征性上简直就是奇怪的一伙。

其理由之一，现代主义时代是由工业社会支撑的，机械时代的时代精神，具有普遍的正确性与均质性，完全与工业化相适应。正因为如此，工艺装饰、个性、地域性、固有文化所具有的象征性均被否定，一切非现代的内容都遭到否定，认为有机建筑是令人怀疑的。

但是，到了现代主义的后期，现代建筑的领袖们也开始转变了。勒·柯布西耶设计了朗香教堂[14.21]，格罗皮乌斯在中近东的建筑设计中，使用了很多传统的拱券。

工业化抛弃了现代建筑的领导者们，向着谋求最大利益的资本主义大踏步地迈进。本来，所谓普遍性的含义，就是应该从封建社会中解放人类，而不是从作为同志、伙伴的大众那里要求独立和自主。

说起来，艺术和文化都是有个性的，对普遍性这个概念不适应，造成现代主义以及现代建筑后期的变化和混乱的原因，与"不可见的技术"有关。大机器时代是看得见的技术时代，其时代精神，就是通过蒸汽机、汽车、火车、飞机、穹顶这些看得见的技术来表现的。大跨度结构，超高层建筑，结构暴露在外的香港汇丰银行、蓬皮杜中心、大型体育建筑等等，被称作高技派建筑，被视为现代建筑的骄子。然而，这些建筑是在使用最先进的技术吗？不是的。

今天，我们所赖以生存的时代，已经迈入了不可见技术的时代。以生命工程学、计算机、生命科学、卫星通信、微型机械等为中心的信息化社会的技术，正在深深地植根于日常生活之中。这是一种看不见、摸不着的技术。

一个时代的最先进的技术往往会带来新建筑，水晶宫、埃菲尔铁塔、帝国大厦、金门大桥等，都表现了特定时代的技术与精神。然而，今天所谓的高技派建筑，却不能展现当代最先进的技术和时代精神，建筑师在不可见的时代，能得到表现的自由吗？我看未必。看得见的技术已经不是表现其时代精神的手段了，因此，我们应该向着新的"哲学的时代"、"思想的时代"迈出一大步。

只有借助深刻的哲学洞察力，才能够去探索时代精神的真谛，这对建筑的表现增加了难度，这也是一个苦恼时代的开始吧！

迈向非布鲁巴基体系

那么，利用抽象的形态和几何学形态，怎样才能做到具有自主性，展现地域文脉，表现文化传统呢？反过来，又怎样才能将传统形态和传统精神抽象化，或者理智地进行操作呢？

两者都是传承了抽象性这一现代精神和现代建筑的最大成果，同时，也都是现代社会所面临的课题，即现代精神所欠缺的场所性、文脉、个性、历史传统等要素怎样表达的问题。另外，就是论证共生思想与抽象、象征之间的关系。

1993 年的环境首脑会议，宣告这一年是共生时代元年，可以说，是给我们印象最深刻的一年。在巴西的环境首脑会议上，各国都在生物多样性条约上签了字。在如何把正在从地球上灭绝的犀牛、野牛、熊猫、日本朱鹮、日本水獭等物种保护下来，对让地球上的物种尽可能多地保留下去等问题取得了共识。这是对迄今为止的现代主义的布鲁巴基体系之一的达尔文进化论的一次重大的强制性修正。

从逻辑上讲，达尔文的进化论，即"物竞天择，适者生存"这一自然淘汰论，支持和纵容了大国霸权主义与西方文化对世界的统治，这是人所共知的。正因为如此，文化的多样性以及生物多样性条约的签字，是以第三世界为中心共同努力的结果。

共生思想追求地球上异质文化的共生，要求西方文化中心主义、理性中心主义、合理主义的二元论进行强制性的变革。

理性中心主义、合理主义的二元论，自亚里士多德以来就受到了西方文化的规范与制约，而作为囊括各知识领域的布鲁巴基体系的形成和确立还是近代的事情。通过分析、实证等科学方法能够证明的理性中心主义与布鲁巴基体系是一脉相承的。笛卡儿的二元论、牛顿力学、欧几里得几何学、拉瓦锡化学、达尔文进化论等都属于布鲁巴基体系，它们构成了现代主义时期认识事物与实证问题的方法的主流意识。

取代原有的对事物整体评价后再予以论证的方法，先从被分解、剥离的个体入手再遍及整体，是非布鲁巴基体系解决问题的方式。

不论哪个时代，即使政治、经济、文化、艺术中的某个领域发生了重大的变革，也不会波及整个社会，使之在价值观、方法论等方面发生变化。如今，整个社会机器都在有效地运转，不仅经济和政治，所有知识领域都在发生着日新月异的变化。而且不光是日本，整个世界都开始了新的发展进程。不论是发达国家还是第三世界，也都力图在更深层次上变化和发展。尽管这种新的变革的模式与前景尚不能确定，但是肯定会超越西欧中心主义，超越理性中心主义，超越二元论。我把当今世界的这种状态称作共生的时代。

对共生概念的认识与实践，是今天支撑共生时代的非布鲁巴基体系的最领先的成果。譬如，正在对达尔文进化论进行重大修正的美国生物学者马古利斯，他的"连续性共生说"已经受到全世界瞩目。生物中有可以用无核细胞生成的"原核生物"，细菌和蓝藻类就是如此。在生成反应中需要碳和氢的化合物，需要空气中的二氧化碳。如果空气中的二氧化碳或地下的氧化硫使用殆尽，那么它们就要到原始的海洋中去谋求生路了。其结果，势必会造成地球上所有的青绿色细菌都要伴随着腐烂的垃圾释放出大量氧气，而氧气在其他的合成细菌中又会成为剧毒，这样一来，所有在合成细菌中的生物就要灭绝。但对氧气产生新的抵抗效应的一部分细菌，也会随之在地球上形成并繁殖开来。

与此相反，另一方面却存在含有核的某种细胞的"真核生物"。当在合成细菌中有剧毒的氧，在空气中的浓度还只有几个百分点的时候（22亿年前），在氧气中得以存活的原核生物，进入真核生物内，并充分利用氧气而形成小的细胞器官，人们把这种细胞器官称作线粒体。这一新的微生物又形成需要大量氧气的稳定的原生生物（单细胞真核生物）。这就是马古利斯的"连续共生学说"，与以变异和遗传因子转换为进化基础的达尔文的进化论，有着明显的不同。

前年，获得京都大奖的英国生物学家威廉·唐纳德·汉密尔顿（William Donald Hamilton），也是从对蚂蚁的研究开始，与达尔文的利己的进化唱反调，倡导利他的进化。最近，他通过对不同品种蚂蚁的交互、共生，产生了进化效果的研究，取得了进展。从远古时代起，出现在地球上的所有生命（生物），都是因为不同物种之间的共生，跨越一个个难关而发展起来的。

有秩序与无秩序共生的分形是"健康"的证明

分形原自拉丁语 FRACTUS（不规则），是 1957 年数学家曼德尔布罗特倡导的新几何学。从笛卡儿以来的要素还原主义看来，复杂而非线性的世界是那样的杂乱无章（混沌），应该用无秩序这样的标签，将其从科学的世界、合理的世界中剔除。譬如，海岸线、云彩或山脉的形状，还有大脑和血管的构造，都呈现不规则或是无秩序的状态，是不能用定量的方式去观察或记述的。曼德尔布罗特的分形理论告诉我们，局部存在于整体之中，通过模拟股市波动的模式，发现了局部中也包含着整体，以相似形的形式进行再组合的现象。而且，过去欧几里得几何学认为完全不可能存在的自然的、复杂的形态，通过分形几何学都可以表现出来。

分形是秩序与混乱（无秩序）的共生，而且，还可以使之达到更进一步的安定。我们知道，人身的脉搏不是完全有规律的，而正是微妙的分形的紊乱或偏差，才是健康的证明。这与法国学者、哲学家埃德加·莫兰以及皮亚杰所说的杂音理论是一致的。

另外，凯斯特勒提出的子整体结构（holon，是整体与部分两词合一而成的新词），也向我们揭示了整体在局部中，像"套管"一样被吸纳的部分与整体的共生。英国物理学家大卫·博姆通过对量子力学的研究，将局部中包含的整体性称为内藏秩序，这也是部分与整体的共生。

* 　鲁珀特·谢德瑞克著《狗狗知道你要回家？探索不可思议的动物感知能力》由汕头
大学出版社2003年出版。

这些新哲学、新科学有着共通的概念，也都与共生思想一脉相承。

现在，把话题转向孤立子，这是 1834 年 J·司各特·罗素，给细长的河流中出现的"孤独之波"所起的名字。一个平静的日子里，他突然发现河面上出现了大的隆起，而且，速度不变地连续快速移动了两英里。而把这一超常现象作为严密数学的研究对象，则是 1980 年以后的事情。可以说这一现象，戏剧性地显示了，局部作为整体表现出现的情况。像这种非线性的现象，在气压波、潮汐、黏菌、热传导、超流动、超电导等各个领域中同样都可以找到。它们有一个共通点，那就是可以把系统整体视为独立的局部来进行分析和分解，而又不丧失整体的内在关系。

这是生命原理中所特有的突然变异问题，与建筑中三维空间所起的作用，也有类似的关系。

英国的量子力学物理学家、剧作家，还是广播作家的大卫·彼得，在其专著《同时性》（Synchronicity）中，从量子力学的视点，探求精神与物质之间发生的共时性，以及秩序和混乱之间出现的共时性。

他引用了生物学家鲁珀特·谢德瑞克（Rupert Sheldrake）* 的形态形成场的理论，揭示了所有的物质都是具有记忆的联合场，都能得到其形态形成场信息形成的整个程序。譬如，新的物质刚刚被合成的时候，其结晶化的过程需要花较长的时间，但在另外的场合，当操作到两次以上，其结晶化的速度便明显加快，很快就会显现效果。某些物质自我形成的结晶化工序，

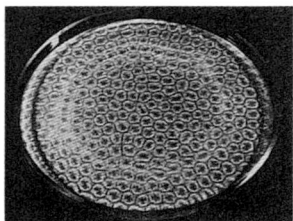

14.22 贝纳尔细胞（对流）（摘自《岩波理化学辞典》第4版岩波书店）。

也能被在场所或时间上，都有距离的其他物质作为信息所获得。

类似这样的共时性，在动物（生物）中可以举出无数的例子。当某个动物突然遭遇危险时，距离几十公里、几百公里之外的动物，也会马上得到信息，避开危险的境地。换言之，物质也好，生命也好，都是以阶梯状、连锁式的方式传递信息和不断做出反应的。在生命中，形态的形成与成长，不仅仅取决于 DNA 的指令，也随着包括偶然性、共时性情景（信息场）的交互影响而逐渐形成。无论这种形态形成的场（信息场）有生物还是无生物，也不管如何远离宇宙的场，两者之间都会同时发生交流与影响作用，这就是取得同时行动的共时性原理。

量子力学出现了，这个颇具戏剧性的共时性，又正在朝着精神与物质的共时性、精神与肉体的共时性方向发展。

哈肯的协同作用论，明确解答了孤立子等共振现象，普里高津，还有法国物理学家贝纳尔（H.Bémard）发现的贝纳尔细胞（贝纳尔对流）等[14.22]，都与共时性有着明确互动的关系。所谓"贝纳尔对流"，就是将锅里的水加热到沸腾时，会有许多大大小小的气泡冒出，呈现混沌现象，这时水温达到了临界点。再继续加热到某一时刻，就会偶然发现水泡扩大为水流，出现规则有秩序的六边形的格子流。像这样的贝纳尔细胞（对流），有时从某个角度，观察正在冷却的咖啡的表面也能够见到。

在变形菌的细胞或等离子的电子中，也可以发现，突然由随机状态变为有秩序的协作现象（耗散结构）。以上所讲述的新成果，几乎都是最近10~15年之间取得的，它们的共同特点是都与预先设定公理或定理，然后再分别进行分析、验证，认定真理只有一个，认为没有进入其对称性结构和秩序中的要素均为不起任何作用的不合理的布鲁巴基体系完全不同。非布鲁巴基体系的共同点则在于非对称性的结构和秩序，是纷乱或包含偶然性的秩序，非连续、非线性的秩序，而且，也是否定精神和物质对立、否定二元论的共生的秩序。

布鲁巴基体系是现代主义时代精神的体现，是现代世界与现代秩序的固有方式的展现。相反，非布鲁巴基体系可以说是显示了未来的21世纪的世界景况与秩序的应有的状态。

布鲁巴基是法国数学家安德烈·韦伊（Andre Weil），在20世纪30年代创建的青年数学团体的名字，由于当时团体所追求的目标是明确的、一贯的，所以后来就被用在了现代主义科学、哲学的所有领域。

关系时代、生命时代的建筑

现代主义时代，人们所关注的是可以看得见的实物，像豪华住宅、土地、高级汽车等等，认为这是物质文明的象征，能够显示自己的地位。所以，大规模的建筑、超高层建筑、大都市，还有大企业等都是现代主义时代的象征。

支撑现代主义时代的布鲁巴基体系，其主体思想也还是重视可以看得见的实体。就像只根据天体的质量及其距离，就可以解释清楚牛顿的万有引力定律一样，认为天体与天体之间是太空，任何物质都不存在。

我们知道，太空里充满了各种物质，太阳发射出来的中子，能够一直达到地球表面。另一方面，如果从原子或中子的角度来考虑，本来作为实体理解的可以看得见的物质，就成了极小的、多孔粒子的集合体，其表面与边界均难以确定。地球有多大，连设定其范围都很困难。以二元论为基础的合理主义的精神，就是通过将世界所具有的这种复杂性加以简单化，而进一步确立起来的。

我把 20 世纪称作机械原理时代，把现代主义之后的新时代，称作生命原理时代。20 世纪 60 年代的新陈代谢、变容或突然变异以及共生等，我近 35 年间所提出来的概念（＝关键词），都与生命原理有关。最新的生命的定义告诉我们，虽然关系常常改变，但产生实际意义的是场。就连人体的细胞与细胞之间的连接，也不是物理的、机械的，而是柔性的、信息性的。正因为关系概念是能够对生命原理做出解释的重要概念，所以很快受到了世人的关注，这也是我认为 21 世纪是关系时代的理由。

生命原理时代的生活方式，不只局限于豪华住宅或高级汽车，还有人与人之间的关系，行动自主性等。我 1969 年写了一本书——《动民》，1989 年又出版了《游牧时代》，预测一个重视关系和流动的时代就要到来。作为以移动为常态的游牧民，一定要千方百计地，尽早察觉其他部落的人正在接近自己的情况，并具有判断来者是朋友还是敌人的能力，还要根据风吹沙漠的方向或各种迹象，了解天气的变化，以及哪个地段有牧草等。这些都是关系到部落乃至国家存亡的大事。不停地移动，还要维护家族、部落，甚至国家的秩序与安定，这就需要对人际关系敏感，在感悟环境或天气变化时，应该明确自己的位置，要敏锐。在 21 世纪这个没有边界线的时代里，我们所希望的，不正是对这种关系的感悟吗。

如果建筑是表现时代精神的话，那么今后的建筑就将是关系建筑了吧。

当今时代正在变化为生命原理的时代，机械时代精神所支承的工业社会，正在向信息社会转移，而社会整体价值观的变化，将会同这一转移保持平行。

工业社会的目标是实现大量生产与全面发展，与此相反，信息社会则是创造差异、实现多样化，认识差别、认识多样性，就是重视和其他方面的关系。

走遍无边界限制的世界，联络老朋友，结识新伙伴。度量与敌对方之间的距离、计较与对方的隔阂等，往往会产生动态的、无限的复杂性。涵盖了生命原理、共生原理的新的非布鲁巴基体系，理所当然地要向着"复杂科学"、"复杂文化"或"免疫系统"发展。

共生概念的提出，已经过去了 35 个年头，今天，共生概念已在各个领域中使用，成为时代的关键词。正像过去一再强调的，共生概念是与共存、妥协、调和等含义完全不同的概念。一言以蔽之，共生与这些概念不一样的地方就在于，尽管是对立、竞争，但必要时还会成为伙伴。

从另一视点来看，承认在对立的精神与物质之间，存在着中间领域或边缘性，承认对手的高明之处和可以共同拥有的相同规则，只有如此，共生的概念才能够成立。

我一再标榜的共生概念，指的就是道空间、边缘性、利休灰、间隙、模糊性、灰色文化、两义性、双重规则等概念，因为，正是这些概念构成了中间领域。

而象征、抽象这一概念，则包含了抽象性与象征性这一对完全对立的两大要素。

几何学所具有的规则性与自然形态的不规则性，场所的地灵与共同的宇宙观，分析的理性与把握整体的感性，历史性的传统与世界性，异质文化相互之间的关系，以及建筑与自然，这些对立的要素怎样才能取得共生呢？我们从抽象、象征中可以找到答案，这正是抽象、象征需要解决的课题。

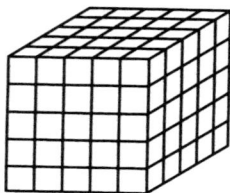

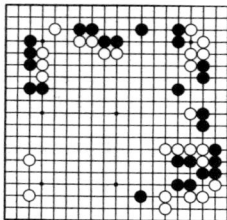

14.23 ［左］立体格子概念
　　　［右］在围棋盘上看到
　　　　　　的双方对弈

我在"抽象、象征——绪论"中指出，抽象性正是我们应该继承的现代建筑的遗产，而且，应用抽象的几何学，才有可能凸显传统的宇宙观。

纯精神的几何学，是通过立体格子表现当今世界普遍真理的存在[14.23]。与此相反，抽象、象征，则是根据多样性部分的自立，来表明世界的存在。

建筑由圆锥、圆、正方形、球、三角形等各种不同的几何形态演变、组合而成，构成了多姿多彩的世界。换句话说，也表明了生命原理所具有的多样性。

抽象、象征更重视各种要素或空间相互组合所具有的关系性，不仅重视对自主空间产生的意义的表达，更看重要素或空间相互之间的关系，以及由组合方式所产生的表情、氛围、方位及含义等。

为了表现生命所具有的浮游而有生气的场，常常需要让要素本身发生扭曲、歪斜、偏离、倾斜，甚至引入异质的素材或突变等。就像从杂乱无章中冒出来的孤立子或贝纳尔对流一样，援用了分形几何学，类似这样的非对称性、非线性的几何学，实际上，是可以在日本文化的非对称或空间的美学意识的底蕴中找到的。

正像前面所提到的，围棋的游戏理论、棋盘上所占据的白格包含的意义、庭院中石汀步[14.24]的配置等都能够从中看到的实体与实体之间的中间领域、关系美学，还有像江户时代所常见的高密度社会等，这些特性都深深地扎根于日本的传统文化之中。

14.24 桂离宫的石汀步。
14.25 根据初次发表在《新建筑》1994年1月、
10月、1995年1月号中的"抽象、象征
I~III"改编。

共生思想的鼻祖，可以追溯到唯识思想和大乘佛教教义。今天，如同在日本开始的 21 世纪思想大讨论一样，共生思想连同抽象、象征一起，其中一定蕴藏着由日本开创的方法论的可能性[14.25]。

15

沙漠实验城市——传统与最先进技术的共生

加利福尼亚风格的住宅不适于游牧人居住

设计利比亚的沙漠城市是我 1979 年的工作之一，这是一次实践共生思想的好机会，所以对设计有着很高的兴致。

虽然是在利比亚的萨里尔地区设计一个市镇，但是要把日本与阿拉伯的异质文化、传统，以及现代技术等各个方面，通过具体的形态取得共生，的确是一项非常重要的、很有意思的事情。

我开始接触并着手从事阿拉伯世界的各项工作，要追溯到 20 多年前。

当时，曾构想在阿拉伯联合酋长国首都阿布扎比建造"国际会议都市"。内容包括 OPEC 大会堂、总统官邸、国会大厦、迎宾馆等庞大计划。这是把所有建筑都置于地下，建造地下城的非常有活力的规划设计，在这次国际设计竞赛中，我的方案获得了第一名。

为此，我开始涉足阿拉伯的建设事务，与各方面的人士会面，为规划项目的实施而不遗余力。以临时的办公室为家，加紧进行各项准备，然而没有想到的是该项目在进行中处处碰到暗礁。

阿拉伯联合酋长国还没有制定有关的宪法，这就意味着在法律上，首都的位置还没有确定。

本来现在阿布扎比就可以定为首都，但是因为缺少法律依据，邻近的酋长国迪拜则横插一枪，认为"首都应该是迪拜"，闹得沸沸扬扬。结果，建设项目一直处于悬而未决的状态。

然而，我却以此为契机，经常出入中近东，经历了各种各样的事情。

其中最有趣的一件事，是某酋长（阿联酋是由部落酋长治理的国家联合体）招呼我说："本来依靠美国建筑师设计沙漠城市，但效果一直不很理想，今天想听听黑川先生的高见，能来见一面吗？"

众所周知，阿联酋是富产石油的国家，钱多得很。虽然当时人口只有130多万，但人均国民产值世界第一。

向游民无偿提供住房，让他们在沙漠定居，这项政策在当时得到了有效地推动。

游民包括狩猎者与游牧人，他们尽管也建造土坯房，但基本上是以住帐篷为主，移动性大，生活无固定居所。

在这种情况下，即便从国民教育方面来看，国家现代化也是很难实现的。因此，理应制定建设市镇、使游民居有定所的有关政策。

于是，我决定在酋长的帮助下，去参观那位美国建筑师设计的沙漠里的村落。

这一天很快来到了，那是一道完全不同的风景线。

建筑物是混凝土结构的二层楼房，像是加利福尼亚州的美国式住宅，全部装有空调，并设置了汽车库。远远望去，几排楼房很有秩序地排列在沙漠之中[15.1]。

然而，走近一看，那些游民却住在旁边的帐篷里，而住宅的房间却养着羊或是堆放着家畜饲料。

我感到非常不可思议，于是作了深入的调查。

首先是空调问题。

沙漠中，酷暑时温度高达40℃以上，再加上空调效能差且经常发生故障，

388

15.1 成为沙漠中楼阁的加利福尼亚风格住宅。

又不会像在日本那样，有了问题马上就能拿到镇上的电器商店去修理。在这里，修理至少需要一个月。

这期间，混凝土的大盒子简直就成了灼热的地狱。

而且，混凝土外墙在强烈的阳光下，白天吸热、夜间散热。结果，室外已经凉快了，室内却因为混凝土这个大散热器的作用，还是热浪滚滚呢。

这样的房子根本不能住。于是，人们就把住宅让给了动物，而自己住在重新搭建起来的帐篷里。

帐篷本来就是最适合沙漠生活的，也是最合理的，所以住在帐篷里感觉很踏实。

沙漠里的温度尽管起伏很大，但在地表 3 米以下，温度却鲜有变化。

白昼，即使温度达到 40℃，地下温度也只有 20℃上下。而夜晚，地上已经很凉了，而地下 3 米的位置还仍然保持在 20℃左右。沙漠的气候就是这样，白天气温很高，夜间常常只有 5℃左右，感觉很冷。20℃可是感觉舒服暖和的温度。

流浪者们在帐篷地面上铺毛毯当床，白天就躺在帐篷的阴影下休息，由于地下湿冷空气的上升，可以感觉到凉爽。夜间则相反，外边冷而地下热，是很好的暖房。

由沙漠中孕育而成长起来的游民，利用在漫长的历史中积累的经验与知识，在沙漠中过着充实、舒适的生活。

相反，美国建筑师所做的设计，则是照搬加利福尼亚的生活模式，并不适合。

不同地域有着丰富的独特文化

当我见到那位美国建筑师时，问他："你怎么搞了个谁也不能住的设计呢？"他回答："嗨！就那样了吧。"

将美国建筑师的意见归纳一下，就是"自己一开始也是考虑如何做得更好一点，做得彻底一些。然而，不管发展中国家的民众或是游民，出发点都是让他们将骆驼换成汽车，用住宅代替帐篷，过上现代的生活。因此，要达到上述目的，就只有将某些想法尽早地告诉他们，让他们进行居住现代房屋的训练"。

这是以西方的价值标准为基础的一个现代主义教条的典型。我们知道，因为欧洲文明而出现了工业社会，工业社会派生出的功能主义、技术主义提高了人们的生活质量。归根结底，他认为这种价值观或迟或早都要遍及全球。

譬如，亚洲、伊斯兰社会等，都在向西方文明靠拢，认为作为一个发展阶段只是来得太迟了，这种思维方式如今仍然非常普遍。

然而，在文化人类学者列维·斯特劳斯确立了结构主义之后，这种思考方法就已经被否定了。

他否定以前的文化发展阶段说，认为不论非洲的矮人、爱斯基摩人或者伊斯兰社会等等，地球上所有人种的文化，其本身都具有独立性价值，都具有相互关联的结构。

因此，西方文化也被相对纳入了一个更大的结构之中。

自不待言，一种文化在某个时期会表现出强大的力量，可能会对其他文化产生巨大影响。

曾经有一个时期，埃及对整个世界都有过较大的冲击，中国也一样。英国及罗马也有过这样的阶段。第二次世界大战以后，美国的影响力一直很大，今后，或许日本在文化方面也会有一定的影响力。

然而，他们不会构成主宰整个地球的序列。应该认识到，各个地区所具有的独立文化本身，会让世界变得更加丰富多彩。

国家或者民族之间，应该承认各自的差异性，尽管有分歧，但是如何做到求同存异，如何在摩擦的基础上取得协调，如何在异质性中共生出创造性的文化等等，这一切都将成为今后世界性的主要议题。

从这一观点出发，建筑师之所以会在沙漠中建造加利福尼亚风格的住宅，不能不说是受现代主义毒害太深的缘故。

我的这些批评不是轻率的，因为我不单是思想家，更是建设房屋、规划环境的建筑师和城市规划师。假如自己同样受到委托，也在同样的沙漠中建造新城市的话，会怎么办呢？这个问题一直在我的脑子里回旋。

先进技术与阿拉伯文化的共生

果然，数年后，我偶然得到了个机会，更受到了挑战。

从利比亚的第三大城市班加西向南几百公里的沙漠中心地带，有一个叫作萨里尔的地方，据说地下有大量的水脉流过。

由于该地下水的水量差不多像河流一样充足，所以，就产生了利用它来开发沙漠农业的计划。

另外，在萨里尔附近有油田，有大批在那里工作的外来人口。利比亚政府希望建设一个让在石油基地工作的工人、工程师们，从事沙漠农业作业的人员，以及该地域的土著贝督因人，都可以居住的新城市。

我当然乐于接受这个委托。

我最初着手的是开发砂砖，想使用沙这种沙漠里的无限资源来制作砖。

在此之前，贝督因人虽然也用黏土晒干后做成简单的土坯。但是由于它很脆，不适宜用来建造耐久性要求高的建筑物。

我花了三年的时间同英国科学研究所，用特殊的方法，成功地开发了耐用年限为期 10 年的硬质砂砖。

同时，我还想采用连"周日木工"都外行的人也能砌筑的方法来建造自己的家。

对外行来讲，比较困难的是屋顶及电气和自来水管的配置。

特别是把屋顶用砖砌成拱形，这对外行人来说就有些难了。

因此，我认为把屋顶做成很薄的煎饼状的预制屋顶盖上去更好。

该屋顶也是挖沙铸造，把混有玻璃纤维的水泥浇筑进去就可以了，用比较简单的制作方法也成。

至于管线，我考虑制作一种叫作"设备墙"的东西。这是在双重墙壁之间，把所有的设备管线全部集中布置的方法，这样做也便于维修保养。

所以建造住宅的人们，只要使厨房和厕所与"设备墙"相连接，就可以自由地建造其余的房间了。

这与住宅小区不同，一幢一幢，建筑的布置很不一样，形态各异的家就这样被建成了。当真是外行也能够建造的吗，我对此搞过三个试验。尝试过由一直只从事办公室工作的设计部工作人员，进驻沙漠现场三个星期，就同英国助手一起建成了住宅。

试验是成功的。用三个星期建成所有的住宅虽然过于勉强，但是，除

15.2 先进技术与阿拉伯文化的共生。这不是沙中楼阁，是用土坯建成的和沙一样颜色的街道，与沙子完全融合在一起。

了装修之外，确实是只依靠外行人的力量，就能够很好地完成建造工作。

在这种住宅里，还附有一种叫"风之塔"的东西，那就是 15 米左右的像烟囱一样的塔。

一旦风吹过烟囱上部。室内的空气就会被吸上去。地板下面的冷空气便随之上升。利用这种气流温差原理，建成了沙漠中的自然空调。

萨里尔新城。如果从大的方面来看，也可以说是拥有先进技术的工业国文化同沙漠文化、阿拉伯文化的相会吧！

不消说，像制作非常坚硬的砂砖这种先进的科学技术，正在与沙漠中的智慧共生[15.2]。

开始浸透"共生思想"的新城镇

我在设计该市镇规划平面的时候，比广场更重视道路，如果看一下照片，便会明白这是一个非直线形错综复杂的道路结构。

道路比广场更重要！我在这 20 年里，一有机会便会宣传"道路思想"的主张。所谓人们喜欢有生活的城镇，我认为并不是西欧型的那种带有广场的城镇，而是具有欢快街道生活的城镇。

日本人一到欧洲去旅游，首先接触到的就是广场，到了广场就有教堂，聚集着市政府和超级市场，有很漂亮的建筑，这当然是了不得的事实。

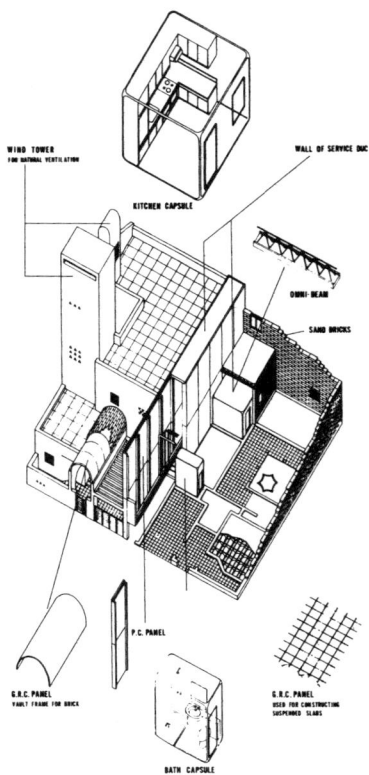

看，利用自然空调"风之塔"使沙漠的传
统智慧与现代技术取得共生，从而创造出了
"舒适空间"。

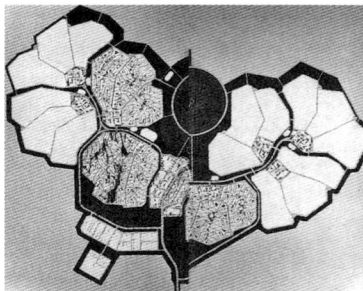

萨里尔城，弯弯曲曲的道路很有特色，等待街
道的自然增值。为设计之协调与巧妙而高兴。

用来制作土坯的组合木框。

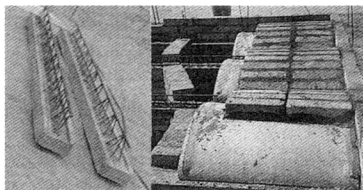

梁　　　　　　圆拱形屋顶部分　瓦。

自己动手（Do It Youself）的作品，沙漠中的实验住宅。

［上］烧制而成的砖。［中］土坯砖。正在准备砌筑。［下］就这样把墙砌起来了。

共生的建筑

但是另一方面，欧洲的街道又黑暗又混乱，良好的感觉魅力全没了。

与广场那繁华的外表相对，有所谓"里道"那样的东西，欧洲的城镇空间确有内外之分。

但是在日本，传统的街道就是外表。相对于以广场为中心的欧洲城镇那种中央集权型集中繁华的空间来说，街道才是欢乐的地方，一幢一幢安静的住宅才是享受生活的地方。

我在萨里尔，也想尝试着让日本式的"表面"街道在那里共生。

在伊斯兰社会内，街道中的"道思想"，有日本"十字路口"的感觉。

伊斯兰的商店街，在法国电影里，经常是一进去就是迷宫般的地带。那里非常像日本"十字街"的感觉，是行人商贩密集的场所。

沙漠中的城镇里迷宫那样的道路，有防沙暴的优点，也有可以创造阴影的优点。即使夏天很热，不消说，也可以欢快地行走在通风、有阴影的道路上。

正是这种道理，在萨里尔新城里，从哲学角度到规划角度，我的共生思想在以各种各样的形态浸透着。

该新城不管怎样，因为是在什么也没有的沙漠中出现的巨大城镇，所以至今还没有完成。特别是由于最近石油价格下降，该计划已经被终止施工。

但是，沙漠中的海市蜃楼，用砂砖建成的砂土色城市，最终还会在漫长的历史之中还原为沙漠。

历史与未来共生的曲折道路

神奈川县藤泽市北部的湘南生命之城正在建设之中，这个新城市是我倾全力设计的，是 20 年前的规划。规划人口为 45000 人，现在已经有 3 万人定居，街市氛围逐渐开始呈现。

建设之前，这里约有500户农家，农田以水田为主。按照设计方案，这500户农家宅地将保持原样，农田也有50%被保留。这样，可以将零散的土地进行分区整理，保全农村团体残留的土地（农业）。并在其中组建新的城市，实现农村与城市的共生，历史与未来的共生。

农村聚落必然有山间村落和庙宇森林，为了保存其地形和绿化，不能将土地整平建造平直的道路，那样就会完全破坏历史和自然。因此，要慎重地选择地形等高线，设计相适应的弯曲的道路，最大限度地保护绿地，保护历史村落的景致。

这样，这个湘南生命之城便成为世界上罕见的，道路蜿蜒的农村和城市共生的成功典范。

当时的领导机关建设省，虽然接到了反对这个蜿蜒道路的方案，以区划整备事业补助金为借口的变更指示，但是仍然坚持通过了原设计。20年后的今天，这个生命之城作为当今时代的城市建设的范例终于被认可，我对此很高兴。

这个湘南生命之城方案，表面上是保护农业的政策，实际上，在保护现有的历史人类关系方面，才是真正具有重要意义的。

巴西的新首都巴西利亚、澳大利亚的新首都堪培拉，无论哪一个都是评价不高的城市。日本的筑波科学园也是声誉不佳，为什么呢？

那里的一切都是划一的、是汽车优先的、是远离其他城市孤立的，有一种冷清的感觉，没有形成各种职业人的共同体等。如果用一句话来说这些城市的缺点的话，那就是没有共生的思想，换言之就是没有历史。也许经过50年、100年以后，这些城市无疑也能创造出历史。但是，面对要忍受100年艰难居住的生活，将会产生何种想法呢？难道就不能从一开始就使其与历史共生吗？

　　应该像湘南生命之城那样，尽量把现存的历史共同体与街区组合，去创建新的城市。如果可能的话，不必将新城市整体规划设计出来，而是要保留其中的一部分自然发展形成的街区，以自然发展的街区自然而然地创建了迷路，具有迷路的新城市，与历史共生的新城市，是能够成为有人气、有魅力的街市的。

16

国土大改造计划——网络城市与复合轴

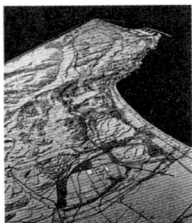

16.1 南意大利的圣萨尔沃（San Salvo）镇，并不以市民的高收入为目标，而是希望能够保持住优美的风光、美味的佳肴，以及传统的生活方式，希望街区规划能够满足这些要求。这比整齐划一的小东京更有魅力。

区域规划的"非经济原理"是"生活原理"

在意大利南部，亚得里亚海沿岸的瓦斯托（Vasto）镇，现在还保留着罗马时期的街道，那是个非常美丽的城市。其中心产业是农业，由于第二产业的开发没有成功，所以与工业化程度较高的北部意大利相比，市民收入偏低。

该地区在进行城市规划时，在议会的说明会上，我听到了如下的发言：

我们的目标，绝不是为了让南意大利的市民有更高的收入，随意地诱导他们去发展工厂，更不想建设像北意大利那样的街区。我们需要优美的沿海风光和街道，需要美味的佳肴，需要永远保持传统的生活方式。希望能够在充分理解这种精神的基础上，再进行该地区的规划[16.1]。

这是非常令人感动的一席话。

在日本，这种声音如果能够来自于当地居民的话，也许就能够建设具有地区特点的有个性的街区。所有的城市都是以东京的收入水平为奋斗目标，效仿东京的结果，就造成了日本处处都是小东京。然而，更为重要的，却是各个地区首先要确立或保持独立的特性或形象，这才是更有魅力的。

如果把提高收入水平作为地区规划中的一项重要经济原则，那么地区所具有的独特的色彩或形象就成了地区规划中的非经济原则了。当地居民是最珍惜传统的，这种因自豪感而产生的原则，也可以说是生命原则或生

16.2 池田内阁 日美新安全保条约缔结后，岸信介下台以后成立的内阁（1960年）。到池田勇人因病退休（1964年）为止，经历了三次重大事件，都是以经济政策为主线。"收入倍增计划"是第一次，第二次是访美、访法等以对外经济政策为中心。当时，人们议论戴高乐总统"不是与一个国家的领导人，而是和一位微型收音机推销员会面"。第三次是举办东京奥林匹克运动会。

活原则。

这种生活原则决不仅仅是一种应付，当今的时代，经济的加上非经济的，才是能够在区域规划上取得平衡的时代。

日本的国土规划自20世纪60年代以来，一直与经济政策紧密地联系在一起，以全面提升全国的收入水平为主要目标。

最初，将收入作为国土规划目标而提出，是因为池田内阁[16.2]出台的"收入倍增计划"。当时为了激励国民，每个人都要明确目标、实现目标。

池田内阁规划具体实施的地区，是建设太平洋沿岸的条状地带。之所以选择太平洋沿岸作为重点开发区域，是因为这里有天然的良港，能够保证更多的工人就业，而且，这些地段还具备靠近高消费区等优越条件。所以，在当时作为主体产业、原料依存型的这个第二大产业的稳定上，是非常有利的地区，也是潜力很大的地区。该项规划的核心是集中开发，结果造成了资本、生产力和人口的高度集中。而太平洋沿岸以外的地区，却与此相反，那主要是日本海沿岸地区，要求纠正收入不平衡问题的呼声越来越高。

池田内阁倒台之后，佐藤内阁成立，打出了"社会开发"的口号，尝试着将过分集中于太平洋沿岸条形地带的生产力分散开，新产业都市的建设就是具体的手段之一。

在条形地带以外的地区，开发建设新产业都市的结果，一方面造成了人口特别是年轻人的外流，另一方面则是劳动力的大量集中。只有有效地阻止人口的急剧外流，地区的整体经济才能恢复活力，税收才会增加，也才能够促进地方财政及公共事业的发展，进一步改善地区环境。

新产业都市的建设，是在这种粗线条的基础之下，开展并实施分散政策的。

只要看一下这个草图就能够认识到，分散化的区域计划，是满足当地居民价值观的理想的规划与措施。从某种意义上讲，"分散等于纠正收入差别"的公式，在一定范围内是成立的。实际上，东京与地方的收入差别确实是明显缩小了。

但是另一方面，在完全推行区域分散化的地区，也出现了失误与差错。

第一，在设备投资方面效率非常低。

"从摇篮到坟墓"这句话，曾经被认为是理想的自给自足型的城市，当地居民的衣食住行都能够得到满足。人们在那里出生、接受教育、结婚生子，在那里告别人世。

在这样的状态下，有利于形成在某种精神支配下的自治体或共同社会。也可以形成地缘与血缘都很接近的一种亲密关系，产生非常强烈的自主意识。

然而另一方面，如不考虑人们在地区之间的任何迁移或变动，就意味着市场被限定，一切供给必须得到保证。说得更具体些，就是现代生活所必需的一切设施，从电影院、百货商店，到大学、研究所、歌舞伎剧场、歌剧院等，都要为被限定的人口而建设、维持管理，这是一项超乎寻常的大投资。

像歌舞伎剧场或歌剧院这样的设施，不需要每个城市都设置，几个城市共有最好，这样商业价值就会成倍地扩大。

可以认为，让城市完全做到自给自足，城市的范围和规模就会受到制约，地区的中小城市数量会受到限制，经济效益也难以提高。

"人口流动"机制所必需的"网络城市论"

完全分散的第二大缺陷，是难以形成地区之间的人口流动。

我以前写过《动民》这本书。所谓动民，就是指"流动的人"，即对流动如何"思考的人"，对所从事工作如何"去做的人"。从中，可以看出"流动"的意义与价值，"流动"是表现现代人特质的词汇。工作概念与工业社会联系在一起，同样，流动概念也与信息社会相关联。

仅凭交通工具的发达这一点，还不足以说明现代社会的流动性。应该认为，信息社会对人口流动本身赋予了更大的价值。

流动能够实现自己的选择，使个性、价值观得到满足。流动还可以使自己具有选择不在出生地工作或生活的机会与条件，感觉到现代人对选择性的要求更高、生活更丰富。

未来的城市，要迈向信息社会，要保障自由选择的存在，就应该积极地促进人口的流动或迁移。

第三大缺陷，是仅限于经济方面的考虑，小城市比不过大都市。

在城市间的经济竞争中，最大、最有效的武器是现有的基础条件。在资本、人口、生产力、消费等方面，大都市都占压倒性优势，在经济上，小城市决不是它们的对手。所以单纯的分散政策会产生弱化小城市和事倍功半的结果。

综上所述，完全分散的区域规划并不亚于集中的规划，都有很大的缺陷。不论集中的还是分散的，二元性的争论是不可能产生永久性的理想规划的。

日本的国土规划尽管存在着类似的问题，但即将迎来新全总（新的全国综合开发计划）的时代。这是迄今为止终于出现的,既不是"集中"又不是"分散"的全新的区域规划。

"网络都市论"就是如此。

不把城市视为独立于地区的、完全自给自足的实体，人们在城市与城市之间是可以频繁流动的。

而且，城市之间通过交通、网络系统等进行连接，就像蜘蛛网一样地纵横交错，形成城市联合体。这种构想就是"集中与分散的共生"。

"网络都市论"的成立，需要两大前提。一是网络不是在工业社会，而是在信息社会中形成的。二是每一个城市都具有明确的文化上的独立性，即接受自主的文化教育，以及由此而形成有特色的街区。

但是，如果网络在工业社会形成，大小城市之间出现"大吃小"的危险性就会增大，基础差的城市经济，就要被基础雄厚的大都市吞并或吃掉。

实际上，随着新干线的开通，城市之间联系的进一步加强，已经有好几个中小城市的经济受到了大都市的吞食。

工业社会的主导产业是第二产业，很大一部分要依托资本、生产力、消费等历史积淀的基础，所以容易产生"大吃小"的后果。

另一方面，信息社会的主导产业是广播、出版、教育、服务等第三产业，存在与发展主要依靠文化上的积淀。所以，小城市的经济也不至于会成为"大吃小"的牺牲品，因为小城市也有可能大大领先于大都市。

譬如，京都这个城市，经济上比不过大阪或东京，但是文化积淀却是世界闻名的。文化资源、人才、知识体系等信息价值，在未来的21世纪，将会变得越来越重要。在信息启动能力这一点上，京都要远远超越东京，这是信息社会时期的一大武器。

16.3 通过命名的典型作用，跃居全国名酒之列的"下町白兰地"，首开迈进智慧时代之先河。

扩大区域经济的典型经济

在信息社会中，不管是大都市还是小城市，可以说其城市个性，都与产业的强弱有关联。

从工业社会向信息社会的变迁，就是从经济优先的时代，迈向以智慧为主的时代。

过去一直受到制约的区域经济，有可能通过知识和智慧得到扩充和发展。

我倡导的"典型经济"也是其中之一。由于典型所起的作用，使经济之路大大拓宽。

譬如，旅游产业、文化、娱乐产业，其经济规模与当地人口完全没有关系，外来人口越增长，经济发展的空间就会越广阔。

这些由旅游观光或文化娱乐等产业的发展所带来的经济增长，可以看得很清楚。

用"下町白兰地"16.3 命名的酒广销全国，这可以理解为，与起名字这一典型行为有着很大的关系。

另外，在大分县，与平松守彦知事的"一村一品"口号有关的各种活动正在举行。

地方自治体积极地举办博览会、召开国际会议或电影节、举行盛大的节日庆典等等，使得本来只限于商业范畴的活动，有可能变为全国性的农产品或土特产展销会。这样一来，通过举办各种典型活动，使自己的经济环境更加宽阔的时代已经到来。

过去，地方交纳的税额由山林、耕地、人口等几乎没有回旋余地的数字确定。然而，今后该制度是否也应该采取对知识与智慧交纳补偿金的形式？无论多么贫困的地方城市，只要为振兴地方经济而举办各种有关活动，就应该大量增加活动经费，以支持当地经济的复苏与个性化的发展，自治行政管理的变革就要朝着这样的方向进行。

在信息时代与智慧时代，大小城市的网络化，一般不会出现"大吃小"的现象，经过努力可以避免这样的后果，使城市的共生成为可能。

进一步推进共生状态，小城市通过不断利用大城市的商机，以提高自身的信息传递能力，在各个方面得到更大的发展。在以网络为中心的区域规划中，这一点尤其应该予以强调。

多发展信息传送能力强的城市

现在，正在实施的四全总"第四次全国综合开发计划"中，"东京圈"这一关键词非常值得大书特书。与此相反，认为这是再一次加快向东京集中的规划应该予以批判的呼声也很高。

从四全总的中期报告中，有一部分题为《作为世界中枢城市的东京》是有争议的部分，现摘录如下。

"东京圈不仅是我国的首都，也是国际金融界的中枢城市之一，在向全国各地提供全世界的信息等方面具有高层次的机能，对我国以及国际社会的发展将做出贡献。为此，整个东京圈地区为了能够适当发挥作为世界都市的功能，在推进有选择性的分散各种功能等区域结构的同时，不断加强东京湾及其沿岸地区的综合利用。另外，为了使全国范围内都能够共享东京圈所拥有的功能，应进一步完善从地方圈到东京圈的交通联系。特别是集中于东京的，与行政、经济等相关联的高级别信息的集约化，通信费用的减低化，以及地方能够轻易处理这些信息所需设备的完善等等"。

这段文字，造成了使各自治体大受刺激的结果。

下面选录几个在报纸上登载的有关这方面的内容。

  •《朝日新闻》1987 年 1 月 6 日："不满之火在蔓延，东京重视四全总"

  •《朝日新闻》1987 年 1 月 9 日："问题很多，重视东京的四全总"

  •《朝日新闻》1987 年 1 月 16 日："来自地方的反对，四全总的争论——从东京电子计算机的终端看，不会出现各地的独立性、向外地分散计划落空"

  •《朝日新闻》1987 年 3 月 15 日："国土规划时代迟来——地方的自主性发展与福利都集中于东京"

  这样一来，对四全总的反对变得更加深入广阔。

不能不承认，四全总在实施过程中，的确存在着这样那样的问题。

我对四全总也提出过建议，首先，既然把东京作为"世界中枢城市"之一而加以强调，那就要向地方提供与东京竞争的必要的手段。具体地讲，过去所仅有的在平等主义旗号下的对公共事业的投资方式，难道不应该重新考虑吗？

地方性的大城市，已经在某种程度上具备了一定的基础，大阪、名古屋或京都不必说了，札幌、仙台、金泽、广岛、高松、大分、熊本等城市，也应该坚决地给以投资上的倾斜。而且，这些城市应该加强与东京竞争的实力与魅力。

有魅力的城市，即信息传送能力强的城市，对区域自主性的确立会做出贡献，进一步促进地区经济的发展。

地方性城市缺乏魅力的原因之一是选择性低，可以选择的内容太少。只有一个百货商场或一所大学的城市，肯定不如商店、大学多的城市人口密集。

至少有一个或两个大型购物中心的城市，在人口、经济等方面会有一定的基础，再通过增建商店或建设吸引力大的商店街，城市魅力就会成倍增加。

最好索性就把大学从东京分散到地方。将东京大学、京都大学等以城市命名的大学，原封不动地搬迁到其他地区会有很多的不方便。最好，像过去的大学一样，改名为第一大学、第二大学，这样就会形成有积极意义的规划。

为什么已具备充分经济实力的地方性大城市，如今也会有反对声呢，当然应该认真思考，但重要的是，这些地方性大城市具有信息据点的功能，在信息社会中，对其他区域的经济发展会起到引导与帮助的作用，这也是事实。

向地方的重点城市实行投资倾斜，或大规模的规划建设，有助于信息社会地方性城市网络的形成和充实，是提高地方对东京的竞争力的非常重要的手段。而且，地方在加强这种竞争力之初，就要体现"集中与分散的共生"。以上就是我对四全总提出的建议和意见。

当然，我认为四全总关于东京的定位问题是正确的，东京作为大都市正在迈向国际化，作为日本的首都，要求发挥更大的功用是必然的。

这次的日本国土规划，充其量是以人口为对象，视野仅放在日本国内。因此，集中还是分散只是日本国内的事情。对此，我提出了集中与分散共生的"网络城市论"。

今天，一个与网络共生的时代已经开始了。

地方城市链、大都市、国际金融三大网络的共生

国际金融城市网络，是最近出现的又一个网络，正在接近日本列岛。

由于金融自由化，日本的短期金融市场正在急剧扩大。银行之间取消了同国外的硬通货交易或相对性的交易，根据银行市场与开放市场两大市场的统计，日本短期市场的规模达 2060 亿美元。这是 1985 年度末的余额，是根据当时的兑换率换算的。

当时已经超过了联邦德国、英国，仅次于美国。

今后，日本的金融市场还要继续不断地扩大。如果自由化进一步发展，来得更加彻底，一些因讨厌日本的法规，而在海外筹措资金的企业，就会转向国内发行公债。因为日本的利率低，对于急需外来资金的企业或国家来说，这也是非常有魅力的金融市场。

利率低的原因是经常性收支中的巨大的顺差。1987 年度的顺差为 900 亿美元，相当于整个 OPEC 工资支出的最高额。这些钱积留在日本的金融市场中，自然会造成低利率了。

日本将多余的资金用于在国外购买国债、大楼或土地等。此外，还向企业大量发放贷款。现在，日本在海外的纯资产超过 1000 亿美元，据说 5年内要达到 5000 亿美元。然后用这些资金在海外投资。与海外的这种关系越发展，日本金融市场的重要性就会越明显。不管你喜欢与否，它已经进入了海外的金融市场网络。

在美国的大户头商业银行、美国信孚银行（Bankers Trust）把资本市场

部门的总控制人，从纽约迁移至东京。

IBM 也将亚洲太平洋总部，从纽约迁到东京，当时还在周刊杂志上引起了轰动。杜邦（日本）、德州仪器（日本）等，也都在日本设立了研发中心。由此即可看出，东京已经成为资本市场的重要地域。

地理条件是东京在国债金融网络中处于重要地位的另一个原因。

如今，金融市场正处于"24 小时流通"的时代。利用世界市场的时差，纽约下班了在东京办理，东京停业了就在伦敦办，可以在 24 小时的任何时间进行交易。

最近，可以看到许多商社或银行，夜间每个房间都是灯火通明，与"24 小时流通时代"相对应，无论是日元还是美元，都要 24 小时轮番监视国际商品行情的价格走向。

有了国际金融市场网络，因为时差关系，有必要在纽约与伦敦之间，即在亚洲某地设立一个窗口。目前，有望被选中的有新加坡或中国香港，但资金力量雄厚的东京，可是最有资格的。

东京成为一个区域性的"地方城市网络"，再加上由东京、大阪、京都三大都市圈构成的"大都市网络"，还有由完全不同的渠道产生的"国际金融网络"，这三大网络标志着共生时代终于来临了。

该多重网络结构在东京，导致了下述具体情况：

按四全总的推算，到 2025 年在日本滞留的外国人至少有 230 万人左右。这还是非常保守的数字，实际上我认为，将会达到 350 万人。

在日本，相当于增加一个大阪市规模的城市，其影响力不言而喻。过去一直漠然处之的国际化问题，现在就摆在眼前了。

其中的大部分外国人，会居住在国际金融都市东京。纽约现在是完全地道的国际大都市。东京也同样作为世界城市网络的一端，而发挥国际

16.4 巴黎的再开发。尽管文化设施高度集中，但是并没有来自地方的反对。

大都市的功能，东京已经不只是日本的东京了。

地方也都在国际化，只是一味地加速向东京集中的抱怨声也许还会出现，但是如果将大阪、名古屋或广岛的人口、信息等完全集中在一个县里，那么这个县整体就会加速发展。同样东京发展了，也会影响和带动相关的各个区域的发展。在分散的同时，集中，也就是核心城市的存在，也是必需的。

譬如，法国现在施行分散政策，其做法与日本形成对比。成立了"各部委基础项目联络协议会"，由密特朗总统坐镇指挥，全面开展巴黎的再开发[16.4]。

巴士底广场的歌剧院、拉维莱特公园、世界最大的科学技术博物馆、世界第一的独特的音乐中心、由奥尔塞火车站改造而成的奥尔塞美术馆、塞纳河畔的阿拉伯联盟博物馆、拉·德方斯地区的通信中心等，巴黎的文化设施在大量地增加。还有，卢浮尔宫美术馆的大规模增改建，其中由大藏省移交的设计也进展顺利。就像埃菲尔铁塔为纪念大革命100周年被装饰一新那样，在1989年法兰西革命200周年纪念日，所有这些设施都进行了有特色的装点。

巴黎的文化设施已经很多了，然而，对于文化设施如此的集中，地方上没有丝毫的抱怨。因为巴黎是世界都市网络的窗口，只要取得强有力的领导地位，整个法国就有办法、有能力联结国内网络，得到同一级别的信息。地方的特色文化也会原样保留，由于经常同巴黎取得联系，所以增强了持

16.5 柏林的再开发。20世纪20年代的"酒楼文化"，再一次绽放的柏林。

续保护的自信心。

20 世纪 20 年代的柏林，构建了很有特色的文化，被称作"酒楼文化"。世界的电影在柏林摄制，世界的戏剧在柏林开始，而且，世界的建筑也在柏林，可以说，柏林的文化是很充实的。柏林是世界的中心，为此，整个德国的身价都提高了。

而且，1987 年在柏林市 750 周年纪念之际，世界建筑博览会开幕。从世界各地邀集了 50 位著名建筑师，研讨柏林的土地再开发 16.5，进行相关的规划与设计，将其作为迈向 21 世纪的纪念碑而留存后世，我代表日本建筑师参与了该项目的设计。

柏林分为东西两个部分，打破陈旧的世界都市框架向外扩展，是柏林发展的方向，如何让 20 世纪 20 年代引领全体德国的柏林雄姿重现，"世界建筑博览会"便是一次很好的尝试。

我的"集中与分散共生的思想"，已经在东京这样的大都市实施，并得到了发展，由于加入了世界都市网络，全日本同世界联系在一起，地方社会都以提高自身的形象作为理想目标，在这一点上与柏林的尝试是一致的。

东京湾开发三万公顷的人工岛

东京作为世界城市网络的窗口，为了能够充分发挥作用，有必要对东京

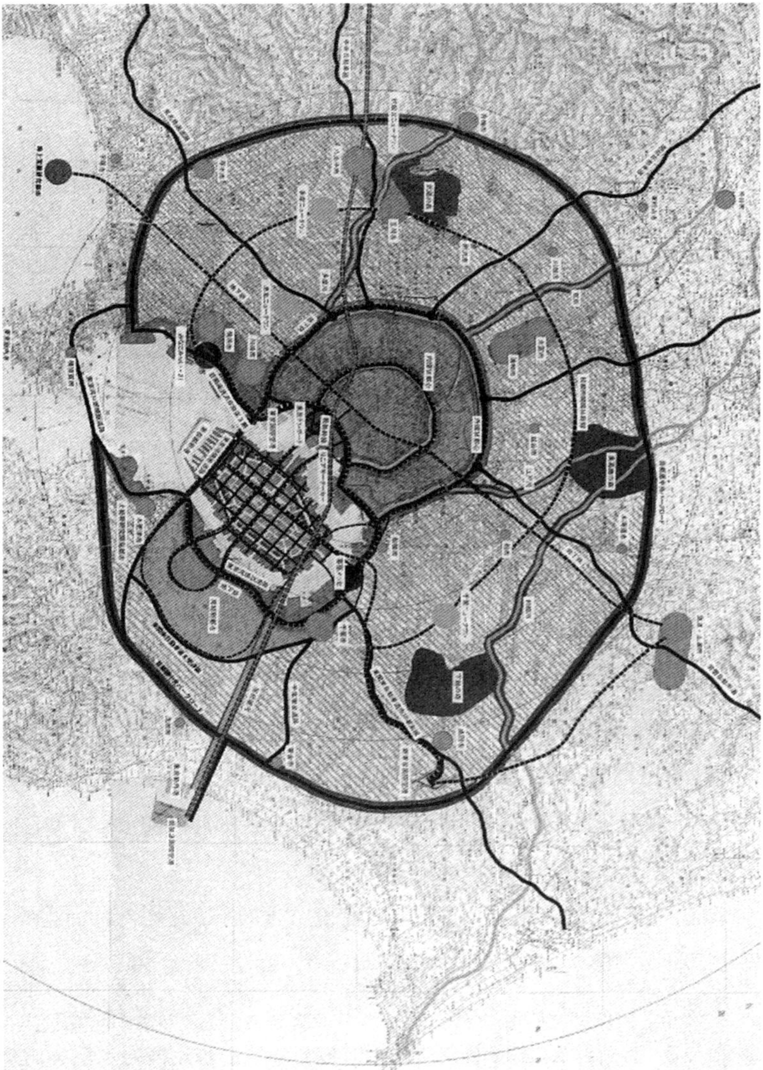

16.6 东京大改造计划。房总大运河与三万公顷的东京新岛，两重环绕"旧东京"的大运河。开发与共生并进，以共生思想为基础的大改造计划。

实施大改造计划[16.6]。这决不只是为了促进东京的发展。世界网络水准高低不一，为了使日本各地能够迈入新的网络时代，首先就要完善东京这个窗口。

仅仅因为数百万外国人的到来，就会使得东京住宅用地出现严重不足。为此，必须加速对临海地域的再开发，然而，延续陆地向外一步一步地填海造地的方法，从生态学的角度已经不受欢迎了，这样做势必会抬高周边地区的地价，难以对公共设施进行整治和完善。

尽量保护海岸线的现状不予以变动，此前刚好在神户建成了像船坞一样的人工岛，这是非常明智的方法。

暂且在东京湾填海造地三万公顷。东京湾最大水深20米，其下方的沉淀污泥厚约7米，那么，自水面向上形成5米高的陆地，就需回填土厚约32米。相当于东京23区的三分之二，三万公顷的人工造地，需要土方量为90亿立方米，约等于富士山体积的三分之二。如此多的土方量来自何处？

首先，东京湾的疏浚，可以得到45亿立方米的土方，剩余的一半来自挖掘房总运河的土。也就是从外房到东京湾，建设一条宽500米的运河。

这条运河实现之后，太平洋与东京湾之间，因时间差造成3~4米高的水位变化，所以，流向东京湾的水流变得通畅，东京湾的水质会比现在净化得多，鱼的种类也随之增加。此为开发与共生兼而有之。

现在，每年有数十万条船舶穿梭于东京湾。由于人工岛的建设，航道被关闭，因此，可以将东京港移至岛的顶端部位，并进而在房总运河的外房，建设东京港外港，直接在东京港装卸货物，最好通过输送管道从那里向外面输送物资。

建设三万公顷人工岛需要花费 80 万亿日元，换算成纯土地价格，是 3.3 平方米，200 万日元。

容积率假定为百分之四百，与容积率相当的土地价格为 50 万日元。若建设住宅，普通职员完全可以买得起。每坪 200 万日元，还包括地铁、桥梁、道路、公园、上下水管道、能源供给设施等建设费用。到市中心上班，可以开车、乘坐地铁或快艇等，拥有舒适的住宅已经不再是梦想了。

对东京投资的目的，是为了改善工薪阶层恶劣的居住条件，应对大量增加的外国人的需求，提高作为国际金融都市的业务功能，而绝不是在全日本国民中制造功能分散与矛盾。

顺便说一下，该人工岛可以居住 500 万人，其中包括不断增加的外国人 150 万。到 2025 年，首都圈的人口将增加 150 万人，剩下的 200 万人，是从原有的市区移迁过来的居民。所以，人工岛的完成，还不能说是加速了向东京的集中[16.7]。

另外，80 万亿日元的费用，如果从日本现在对海外投资情况来考虑，绝不是超限度的金额。而且，在该新岛开发计划中确实需要。现在，土地价格应该每坪 400 万日元左右即可出售，而作为 500 万人口的事业所得到的收益，可以达到 100 万亿日元。

如果民间开发这个项目，为求得利润，就要把在现有的国内股票，以及海外国债等流动资金全部集中起来。100 万亿日元的利润，又可以进一步用于东京或地方大城市的再开发。在地方上，同样也可以进一步利用民间

16.7 东京新岛可以居住500万人。3LDK，70平方米，带游艇港的住宅，3600万日元可以购买。"旧东京"的绿地必须要增加。二重环状运河在防灾上可发挥很大的作用。

绿地

多层住宅用地

业务、商业设施

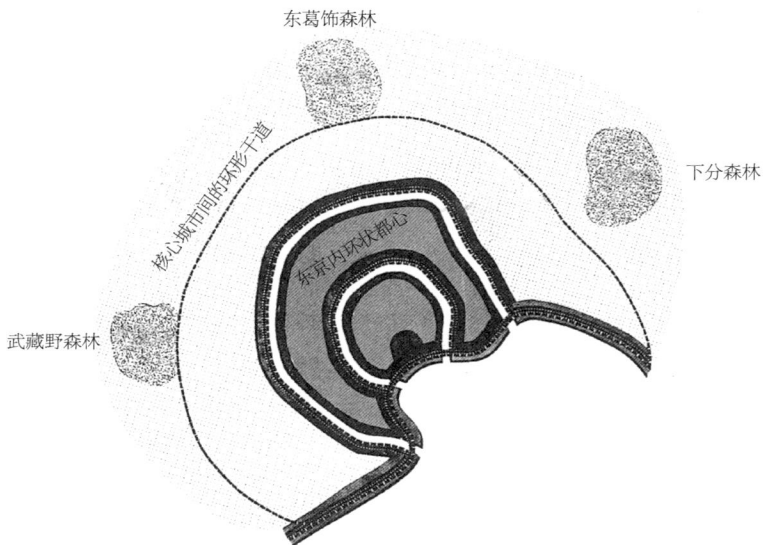

东葛饰森林

下分森林

武藏野森林

核心城市间的环形干道

东京内环状都心

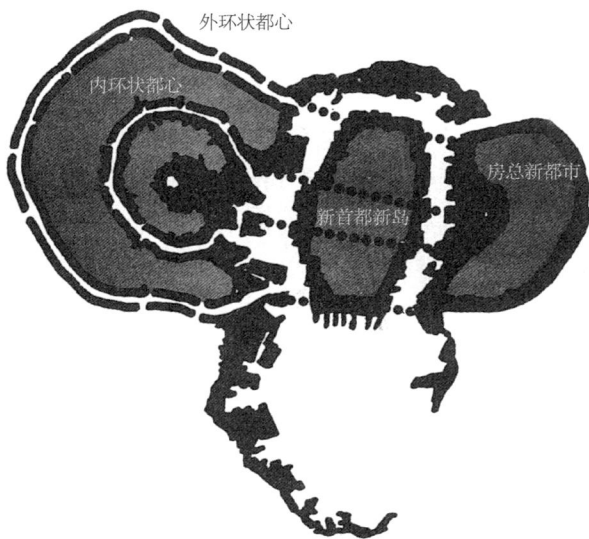

外环状都心

内环状都心

房总新都市

新首都新岛

有活力的事业，用其效益再促进地方事业的发展。这样一来，将幽灵般的股票及在海外巡回的资金，投入到国内的机制就能够形成。

对于因支撑行政改革与财政再建问题，而陷入困境的日本政府来说，地方性的大规模项目或东京的改造，都是过重的负担。果真如此的话，倒不如让在有钱可赚的事业中所得的资金流动起来，激发民间事业的活力，这种全新的手法不是正在舞台上扮演着重要的角色吗。

根茎般凌乱的城市

东京湾的土地，一部分是为了东京的再开发和再生，而用于交换的预留地。

最近随着东京地价的高涨，东京现有市区的再开发，变得越来越困难。因此，将新岛的部分土地用作交换的预留地，会取得很好的成效。

东京再开发的目的，是为了将现在的街区改造成可以抵御关东大震级地震的抗震街区，让低于全国人均水平的居民，增加居住面积，增加少得可怜的市区内的绿地等。如果将现在东京的 200~300 万人转移至新岛居住，利用腾出来的空地，就可以挖掘两条环状运河。而且，环状运河的两侧又能形成高层街区，这种环状城市（环状运河）能够起到阻挡地震时火灾蔓延的作用。

在环状城市之外的现有市区，可以原样保护。像迷宫一样杂乱无章的东京，简直就像是植物的根茎。东京有成为夜生活的都市、古典的都市、共生的都市的潜力。

现在的东京表面上看没有秩序，如果像巴黎香榭丽舍大道那样，要求建筑的高度一致，建筑设计也统一的话，那东京当然就是没有秩序了。然而，如前所述，我们是生活在超越现代主义的新的价值观与感性的时代里，比起建筑整齐排列、道路宽阔的霞之关，谁都希望漫步在新宿、涩谷、原宿及其窄小的街路上。宽广的街道或超高层大楼确实不错，而像迷宫一样的街道，也是人们所向往的。

东京的魅力表现在它的复杂性、多样性和多种选择的可能性，以及富于变化。

不管是有钱人、中等收入者，还是贫困的学生，步行在大街上，都会感到快乐与惬意（洛杉矶的街道上几乎没有人行道），还有公共汽车、地铁、出租车等来往如梭。选择上的幅度也是一种魅力，是以人为本的表现。

尽管古旧建筑物、现存的街区没有什么学术价值，但是都应该积极地保护，再加上尖端的技术、先进的设计、前卫的建筑所构成的市区，这就是现在的东京。这种魅力资源的再开发，有效地提升了作为国际大都市的价值。

如果不断地纠正不足之处，不断地完善不完备的内容，继续变化下去的话，到21世纪初，东京一定会成为世界上最有魅力的城市。为此，公园、绿地要增加到现在的两倍，住宅的规模还要扩大。其他方面现有的状况就可以了，但是还要让它们随着时间的推移继续不断地再生。

可以认为，这是环状城市（运河）的开发，与现有市区的保护再生的组合，是开发与保护（再生）的共生。

沿环8号环线的环状城市外侧，有必要重点建设现有首都圈的近郊城市，构筑城市网络。

而且，希望恢复面积约10000公顷的武藏野森林。恢复包括屋敷林、镇守林在内的杂木林（落叶树林）的森林。

现在，东京是大都市，是首都，又是天皇陛下居住的地方，三大重要意义并存。这无论如何也不那么自然。所以，可以把首都移至东京湾新岛，将新岛作为特别行政市。由于过几天要迎接京都迁都 1200 周年纪念，所以便可以在京都建造新宫殿作为第一宫殿，现在的皇居为第二宫殿。这样天皇陛下一年里不在京都住上半年吗？

而且，从东京到大阪建设的磁悬浮高速铁路，只用一个小时即可到达，首都的功能还可以分散到大阪、京都、名古屋等地方。

现实中，各省的布局是分散的，如宫内厅、文部省、文化厅、科学技术厅等等。也可以把从东京到大阪的地区称为首都狭长地带（东海道首都回廊）。另外，为使北海道、东北地方更加具有活力，把新干线与青函隧道接通，在函馆、札幌设置超级口岸及最高法院等也是一种方案。

日本现在的余钱，充其量还能继续用 30 年的传说很多。现在，正是创建面向下一个时代的日本，这是唯一的一次机会，不会有第二次的。

而且，我想这个日本时代，是不会让经济大国的地位寿终正寝的，世界即将进入新的时代，是期望日本第一次通过创造独立的思想与文化，为世界做出贡献的时代。

17

亚洲的共生——开拓未来的亚洲文艺复兴

结构主义、后结构主义所起的作用

近年来,亚洲开始受到了广泛的关注,这与"共生思想"有着很大的关系。而且,"共生思想"又与宗教有着深刻的渊源。

所谓"共生思想",就是把过去的维系世界秩序的重要因素加以改变的思想,西欧中心主义就是其中的一个。

这是继列维·斯特劳斯、福柯之后的,德里达、德勒兹和瓜塔里等一代法国哲学家(现代思想),所激烈争论的议题。那个时期他们认识到,如果不超越西欧产生的现代主义,新时代就不会到来,于是,便在自我反省中开始了辩论。

列维·斯特劳斯撰写了《野性的思维》这一结构主义论著。如果要问为什么称其为结构主义,那是因为它主要研究未开化人类的"具体性"与"整体性"思维的特点,认为以往的文化人类学,是从"法国 = 地球上最好的"角度来看待"其他的文化 = 野性"的。将欧洲文化、特别是法国文化放在世界中心的位置,用文化人类学的尺度,来衡量其他文化接近这个世界中心文化的程度。大中华思想也是把自己置于世界的中心来思考的,亚洲的中国,欧洲的法国,这种思想都很明显。

可以说,法国的现代思想总是领先一步,列维·斯特劳斯等人的独特的思维特点,形成了结构主义,而在对结构主义的批评中,又派生出了后结构主义。

后结构主义的代表人物是:德里达、德勒兹、瓜塔里,也许最好再加上福柯、巴特或拉康等人。不管怎样,在列维·斯特劳斯之后,欧洲中心主义通过自我改造,被重新认识,最后还是寿终正寝了。

在最尖端的物理学、生物学中也开始出现"共生学说"

在日本明治维新之后，无论教育制度，还是国家宪法，都效仿欧洲，尽最大可能地靠近欧洲，这种现代化的举措，也是一种进步。在这一点上，不论中国、东南亚各国、中东的伊斯兰国家，还是非洲、南美洲都是如此。自19世纪中叶以来，世界上所有的国家和所有的民族，学习欧洲都是一个进步，是在向现代化迈进。

如果这种情况继续发展到21世纪，全世界就会变为均质化的完全不同的世界。

整个地球虽然也会有民族差别，但都将被欧洲文化所主宰，这就是欧洲中心主义发展的结果。

我从20世纪50年代后半开始，就曾经多次对此发出"No"的呼喊，并且主张，以明确强调传统文化的重要性取而代之。

尽管文化影响力的大与小、新与旧等等都有差别，但是地球上有无数的异质文化存在着，而且，都还要继续存在并发展下去。我认为，丰富多彩要胜于均质化、同一化，这也是我的异质文化共生的基本观点所在。

共生思想已经成为当今时代的关键词，但遗憾的是，多数情况好像只是引用"共生"这个词。实际上，比较地道的研究活动也还是不少，譬如日本国内一些大学中的许多非本专业的教师们举办的各种集会，开展的"共生自由论坛"[17.1] 等活动。

"共生自由论坛"活动，即是研究佛教中的共生概念、经济范畴中的共生概念、庄子思想中的共生概念、唯识思想中的共生概念，再把所有文化领域中相当于共生概念的内容加以精炼，然后轮流在各个大学中举办研讨会。

17.1 "共生自由论坛"，第一次会议1994年9月9日在经团连会馆11层1105号房间举行，会议以演讲与讨论的形式进行。东京大学名誉教授玉城康四郎、久留米大学教授冈村繁久、黑川纪章等，分别作了"缘起的原型"、"易经与共生的概念"、"关于共生思想"的演讲。此后，讨论会又在各大学轮流进行。论坛成员有：东京大学的名誉教授玉城康四郎、久留米大学的冈村繁久教授、大久保雅行副教授、淑德短期大学的芹川博通教授、九州大学的井村秀文教授、筑紫女学园大学的横田俊二教授、秋本胜副教授、早稻田大学的蜂鸟旭雄教授、亚细亚大学的梶村升教授、东洋大学的河波昌教授、武藏野

在伦敦，诺贝尔奖获得者中的氢粒子物理学家、经济学家、哲学家等相聚于一堂，也拟以"共生"为主题，共同为编写《新世界·视点》（世界新秩序）的影视剧本进行讨论，该讨论会以我和詹克斯为中心进行。影视剧本将来有可能在日本、欧洲以及美国的电视节目中播放。类似这些有成效的研究，使医学、生物学、量子物理学等各个领域，都受到了"共生思想"的影响。由此，高唱共生学说的最尖端的学科开始大量涌现。

氢粒子物理学家大卫·彼得提出了"共时性"，大卫·博姆写出了《内藏的秩序》。在生物学领域中，有美国的马古利斯的连续性共生学说，以及在"机械的幽灵"中突出子整体理论的凯斯特勒，确立协同现象理论的H·哈肯、耗散结构理论的普里高津，以及突破欧几里得几何学，创立分形几何学的曼德尔布罗特等等。

像这种在世界观、宇宙观上的180°的转变，从希腊、罗马时代开始，大约几百年才会发生一次。从19世纪到20世纪初，布鲁巴基体系开始建构，人类得以用过去不可想象的速度，迈进了现代社会，取得了经济上的高度增长。

而今，社会整体的大变革又一次正在兴起。

女子大学的田中教照教授、文京女子短期大学的浮田雄一教授、玉川大学的福井一光副教授、淑德短期大学的久米原恒久讲师、丽泽大学的保坂俊司讲师、本部事务局企划部冈本胜人主任、原子能安全系统研究所服部四郎副所长、社会系统研究所三隅二不二所长、山田昭副所长、春名康宏主任研究员、花房英光副主任研究员，以及黑川纪章等。

理性中心主义的终结

用科学方法得到辨明的真理是唯一的，答案肯定只有一个。所谓的定理或公理就是真理，是可以发现、能够证明的道理。如文艺复兴时期的理想城市就是这样，其真理已经超越了文化的差异而带有普遍性，也就是构成欧洲中心主义的基础，实际上，是天主教的普遍主义的内容，这表明，在共生时代修正是当然必要的。

世界符号学会会长翁贝托·艾科所著《玫瑰之名》一书，已被改编成电影，尽管有不少人通过电影了解了其内容，但是，由于原作非常难以理解，因而电影也不是简单就能看得懂的。

要问为什么会那么难以理解，主要原因有，通过符号论的手法，大量地使用引语与隐喻，以中世纪的基督教会的普遍争论为素材，以及到处都有歇洛克·福尔摩斯的内容。另外，不熟悉中世纪教会的内情，也是不能充分轻松地阅读《玫瑰之名》一书的原因之一。

中世纪的广泛争论，是以天主教徒内部对天主教的批判开始的，其内容仅仅停留在对名词（名称）的解析，以及表述个体的符号上。《玫瑰之名》一书的书名就是名词。另外，天主教本身就带有普遍性的意味，只要人类的这个普遍性不存在了，原罪与救济的方式也就没有必要成立了。所以，普遍性本身即是天主教的生命线。

中世纪，尽管还有关于普遍性的争论，但在最重要的天主教所冠以的"普遍"二字上，英国的经院哲学家奥康姆（William Occam）又增加了"批判"一词，并将这一历史事实作为当时的背景。

该小说的标题中，方济会派的有学问的僧侣贝尔纳·德·莫莱（Bernard de Morlaix），还用拉丁语写了首诗：

昨日玫瑰花落去 留下的仅仅是虚名

我们从中可以体会到，现代主义一直批判的，正是天主教的普遍主义本身。这本《玫瑰之名》已出版发行了1600多万册，应该是世界上对天主教的普遍主义的最广泛、最根本的质疑。

所以不用说，在其他宗教时代到来的过程中，肯定不会有这种情形的。

尽管天主教的普遍主义被重新质疑，但是，欧洲至今为止在普遍主义方面，取得的各项成果还在发挥作用，天主教存在的意义也还没有改变。

然而，虽然是现代主义手持二元论这把利刃将它切削掉了，但是自20世纪末到21世纪，还有一个大主题极有可能再次浮现出来。那就是暧昧的，至今还不能用科学证明的，我们称之为"中间领域"。山口昌男先生所说的"边缘"，还有在西欧理论界难以成立的某些主题，也许会在某一天，担负着重要意义而浮现于人世间。中间领域是共生思想的重要论点之一。

引领21世纪的环保与多媒体两大产业

1960年我就曾预测，虽然计算机只是利用1或0极具代表性的二元论技术，但它既不是0也不是1，也可以认为是两方面都包括，而正是唯其如此，它才能够跨越到下一个时代。

从"共生思想"的观点来看，这是完全可以理解的。模糊计算机简直就像是按照我所预想的那样制出来了，但是，还不能确定模糊计算机属于哪个领域。在模糊领域里编程，机械自身靠摸索加经验，同时向多个暧昧目标接近，并逐渐趋向正解，通过这样的暧昧程序的设计，最终的结果就像口香糖或鲜鸡蛋一样的柔和与精彩。

以往的计算机，尽管形状确定、材质坚硬、便于使用，但是，由于中间领域没有设计程序，所以会像鸡蛋一样一握便碎。通过 1 或 0，即是与否的二元合理主义，而正是这种暧昧柔软物的破碎本身，才是理性的和有属性的。在共生时代，其理性的修正，必须通过理性与感性的共生才能够进行，理性所丢弃的暧昧的部分，只有用感性来补正。

所谓工业社会，就是用普遍的真理大量生产同样的物品。因此，要有理性即适宜的科学、技术，可以说，是理性及合理主义的精神创造出了工业社会。不过，进入信息社会之后，就要把重点转移到想象力或设计等感性部分上来，重点要放在比制造还重要的附加价值上。这也可以说，是进入了感性与理性的共生时代。

可以说跨入 21 世纪，就是进入了这种感性与理性共生的时代，而且 21 世纪离我们越近，这种趋势就越加明显。单从新产业的出现这一点来看，环保和多媒体两大产业的发展就非常明显。

这两大产业将来会有多大的市场规模呢，据日本政府估算，2010 年环保的市场规模至少要达到 30 万亿日元。多媒体产业将增至 230 万亿日元。现在，电视机、收音机的每年售额为 2.9 万亿日元，报纸、出版物、音像制品等 6.3 万亿日元，电话、手机 6.2 万亿日元等等。可见，环保和多媒体两大产业的前景非常广阔。当这两大产业成为时代的核心产业的时候，什么才是最主要的能力呢？那就是感性。早期的计算机操作都是通过 0 和 1，输出放大了的信息，也只能是数字或文字等符号，再由符号进行处理。在这个阶段里，感性没有起多大的作用，然而，模糊计算机出现以后，就进入了暧昧与明确共生的时代，由此而产生革命性的变化，进入与可视画面或画像本身进行对话的时代。

还有，如果光纤维的容量达到每秒十亿比特以上，就能够传送动态的影像（动画）。这样，看到图片或画像就可以读取其形象，这是一种异乎寻常的能力。对全息照相或虚拟现实的理解能力就是感性，多媒体时代最需要的人才是感性丰富的人才。

其实，环保就是环境问题，以环境为对象的产业有很多种，它们的资源是什么，不用说还是环境。森林、湖海、动物、微生物等都可以成为资源。

过去，西欧社会把自然放在与人对立的位置上，人类建造房子、建设城市，而自然就在建筑物或城市的外围，是相互对立的。在亚洲，也包括日本在内，人们却认为自己是大自然中的一部分。正因为如此，才得到了大自然的恩惠。人们心怀"承蒙关照"的感激之情，和大自然共度岁月。但是，如果对大自然有恐惧感，或者对大自然时时操心提防，那对大自然的感性也就淡薄多了。

新鲜的竹笋或刚采摘的黄瓜抹上豆酱生吃，在西方是难以见到的，但是日本直到现在仍然很盛行。这是因为日本人热爱大自然，重视古朴的生活方式。日本人一直对四季的变化非常敏锐，新鲜的刚上市的东西才能卖高价，在餐桌上就能够感觉出季节的交替与变化，这一切都是一种享受。新鲜的黄瓜，小指一般粗的一根要卖到 2000 多日元，虽然保加利亚人也吃黄瓜，但是，把这么贵的黄瓜买来生吃的习惯，对于他们来说，肯定是不能理解的。

如同恐龙时代终结一样，美苏时代也结束了

亚洲民族是在对自然的敏锐感性，与人们对感性的重视之中，生存并发展起来的。表现这方面的文化有很多，因此，不但能够将与自然共生的时代，自然而然地延续下去，而且，还能够在环保、多媒体产业中，发挥很强的适应能力。可以预言，这些产业和文化一定会在亚洲开花结果。

飞机、汽车或船舶都是工业产品，是通过理性的力量与科学技术制造出来的。这在欧洲早就已经司空见惯了，工业革命之所以会在欧洲兴起，当然也是出于同样的原因。在自然与感性再一次握手的 21 世纪，环保、多媒体两大产业将会在亚洲遍地开花，随着从西方中心主义向共生时代的趋近，以亚洲为中心的新的感性产业时代，理所当然地正在向着我们走来。

亚洲正在受到全世界的关注，几乎都是因为经济增长率高的缘故，环保与多媒体今天已经成为最引人瞩目的产业，其发展必须与亚洲文化或生活方式密切联系在一起，这一点很重要。

这是因为，亚洲第一次将自然、文化、经济三者捆绑在一起，形成二人三足行走的形式。在以欧美为核心的现代社会，这种二人三足的行走方式终究未能实现。

在文艺复兴形成时期，佛罗伦萨有一个经营汇兑行业的美迪奇家族，利用将巨额财富投入到文化艺术中的形式，从世界各地招募了一大批优秀的建筑师、画家和音乐家，住在高墙大院里，过着优雅舒适的生活，创作了一件件精美绝伦的作品，使文艺复兴之花得以开放。也就是说，为文艺复兴推波助澜的文化人或学者们，从经济援助者那里拿到钱后只管出作品，这种做法是不会振兴文化艺术这个新型产业的，这是欧洲型文化发展的模式。

让时光倒流，再回到维多利亚王朝，英国凭借强大的海军力量与经济实力，意欲征服全世界，让英国的文化遍布全球。拿破仑时期，法国也曾经试图对包括东欧国家在内的世界各地，有区别地输送法国文化。第二次世界大战结束之后，所谓的美国文明之种又播撒在世界多个地区。在这些不同的年代里，始终都没有形成自然、文化与经济二人三足行走的方式。

在泡沫经济时代，经常听说支援文化艺术这类的话，有钱人对艺术家或画家的赞助与援助，只不过是继承了"用金钱收买艺术文化"的文艺复兴时期的欧洲模式而已。在欧洲，已经积蓄了大量钱财的人们，通过赞助艺术或文化的方式，又把财富返还给了社会，其中，也包含因愧疚而赎罪的想法。但是后来，在亚洲出现了一种新的做法，有着很大的根本性区别，新产业的兴起，来自于艺术家的感性和能力，源于最先进的文化知识。这是环保时代的特征，也是多媒体时代的特征。其文化发展模式也与欧洲有着很大差异，完全可能成为新的共生时代的"自然、经济与文化的共生"模式。

从这一点可以明显地看出，过去是以欧洲为中心的现代化的时代，由此而派生的二元思想，形成了世界政治的权利结构。无论是资本主义还是社会主义，抑或斯大林主义，都是现代化的产物，两种思想两极分化，都在互相阻止对方征服世界。一方认为只有让全球都实行社会主义才是正确的，而另一方则认为，只有让自由和资本主义覆盖全球才是唯一的出路，从而形成了冷战与严重对峙的局面。

这就像两只恐龙在不停地争斗，直至今日还不能说胜利一方的时代已经开始了，只能认为是包括胜败两家的恐龙时代的终结。不是资本主义的美国战胜了社会主义的苏联，而恰恰相反，将是西方盟主美国时代的结束，也就是用美国的制度及生活方式，或者说用自由与民主这一普遍法则左右世界的时代即将结束。

美国大力提倡自由竞争，但是美国所标榜的自由竞争，是达尔文主义世界中的自由竞争。"在通用的相扑比赛场，从级别最高的横纲到二级力士幕下一起都上，包括幕下在内都能全胜才是好汉"，话是这样说，但实际上是不可能的。尽管如此，世界上还一直都有这样的争论。美国所说的自由竞争，就是像美国这样的拥有巨大资本的军事大国必胜，但要征服克罗地亚、塞尔维亚以及亚洲的新兴国家，也不是那么容易。一句话，就是弱肉强食。

在亚洲，APEC（亚洲太平洋经济协作会议）与 EAEC（东南亚经济共同体）的关系就是一个很大的问题。EAEC 是马来西亚的马哈蒂尔首相提出的构想，他在发表这个构想的同时，又对美国在 APEC 中的主导作用提出了异议。

另外，关于美国所主导的 APEC 与参与国自行主导的 EAEC 之间的平衡问题，"最好能够在各自的区域有着不同的自主性，有独自的文化和发展速度"，"APEC 与 EAEC 是竞争关系，但并不是敌对的关系。在 APEC 中存在着文化的共通性，而 EAEC 也有，但没有发挥作用"。

我全面支持马哈蒂尔首相的 EAEC 构想。原因很简单，该构想与倡导异质文化共生的"共生的思想"是吻合的。现在，马哈蒂尔首相正在共同推进以马来西亚为中心的亚洲卫星构想，"环境·多媒体·城市 2020"[17.2] 以及亚洲计算机网络计划。

亚洲卫星或亚洲计算机网络构想所涵盖的内容与 EAEC 一致，使 EAEC 不单单只是经济性的俱乐部，还是亚洲通信与文化交流的团体，这只是一种构想。

"环境·多媒体·城市 2020"实际上是一个场所，位于吉隆坡以南 40 公里处，那里有我设计的世界最高级别的国际机场，现在正在紧张地施

17.2 ［上］"环保·传媒·城市"的关系图与示意图
　　　［下］"亚洲的共生"由此起步——吉隆坡

吉隆坡

新机场

波德申（Port Dickson）

工中。周边几个小小的村落原样保留，还准备搞一个很大的人造雨林。马来西亚的植物生长速度，比日本要快三倍，所以经过 20 来年，就可以成为树高 30 米的大森林，在森林之中建设一座具有最先进功能的小规模的城市，通过单轨铁路或高速公路与外界联系，那里还设有世界上最先进的多媒体研究所及大学。

看到这里你就心知肚明了，原来"环境·多媒体·城市 2020"就是完全利用多媒体、环保两大产业建设的城市，"2020"是表示到 2020 年要完成该工程项目。

"2020愿景"的冲击

现在，你走在马来西亚的大街上，会看到到处都有写着"2020"字样的标牌。人们称它为"2020 愿景"，这是显示马来西亚举国上下奋斗目标的标志。2020 年步入世界先进国家的行列，是马来西亚全国人民的奋斗目标，所以，一切活动都聚焦于这一目标。

去年，在印度尼西亚召开了 APEC 阁僚会议，在最后的宣言中，也写有"2020 年之前要实现贸易完全自由化"的内容，所以 2020 年是一个里程碑。

更重要的是，马哈蒂尔首相还进一步阐述了"到 2020 年步入先进国家行列"的决心，并对"何谓先进国家"进行了深刻的诠释。虽然马来西亚以此为目标，制定了一系列实现"2020 愿景"的政策与策略，但是马哈蒂尔首相所说的先进国家，至少不是"富国"的同义词，绝对不是！与富国之说是完全对立的。

即便经济发达、技术先进，但仅仅如此也不能说是先进国家，同样，在精神、道德方面落后的国家，也不是先进国家。从这个意义上讲，就像是从门缝里看到的欧美，道德沦丧还有些怪异，这不能认为是一种发展的姿态吧。

APEC 与 EAEC 性质不同，特点也明显有别。20 世纪后半叶，世界秩序是用"经济"这一尺度来衡量和构思的，以 APEC 为开端，NAFTA（北美自由贸易协定）、EU（欧盟）等，可以说都是由此建立起来的。所以，它们的目标都只是围绕着经济。

亚洲与其他太平洋沿岸国家的经济合作，也就是南北亚大陆、大洋洲结成经济共同体，使亚洲的经济增长明显加快，直接触及了主宰 APEC 的美国的利益。为此，克林顿总统要全力以赴推进 APEC，而马哈蒂尔首相则针锋相对，强烈提出了"亚洲对经济中心美国的战略可以不理睬吗"的告诫，这也是特别对日本提出的警告。

在马来西亚会见马哈蒂尔首相

马来西亚以 2020 年作为奋斗目标，新机场的建设便是其中的战略决策之一。机场位于首都吉隆坡以南约 40 公里的海边附近，纵横 10 公里，占地 100 平方公里，设有四条滑行跑道。

另外，为了减少首都的压力，在吉隆坡以南 20 公里的地方，将建设新的首都（政府城），目前工程正在进行之中。还包括吉隆坡新城市中心再开发计划（城市中心规划），该新城市的用地原来是赛马俱乐部，那里有 10 多幢超高层大楼和两座旅馆，还计划建设新的市政厅。

机场的候机大厅及服务设施，是作为交通综合开发计划的一部分而规划的，也是由我承担的设计，现正在紧张地进行之中。所谓交通综合开发，其功能就像日本的箱崎车站。在这里能够很快办理好住旅馆的手续，寄存行李包裹之后，即可轻装乘坐高速铁路 ERL，直接抵达新机场。

在机场周边及交通沿线规划大片的土地，计划开发建设 15 栋以上的办公楼、旅馆、商场以及居住建筑等，预计将来会成为财政金融中心。

1998 年，所有原英属殖民地国家，将在马来西亚举办名为"联邦·竞技"的体育运动会。这是一次亚洲级别的盛大的体育竞技大会，所以要在此之前完成新机场第一候机大厅及两条飞机跑道的建设，要发射一颗人造卫星，而且，通往机场的 ERL 以及高速公路等也必须如期完成。

这一切，都是在"环保·多媒体·城市 2020"口号的激励下，作为马来西亚新的国家象征的机场城市的一部分，而即将展现在亚洲的大地上。

"环保·多媒体·城市 2020"是我首先向马来西亚政府提出并经过审定的项目，但是要展现它的全貌，那就像名称中所写的要等到 2020 年了。

这样一来，我就不知不觉地与马来西亚结下了很深的不解之缘，其开端就是首都吉隆坡新城市中心的再开发（城市中心计划）。那时候，可以在首相官邸直接会见、聆听马哈蒂尔首相的意见，提出将来应该如何建设街区的方案与建议。这还是 1989 年的事情，自那以后，我们又接触了许多次。1992 年，新机场的设计工作正式开始。

当时，新机场设计的对外联络窗口是马来西亚财政部，部长由副总理安瓦尔兼任。建设配备 4 条 4 公里飞机跑道的世界最大的机场，对于马来西亚来说，是个很了不起的决定。

在吉隆坡新机场的设计过程中，马哈蒂尔首相曾数次到日本青山我的事务所中进行洽谈。

成为多媒体产业"孵化器"的"环保·多媒体·城市2020"

1995年10月15日，马来西亚政府主办的以"环保·多媒体·城市2020"为主题的国际会议开幕，马来西亚建筑协会会长、政府所属迈向多媒体时代的信息产业研究所"MIMDS"的总裁、森林研究所所长，以及通信系统的有关人员等多个领域的专家学者，参加了这次会议。

日本方面出席会议的，我是会议主持人，还有国际大学GLOCOM中心计划室室长会津泉先生、阿斯克株式会社董事长西和彦先生、研究环保工艺的电气通信大学的合田周平教授、株式会社环境事业规划研究所的吉村元男所长等。

国际会议之后，来自日本、马来西亚以及美国的多媒体工艺学与环保工艺学方面的专家学者们，针对某些具体问题还进行了深入研究与探讨。

"环保·多媒体·城市2020"是世界上第一个21世纪型的、以机场为核心的网络城市规划。将机场城市（工业城市）、政府城市、大学与研究所等网络化，可以容纳25万~50万人的居住和生活。在该城市中，将由通信卫星与光纤通信形成的信息高速公路和数字网络等基本建设项目（社会共有财产），进行各种组合并投入试运行。这也是对今后由卫星、有线和无线等形成的混合通信系统如何利用的有效尝试。通过实际运行的效果展开彻底的讨论，以建构21世纪的生命形态与生活方式为标准，在具体的设计中不断地改进。

也就是要把该城市本身，作为即将到来的多媒体产业的孵化器。

为此，考虑在税收方面采取优惠政策，吸引并集中国内外的投资商。整备研究环境，从世界各地招聘最先进的学者和研究人员。

该试验如果顺利成功，将会推广到马来西亚的整个体制，并进而推向日本、推向美国。信息高速公路的构想将取得成效是毋庸置疑的。

森林与城市的共生

"环保·多媒体·城市2020"另一个创新点在于,在实施多媒体技术试运行的同时,也进行了环保工艺方面的大规模试验。

所谓环保工艺,就是把大自然所固有的能力,与人工技术有效地组合,所形成的新的环保产业工艺。"环保·多媒体·城市2020"利用这种最先进的环保工艺,使垃圾等废弃物成为可再生的资源,让森林与海洋结合形成良性循环,并造就了新型的渔业等,这些试验也正在有效地进行。

实施这些试验所必须的最重要的条件,是丰富的大自然。在日本,不论多摩新城、千里新城,还是筑波学园都市,遗憾的是,都缺乏大面积的丰富多彩的自然风光。马来西亚尽管也不是很多,但是,可以在短时期内实现人工造林,改造大自然。

马来西亚具备人工造林最适宜的条件和环境,太阳光照强,雨水多、湿度适宜,马来西亚培育世界屈指可数的热带雨林所花费的时间,只是日本的三分之一。日本明治神宫前的树林用了约70年才发育成林,而在马来西亚,同样规模的树林只消20多年就可以长成了。

"环保·多媒体·城市2020"规划中,应该成为森林的土地里,现在正种植着橡胶树,还有些种植着用于采集棕榈油的棕榈树等。在这样的地段上造林,到2020年便会成长为很好的森林。

现代城市尤其东南亚各国的多数城市,因为树木少,树荫也不多,造成制冷效率低,加之排放热量过多,使得城市的部分区域气温升高。可见森林在改善城市气候中所起的作用是很重要的,如果做得好,将会取得节能的效果。

但是，现在很多城市规划和街区建设，都没有很好地考虑城市与森林的结合，像东京等城市，一到夏天，没有空调简直就无法生活。空调排出的热风与混凝土的辐射热，再加上汽车的尾气，使东京市区的温度进一步升高。据测算，现在东京的温度与江户时期相比，要高出5℃左右。

"环保·多媒体·城市2020"的造林计划完成之后，现代城市所具备的功能就会进一步完善和提高，夏季即使没有空调，也能够很好地工作或生活。北欧有在森林中建设住宅区的成功先例，但是，利用先进技术使现代城市与森林、动物等共同生存并发展的例子，到目前为止还没有出现。

城市与自然的共生，就是通过类似这样的试验使设想成为现实的。

这其中，雨水也是不能忽视的问题。从降雨到流向大海的过程里，雨水处理也是现代城市面临的一大问题，看看东京的现状就会一清二楚，街道差不多都是混凝土浇筑的，雨水很快地从路边的侧沟集中到排水管道，然后流向东京湾，几乎没有一点雨水渗入地面。

过去，降雨渗入土地经过净化，然后又从其他地方冒出来。不需要巨大的蓄水池或排水管道，可以直接饮用水井里的水，能够向任何地段提供亲近自然的洁净的用水。

如果雨水被土层净化的系统得到恢复，再进一步开发建设，使井水循环并可以再次使用的新型供水系统，城市给水的问题在区域内自身就可以解决了。

包括工业废弃的污水处理，现在也已经达到了极限。目前的做法，是将污水原封不动地运往污水处理厂，经过药物处理或接触空气等，使污水沉淀、排除污泥。这样久而久之，无论多么完备的净化槽，都会降低或丧失净化能力，为此而集中庞大的污水处理厂，要投入多大的预算才能够满足需要啊!

环保工艺的优势就在于,人类在重视大自然、亲近大自然的同时,又借用了大自然的力量,人与高技术得以共同生存与发展。

环保(持续)型城市即将成为现实。

梦之号超级货轮停泊的21世纪大海

吉隆坡南端有一个叫巴生的港口,其附近一块地已成为世界最先进港口之一的候选地。现在,日本正在推进对新一代船舶与港口的研究,已经明确了船舶的发展方向有两种可能性。

其一,是超传导电磁推进船,通过在船体上安装超传导电磁铁使船舶行驶。世界上第一艘试验船"大和号"(全长30米,船体深2.5米,设计满载吃水深度1.5米)1990年7月下水,1992年6月在神户港试航成功。这种类型的货船由于没有螺旋桨,船底可以做得很浅,如果能用于高速、大型货船,在航道不深的东南亚,会给许多港口带来革命性的变革。

其二,是在各个方面都超越原来的普通船舶的高性能货船,即超级货轮[17.3]。该船的时速是普通船舶的5倍,载货100吨,一次可以航行500海里(约926公里)。

由于该船载重量大,因此船底必须做得比以往深(15米),这一点难度较大。但是,梦之船因为是将浮力、升力、空气压力等三力合一,使船体上浮而前行的,所以,其运输能力与作用恰如货运卡车,最适合亚洲多岛地区的海运行业。

马来西亚港口海水很浅,必须经常挖掘淤泥。但是,如果日本与亚洲其他国家,能够设计出超级货轮专用的航道,那就必然会开创海运事业的

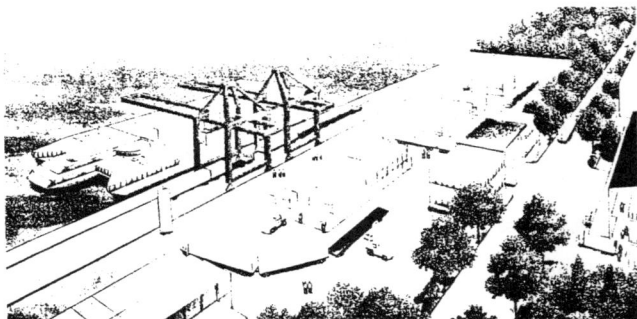

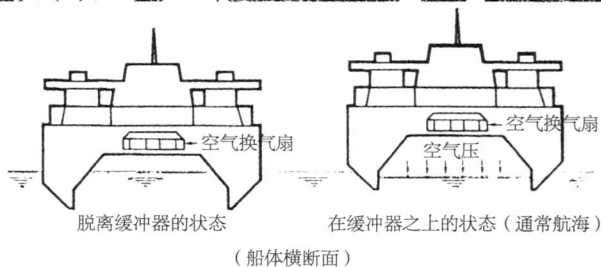

脱离缓冲器的状态　　　　　　在缓冲器之上的状态（通常航海）

（船体横断面）

新时代。

21世纪的东南亚，是世界上货物运输最具发展潜力的地区，为此，超级货轮专用港口与世界最先进的新机场的完美组合，一定能够产生巨大的经济效益和政治影响。

清醒吧，日本！

1994年末，自民党《自由新报》的专栏中发出了警告，但在日本，民众并不像马来西亚人那样，具有明确的目标和富于幻想。

马来西亚的马哈蒂尔首相，非常明确地勾画了2020年国家的形象，从亚洲的未来考虑马来西亚的发展，并据此提出了EAEC的构想，从该立场出发，还对APEC提出了具体要求。

然而在日本，却没有表现出丝毫的迹象。

所以，日本没有理由充当亚洲的领袖，而且，马哈蒂尔先生又我行我素，整个亚洲都普遍有一种可惜的感觉。现在的亚洲，最需要有一位具有日本式的独立思想和世界战略的政治家与领袖人物。

20世纪，如果只是致力于经济和技术的话，几乎所有的问题都能够得到解决。即使实施ODA（政府开发资助）等经济援助，即使还要考虑国家的政策等问题，也要把一切都放在搞好经济建设上。如果气泡破裂，又没有其他赖以生存的目标，那就只有沉底了。

中国等国家的经济增长速度高得出奇，但是，平均到每个人也只有360美元，相当于日本的百分之一。尽管如此，中国还是昂首挺胸地阔步向前。不管和美国打交道、和俄罗斯打交道，还是同韩国对话，都表现出堂堂正正的姿态。

为什么中国会如此自信呢？这是因为中国的传统文化明显地带有对未来的展望与宏伟的目标，是因为中国推行的是脚踏文化传统、环顾周边的政策。

中国的李鹏总理与马哈蒂尔首相会见时，就曾明确表示"我赞成你的EAEC构想"，这与追随美国的日本政治家的暧昧态度相比，真是令人羡慕。

任何人都承认，如果经济优先的国际新秩序能够建立并发展下去的话，如果20世纪能够做到这一点的话，世界早就会大变样了。中国也深知，21世纪是"经济＋文化"的时代。

单靠经济实力或军事力量形成的霸权，已经不能主宰世界了，还要加上文化与传统，权威才能够形成。

今后的世界，是处在异质文化共生的时代，如果忽略了本国文化所固有的自主性经济，就不会有大的发展。

马来西亚与中国的意见一致，其中有两个无可挑剔的重要含义。其一，因为EAEC将"经济＋文化"作为构成要素，所以，经济集团这一纯经济概念是不成立的。换一种说法，即是APEC与EAEC之间，也并不存在着竞争关系。

其二，日本在经济、技术等方面的确在亚洲首屈一指，但是，日本的文化假如没有植根于亚洲区域文化的思想和战略，那就根本不可能取得领导地位。

以经济＋文化为内容的"亚洲文艺复兴"

20世纪欧洲文化取得了最明显的进步，这个"进步"就是因为领先了一步。为此，如何将发达国家的技术传送给发展中国家，ODA正在以此为着眼点，制定相关的计划，让发展中国家尽快地掌握先进国家的技术，赶上欧洲的生活水平，形成西方式的商品市场。

然而，随着21世纪的不断临近，世界趋同，欧洲文化现象的上空开始出现了阴云，取而代之的，是亚洲的"共生时代"的光芒开始照亮了大地。波黑、克罗地亚、塞尔维亚、伊朗，还有中国、马来西亚等等，世界上所有的多样性文化，不仅没有被均质化，而且，还要一直保留到21世纪。人们已经开始意识到，只有将不同风格的文化或遗传基因更多地保留，才能够让地球更加丰富多彩。

既然是这样，ODA的目标也必须完全改变，要"重视各国的文化，以更有利于受援国发展的形式进行援助"。所以，援助不是技术转让，而应该让技术系统为适应受援国的经济与文化而进行一定的调整（改变）。这就是技术与文化的共生，也是我很久以来的梦想。

比如电力行业，日本或美国都是以核电为主，更有人称"日本的核电技术安全性高，在这方面日本是先进国家"。所以，过去由于强调"所有的发展中国家都要向发达国家看齐"，日本的核电技术也不断地大量输送给了亚洲各国。然而，以我的"共生的思想"的观点来看，却并不应该如此。

以印度为例，原子能发电、火力发电和水力发电印度都有，但家庭用燃料的90%以上却来自牛粪。把牛粪收集起来、晒干，然后用于做饭等家用燃料，这一点，其他国家不能仿效，为什么？因为这必须具备很多牛可以在村镇中游荡的条件。在印度，牛被视为神圣动物，牛如果行走在道路中央，连车辆都要为它让路，所以，村镇中牛粪遍地。

我所想象的未来的印度，将是牛粪、水力发电、火力发电以及原子能发电等有效组合而形成的混合型能源供给系统，这应该是印度所希望的。

假如印度的所有电力需求，都来自原子能发电系统的话，牛粪就不需要了，数量惊人的牛粪全都要变成垃圾了，而处理这些牛粪垃圾，又需要大量的经费预算及能源。

不仅如此，印度一直将牛粪用作炊事燃料还是一种生活方式，与印度的气候特点、风土风俗相吻合。但是，如果用原子能发电，做饭全部用电气，那牛粪就都变成废物了。这样一来，印度所固有的生活方式就要彻底改变，印度的文化也就随之开始崩溃了。

实际上，类似这样的经济对文化的破坏，或是向先进文化的均质化发展，整个20世纪都一直存在着。

不能再这样继续下去了，日本过去是为了发展经济而开展援助的，今后，必须为保障文化的多样性而改变援助的方式，应该在文化的培育与发展上花钱了。这就是以"经济＋文化"为内容的"亚洲的文艺复兴"。

21世纪是"共生的时代"，不同文化共存共荣的形态，将构成世界的新秩序，整个亚洲，也将因此而变得更加富有活力。

过去的日本，因为只是在经济上突飞猛进，所以只能说如同跛子走路，自己还没有融入亚洲中来。今后，应该将文化的视点置于经济之上，明确并重新审视"亚洲的文艺复兴"时代，重视日本及亚洲文化上的独立性与融合性，应该以作为东方文化一部分的日本传统文化的传承与发展为目标，重新调整行动步伐。

共同提出EAEC构想的马来西亚与日本，如果能够构建特别的合作态势并取得成功的话，那就具备了面对世界的全新的基础。"环保·多媒体·城市2020"的前头，就是新的21世纪的政治、经济与文化的基础，对此我深信不疑。

亚洲分三大块——日本和中国成为亚洲的两个联结点

说到亚洲，过去一般指东南亚各国，但是，在即将进入真正的亚洲时代的今天，必须更加认真地看待亚洲了。亚洲至少应该分为三大区域，即东南亚、东北亚和南亚。

东南亚过去是指越南、泰国、缅甸、柬埔寨、菲律宾、尼泊尔、新加坡、马来西亚、印度尼西亚等国，今后还应该加上中国、日本以及印度。

中国的经济增长速度之快，受到了很多人的关注。最近，印度由于市场自由化，也在加速现代化，同过去的东南亚各国接触日深。印度属于英联邦式国家，从发现"0"这一点就可以明显地看出，印度在数理学方面本来是很强的民族。因此，我可以预见，空气清新的德坎高原一定会出现硅谷一样的媒体公园，印度将会成为东南亚成长速度最快的国家。

与东南亚相对应的，我认为，应该是东北亚这个新区域。其佐证之一，是 20 世纪 80 年代后半，开始活跃的环东海经济圈。这是围绕东海的俄罗斯远东地区，中国的山东省、东北三省（辽宁省、吉林省、黑龙江省），以及朝鲜、韩国、日本、蒙古等 6 国 7 个地区。这些地区在经济资源方面，有着很强的互补性，图们江流域及俄罗斯远东地区的共同开发项目，也开始启动。应该看到，过去认为不能进入亚洲的俄罗斯远东地区，曾经是苏联的一部分，如今也成为亚洲经济圈[17.4]中的一个强有力的成员。

这个环东海经济圈如果再稍微扩大，把中国的台湾也加进来的话，我所构想的东北亚区域就成立了。马来西亚马哈蒂尔首相曾倡导，召开以 ASEAN 各国为中心的东亚经济会议，即 EAEC。如果将它们联系在一起，就可以称东北亚区域为 NAEC（北亚经济会议）区域。

以上所说的分类为东南亚和东北亚的得意之处在于，中国大陆、日本以

17.4 ［左］新"亚洲经济圈"的概念图

　　　［右上］近年显著发展的华南街景 ［右下］金三角街景

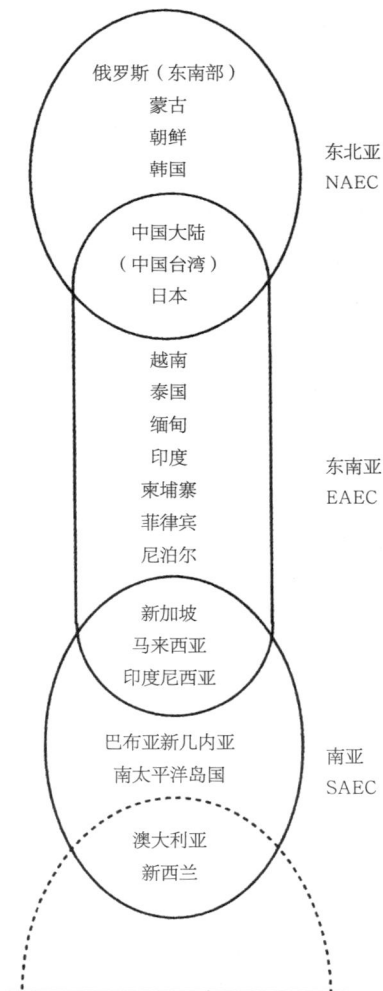

俄罗斯（东南部）

蒙古

朝鲜

韩国

东北亚
NAEC

中国大陆

（中国台湾）

日本

越南

泰国

缅甸

印度

柬埔寨

菲律宾

尼泊尔

东南亚
EAEC

新加坡

马来西亚

印度尼西亚

巴布亚新几内亚

南太平洋岛国

南亚
SAEC

澳大利亚

新西兰

及中国台湾都属于这两个区域。因为台湾是中国的一个省，所以，中国和日本即成为亚洲两大区域的联结点，这如同运送人或货物的车轮的中间部位，在政治上将起到协调的作用，并进而与欧美等先进国家直接进行政治对话。实际上，美国的亚洲政策具有一贯性，这也是中国与日本在亚洲政策上所需要的。

因此，日本和中国一样，因为都同时处于东北亚与东南亚两个区域，在经济、文化、环境及军事秩序等方面如何调整，将是应该认真对待和解决的问题。日本的领导人从政治家到财界人士，考虑的都只是以经济为核心的内容，似乎认为中国只是个发展中国家，或者只是一个军事大国，这是个非常大的错误。

中国实际上是政治性强、富有战略性的国家。当马哈蒂尔首相提出EAEC构想时，李鹏总理就马上做出回应，在缅甸与马哈蒂尔首相对话，取得了一致意见。认为"东南亚各国具有和欧美不同的自主发展方式，理应有人权方面的考虑"。中国在现代化与经济政策中，也明确表示亚洲有独特的文化，并将在发展经济的同时，把发展自己的文化作为明确的目标。因此，与欧美走的不是一条路，施行的是"中国式的现代化"。而且，中国也毫不讳言，对于欧美的人权问题，中国也有不能接受的内容。

亚洲第三大区域是南亚，尽管现在还不是很明朗，但巴布亚新几内亚、南太平洋岛国、澳大利亚、新西兰等国家，已经有了联系和沟通，将来很有可能成立SAEC（南亚经济会议）。南太平洋岛国刚刚取得独立，虽说今后会有所发展，但是到了21世纪，在经济、政治、文化等方面肯定也会显露头角。

南亚有新加坡、马来西亚和印度尼西亚三国，而东南亚也包括了这三个国家，因此，可以把它们视为东南亚与南亚之间的联结点。是地理位置决定了它们的这种关系。而且，新加坡、马来西亚和印度尼西亚三国，都是去英国或澳大利亚留学人员最多的国家，也是与美国等发达国家最容易直接接触的国家，从这些方面来看，这三个国家在两个区域之间的协调作用也是显而易见的。

在南亚，澳大利亚与新西兰的作用很不明朗，成立 APEC 时，澳大利亚和新西兰都加入了，而当说到 EAEC 时又都不想参加。美国、澳大利亚和新西兰反对 EAEC 构想，其中的一个理由便是：EAEC 的内涵比较复杂，其中有宗教的、人种的、还有文化性的多种难题，总的说来，人种不属于西欧系统。而澳大利亚、新西兰两国的人种则属于西欧系统，所以比较看重 APEC。而从 EAEC 方面看，即使加入了，也可能会离心离德。

一般普遍认为，中国和日本是东南亚与东北亚的核心国家，然而，美国实际上最希望，新加坡能够成为 GII（世界情报组织）的核心。原因很简单，新加坡属于英语圈，中国血统人数众多，社会安定，而且人才丰富。从某种意义上讲，印度也有可能成为亚洲的情报中心。但是，新加坡通过装备 CATV 的卫星，可以向海外传送电视节目，在税制上采取了更多的优惠政策，新加坡港集装箱的吞吐量居亚洲之首，金融市场也正在接近头把交椅。

亚洲的安全保障

下面说说亚洲的未来，无论怎么说，安全保障问题是不能回避的，以往只着重强调军事层面，我对此持有不同的看法。

我对安全保障问题感兴趣，是已故首相大平正芳还在位的时候。当时大平先生发起的才智研究会中，设有文化政策、安全保障、都市政策、家庭问题等分会，我在都市政策、文化政策以及安全保障研究分会。最初对安保问题只是探讨广义性的概念，后来，到了细川内阁和村山内阁时，才提出了调研或研究报告。

我所考虑的安全保障，除了军事之外，还包括经济、环境、文化等三个领域。如果不把这些全面地进行综合分析研究，真正的安全是难有保障的。

苏联和美国就像是两条巨龙，拥有氢弹、原子弹等这种毫无道理的武器。它们在炫耀自己实力的同时，又在进行一场意识形态上的战争。这时的安全保障，也只能是你应该进入谁的"核保护伞"之下。这固然是个现实问题，但我却强调经济性的安全保障才是更重要的。当时，我不是经济专家，所以我的主张自然难以引起重视或被理解。但是事实证明，当今的经济危机，会比战争危机给民众带来更多的苦难，难民大量增加，因饥荒造成大量灾民死亡，随之而来的便是政治不稳定，发生世界性经济危机的可能性增大，最近发生的墨西哥金融危机，就充分证实了这一点。

如果美国再来一次黑色的星期天，再出现经济恐慌与混乱，很可能就会引起超过海湾战争数十倍的世界大乱，并导致地球上三分之一或者一半的国家，发生暴乱或因饥饿而死尸遍地。尽管如此，除了7国首脑会议之外，至今还没有在经济层面上的有关安全保障的对策，这是个很严重的问题。

首先，环境方面的安全保障，和以往的成立绿党、保护环境之类的运动不同，今天的现实是，环境问题已经成为严重威胁人类生存的地球上的重大问题。

譬如在中国，工业化在飞速发展，使用大量煤炭的火力发电厂，而且工厂、汽车等激增，随之而来的是造成空气污染，二氧化碳大量增加，森林遭到砍伐并逐年减少。欧美、日本在发展工业时都曾经历的环境恶化，绝不是中国一个国家的问题，被污染的空气也会随着强劲的偏西风登陆日本。所以，如何抑止或有效地解决中国大陆目前的这种状态，也是关系到整个地球的环境与安全保障的问题。

比外，热带雨林的大量被采伐，也是当前最为严重的问题。发达国家也一样，只要不对氟利昂实行限制，臭氧空洞就会继续扩大，势必会造成更大的恐惧与恐慌。

直到今天，我们才发现发达国家的原子能发电系统也不是那么安全可靠的。苏联类型的原子能发电系统，除了核废料的处理状况应该特别关注以外，还有危险原料的安置问题。而且，这类问题还不只限于苏联一家，原社会主义阵营的东欧各国以及印度等，都装备了苏联类型的核反应堆。还有，核武器的保管系统及报废系统等方面，也存在着不少问题。

如此这般的环境破坏所带来的危险概率，可以说是目前最大的。关乎地球环境问题的红色信号已在激烈闪烁，问题一旦发生，那就不是一个海湾战争的问题了。环境破坏给地球带来的影响是极为深刻的，20世纪末无论出现什么事态，似乎都是无可非议的。

关于文化，几乎所有的人也许都会认为，"即使发生文化上的摩擦，也不会像安全保障那样来得重要"。但是，如果将宗教或人种问题也纳入文化范畴来考虑的话，问题就复杂多了。围绕宗教和文化引起的纷争，造成世界秩序与安全均衡的破坏，今后还会少不了。

其中最应注意的是穆斯林人口的激增。一说到穆斯林，中东就会浮上脑际；然而，穆斯林人口最多的地区却是亚洲地区。印度尼西亚、马来西亚，还有中国境内以及苏联等，都有众多的伊斯兰教信徒，这使缓慢行进的列车上，又增加了政治性的重量。

从以上可以看出，一个国家安全有保障，就要在军事、经济、环境、文化等综合安全上，采取相应的政策和策略，这是人所共知的。然而这方面的专家，却都是东西方冷战期间的专门从事理论研究的人，他们认为无论如何，也要把重点放在军事上。而我认为，为了防止因安全问题而造成世界秩序的崩塌，应该特别确立以经济、文化为核心的有关安全保障的政策，这是一个亟待解决的课题。

也需要对"发达国家援助"

日本每年会向许多国家提供多种数额不等的经济援助，援助的几乎都是发展中国家。如此这样还不如在紧急情况时，对发达国家也进行经济援助，这是我写在综合性杂志《公论》卷首评论上的一段话。

我之所以开始考虑"发达国家援助"这个问题，主要是因为，虽然现在还处于暂时的平稳状态，但是在这五年间，经济危机的发生率越来越高，通货膨胀后的日本经济，特别是对海外的投资明显减少，处于经济困境的还不只是日本。只要日本经济不重新站起来，就不能像泡沫经济之前那样，重返世界资金供应国的地位，世界经济活动就会停滞不前。

目前，美国经济尽管有复苏的迹象，但是不动产仍然处于低迷状态，办公楼、住宅等销售不出去。为什么会出现这样的情况，主要是因为日本将巨额的投资冻结或撤回的缘故。而亚洲新兴工业经济区域可以取代日本积极投资，只要不能将贸易顺差积留在日本的巨额货币再一次投向美国的不动产，美国的不动产也许再也没有振兴的希望了。

欧洲也是一样，购买高尔夫球场、买城堡、买伦敦的旅馆、在柏林购置工厂建设用地等等，日本在欧洲也进行了巨额的不动产投资。然而，刚刚起步就遭遇了泡沫经济，别无他法只有撤回投资。此前欧洲的经济，只有联邦德国地区经济状况良好，带动了整个欧洲，但是，因为与民主德国合并，力量有所分散，经济也出现了滑坡。

那么，如何才是良策呢？首先，日本经济要重新挺直腰板。为此应该积极地将资金投向国内，但是，也会出现投资美国的类似情况，有短时间资金减少的危险，不是那么轻而易举就能够做到的。公共投资情况也同样不尽人意，为了争取有实际性的复苏与景气，经过了多次大型预算的制定与评估，但是，都没有明显效果。过去曾经一分投资得到十分的效果，而今天，尽管实施公共投资，也不会发挥那么大的作用，取得那么大的成效。

也就是说，过去用来摆脱不景气的政策几乎都没有发挥效用，必须彻底地采取必要的措施与相应的政策。我认为，现在就应该开展"发达国家援助"。

"发达国家援助"考虑问题的方法，是着眼于全球性的综合秩序与安全保障，是以让发展中国家靠近发达国家，不是以进步为前提的。未来的时代，必须重视各个国家或民族所独有的文化与生活方式，要给予援助以利于保护与发展。应该进一步促进各种异质文化的共生、交流和协作，而不是将受援国当成发达国家的市场，让发展中国家的一切都向欧美看齐，搞所谓的均质化。类似这样的新思维，才是对发展中国家实施援助的基本方针。

另一方面，为了能瞬间打破当今世界经济停滞不前的局面，就要对一直在拉动世界经济的三辆火车注入新的动力。这三辆火车就是美国、日本和德国。这三个国家的经济重新站立起来了，世界经济就肯定有活力了。

美国处于小康状态，日本仍是不景气的状况。但是日本的不景气，还不属于通过资金支援就可以复原的性质。所以，工业化时代陈旧的社会、政治及产业结构，必须进行真正的变革。今天，资金援助在短期内最容易发挥效用的是德国和美国，日本在德国的不动产投资达两万亿日元，如果向美国的电影和汽车两大产业投入一万亿日元，德国和美国的经济就会迅速盘活，世界经济也会很快走出低谷，输出型的日本经济应该会重新站起来。

为此，是否可以每年向发达国家援助一万亿日元，持续2~3年。对发展中国家的援助应该是半永久性的，所以新的援助只是作为紧急措施而实施2~3年。美国、日本与德国的经济恢复了元气，是否就可以重新给予更多的援助了。

一说到"对发达国家援助"，感觉好像就没有多大实际意义了。前面举过例子，海湾战争时期，日本付出了巨额的战争费用，而这些费用全部进入了美国的国库。为什么？如果说是日本支援了美国，倒不如说，是美国抓住了日本需要进口石油这个软肋，让其保障军费需求罢了，援助数额比一年的 ODA（政府开发资助）支出还要多。这就是为了安全保障，对一个发达国家提供经济援助的例子。

大企业分流与倒退时代的开始

东南亚尽管在宗教、民族、气候、语言等方面各不相同，但是，他们既有其独特性，也有很多的共同之处。我们称之为"稠密文化"。

欧洲文化与亚洲的"稠密文化"正好相反，是一种较为稀疏的适于合理发展的文化。产业革命的兴起以及自由贸易的实行，使城市的人口密度提高了，于是人们就有了田园都市的构想。所谓田园都市，是指郊外田园般的风光与低密度的居住区，或者在城市的再开发过程中，尽可能地扩大空地、增加绿地面积。比如在建造超高层大楼时，其周围保留更多的空地。20世纪最著名的建筑师勒·柯布西耶所描绘的"光明城市"，就是在一大片绿地上，孤零零耸立着一幢幢的超高层大楼。

在日本，人口密度高的区域是旧有的下町，即地势低洼、小工商业集中的地区；被空地包围的高大建筑物，则是现代的街区。亚洲的主要城市，到处都有密集的低层建筑和高密度的居住方式。认为"从这样的地方诞生不了21世纪，经济也不会发展"的思想，现在还在继续蔓延。

不过，亚洲今天已经成为"世界的增长中心"，将过去的现代主义的经济，经过合理的功能重组而获得新生。将工业用地、居住区域以及商业地区明显分开，通过理论上的理性，使人类文化得以发展的是20世纪的现代主义，其谬误已经开始显现出来了。我从20世纪60年代初，就一再地主张"密度才是21世纪的课题。保留下町，不要拆毁屋台，高密度更好。"今天，终于使我的预言得到了证实。

亚洲之所以发展得很快，最根本的原因就是高密度社会，21世纪将会以亚洲为主导。在现代合理主义原则指导下形成的大企业、庞大组织、巨大科学、大型计算机等等，可能都要退出历史舞台。而只有日本还在继续做他的欧美型的发达国家，虽然地处亚洲，却没有采取亚洲式的发展模式。然而欧美型的工业化社会、合理主义体系是行不通的，日本现在就开始停滞不前了。

21世纪是中小企业的时代

我同山本七平先生谈起日本近代町民文化根基的石门心学的创建者石田梅岩时，曾经有过"在中国或日本有赚钱不是坏事的思想"的议论，但是在西欧无论何地，都把经商视为可耻的行为。如果经商能赚到钱，就一定要奉献给社会，返还给社会。这是典型的奉献精神，只顾赚钱的人将会受到鄙视，自古以来就有"犹大与商人"之说，足见对商人的偏见与蔑视。

不过，亚洲的"赚钱不是坏事"，是理性与感性复杂交错而形成的亚洲

17.5 阿尔温·托夫勒（1928~） 美国的未来学者，社会学家，他根据调查撰写的《第三次浪潮》对世界给予了很大的冲击。

独特文化的伦理观。另一方面，无论多么优秀的实业家都要与人打交道，也都有情有义讲交际，如果没有"感觉是个好人"的评价，事情就不会做好，这是人所共知的事实。而美国等国家则是讲合理、讲现实的契约社会，不管多么冷酷固执的人，只要工作做得好就是好人。日本则不然，如果对某人有"那家伙可千万别来寒暄呀"的想法，工作便不会交给他。

亚洲的这种人际关系，自古以来就是很淡薄的，但是在信息社会却不尽然。如今最有价值的信息，莫过于人和人之间的口头传言，在人际关系及对自然的感知度方面，亚洲要比欧美更为成熟。

阿尔温·托夫勒 [17.5] 在他的《第三次浪潮》中写道：到了计算机通信的时代，如果有一台计算机，即使在深山老林里，也能够充分地工作，生活也会很惬意。这也是对所谓"电子小屋"形象的描述。然而，直到今日，也没能看到这方面的迹象。电话出现以后，似乎也曾经有"这可以直接说话了，没有必要见面了，城市要崩溃了"的说法。但是实际上，电话更加刺激了同事或朋友见面的欲望，与预想的结果相反，反而增加了人们见面的机会。

信息社会，毋庸置疑就是城市的时代。因为城市里含有极其大量的未经任何加工的信息，即人们之间的接触和交流所产生的信息。信息社会的一大课题，就是人们在与自然共生的同时，如何在地球上构建一个高密度的、舒适的社会。

17.6 为建设充满个性与活力的日本，需要建构"新国土轴"。

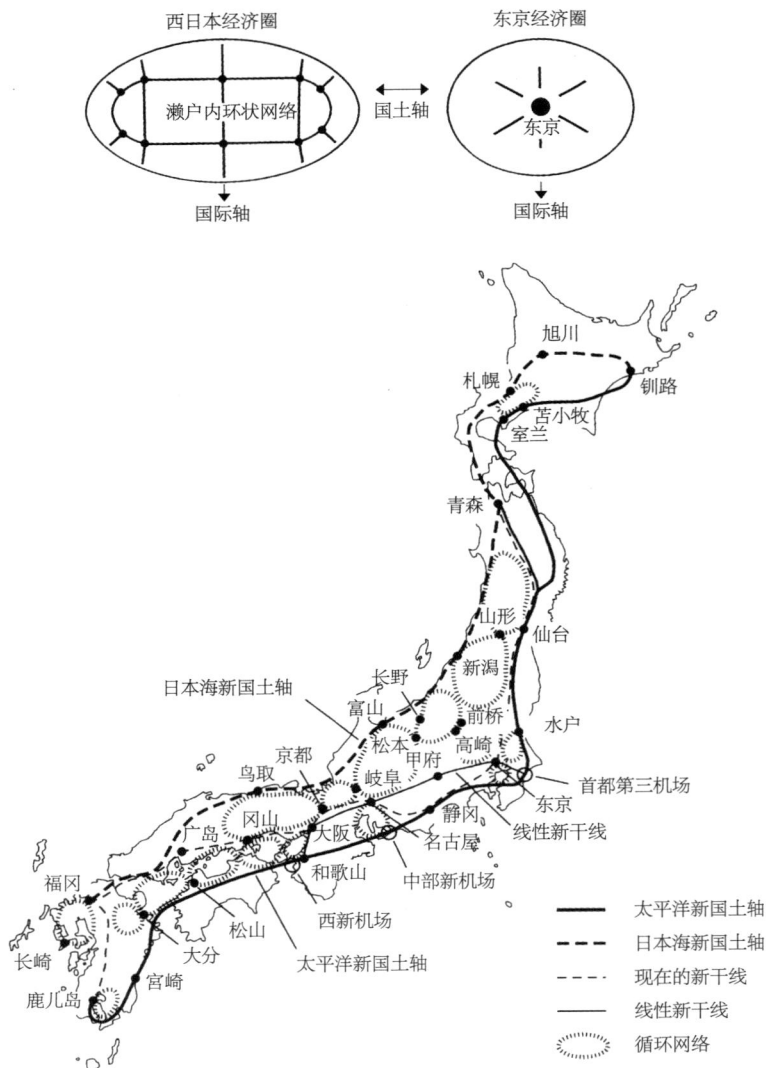

西日本经济圈

濑户内环状网络

国土轴

东京经济圈

东京

国际轴

国际轴

旭川
札幌
钏路
苫小牧
室兰

青森

山形
仙台

长野
新潟
日本海新国土轴
富山
前桥
京都
松本
高崎
水户
鸟取
甲府
岐阜
首都第三机场
广岛
冈山
静冈
东京
大阪
名古屋
线性新干线
和歌山
福冈
中部新机场
西新机场
长崎
松山
太平洋新国土轴
大分
鹿儿岛
宫崎

—— 太平洋新国土轴
----- 日本海新国土轴
--- 现在的新干线
—— 线性新干线
∷∷ 循环网络

"太平洋新国土轴"与"日本海新国土轴"

我很早以前就主张，日本除了原有的连接山阳道与东海道等大城市的产业轴之外，还应该建设"第二国土轴"，这一活动已经搞了十年了，最近终于有了结果，"太平洋新国土轴"等新的国土轴[17.6]，将成为下一次全国综合开发计划的重要内容。调研费用也已经到位，这将是 21 世纪日本最大的建设项目。

"太平洋新国土轴"也是日本直接与东南亚联系的通道。具体讲就是从大分开始，在施工难度世界最大的丰后海峡的海底挖掘隧道，连接九州和四国，然后从爱媛出德岛，经大桥跨越大阪湾湾口，再由关西机场横跨纪伊半岛，从伊势过桥，穿过伊势海湾抵达丰桥。该项目预计需要投入17 万亿日元。

与此同时，东北的新国土轴、日本海一侧的"日本海新国土轴"也在规划之中。这是连接鸟取、岛根、新潟和秋田，向北直达札幌，面对日本海的大通道。20 世纪 60 年代至 70 年代，自东海道至山阳道的第一国土轴，担负着日本工业化的需要。21 世纪，在太平洋沿岸展开的"太平洋新国土轴"和日本海沿岸的"日本海新国土轴"将成为日本信息时代的国土轴。

另外，最近发生的兵库县大地震，使得工业时代的第一国土轴完全瘫痪，所以，现在应该大力宣传、发展复合型的国土轴。

21世纪日本最大的产业是农业、渔业和林业

从山阳道、东海道一直连到东北的日本的国土轴，就像是人的脊梁骨，而这条新国土轴，就好比越过大海，将岛屿、海角尽端连接在一起的神经、

肌肉和皮肤。通过这条如同肌肤的国土轴，将日本的信息产业推向新的阶段，同时，也可以使农业、渔业以及林业更加富有活力。

农业、渔业和林业将进一步促进生物学、遗传学、工程技术、环保以及工艺学的发展，使 21 世纪日本的重要产业得以复苏。日本国土有八成是山脉，可以植树造林。有人说"日本资源匮乏"，其实森林就是资源，而且，还是重要的资源。只是今天的日本，还没有充分地去加以利用罢了。

日本农业、渔业和林业目前的状况很令人担忧，尤其林业处境悲惨、情况更糟。林业不仅没有对经济起到促进作用，还在很大程度上造成了环境的破坏。这样说也许很多人会感到惊讶，但是现实就是如此。明治以后的日本，为了满足建筑用材需要，将落叶树、阔叶树的森林都改为杉树林或桧柏林了。杉和桧柏都是浅根树木，大雨一冲树根就暴露在外，所以近年来水害频繁，尤其以长崎最为严重。日本近海的鱼饵、植物性浮游生物，以及动物性浮游生物所需的营养，都来自落叶树林的土壤。由于落叶树林统统改为杉树林或桧柏林了，结果影响到了日本近海浮游生物的生长，鱼饵没有了，造成日本渔业不得不向远洋发展。

我每年都要在农林署的引导下，到日本国内的森林中看一看，杉树与桧柏的状况一点也不容乐观，一年到头阴暗潮湿，只有拨开小杂树才能前行，林中还有大量的蛇、蜈蚣、蚊虫等等。这也是人们之所以不愿意去杉树林、桧柏树林里远游或野餐的原因。

尼崎的环保城市项目

我接受兵库县和尼崎市的委托，开始在日本实施环保城市项目。为使该项目的实施顺利进行，我担任召集人，举办研讨会。研讨会的成员有：

庆应大学石井威望教授、东京大学木村尚三郎名誉教授、兵库县立姬路短期大学小森星儿校长、玛丽·克里斯汀（Mari Christine）女士、京都大学吉川和广教授、兵库县今井和幸副知事、兵库县芦尾长司副知事、尼崎市宫田良雄市长等。

利用尼崎市临海约 800 公顷的地带，建设 21 世纪新型的城市，尼崎周边将会有三个机场环绕。现在正在使用的有大阪机场与关西机场，承担国内航线的神户机场的预算已经到位，马上就要动工了，此外，还有一个相关的中部国际机场。

从新神户到神户机场，有单轨铁路连接，进而经由尼崎临海地带，一直延伸至大阪。将来，机场形成网络非常重要，关西机场、神户机场和大阪机场，沿着"太平洋新国土轴"围绕大阪湾呈环状连接。

"太平洋新国土轴"就像是横架在大阪湾湾口上的大桥，而关西机场就是桥头堡。从关西新机场横跨纪伊半岛，在从伊势过桥跨过伊势湾的地方，将要建设中部新机场。中部新机场与关西机场之间，由磁悬浮列车连接，只有 20 分钟的距离。

关西机场设有 3 条飞机跑道，中部新机场计划设 2 条跑道，两个机场连在一起，就有 5 条跑道了。还有，如果把名古屋的小牧机场也包含在内，国内机场应该有 3 条飞机跑道。这样，就会超过韩国、中国香港、中国大陆、新加坡、马来西亚等国家和地区，成为亚洲最大的国际机场群。然而，这只是现阶段黑川个人的方案，是否真正能够成为现实，将会决定 21 世纪日本在世界的地位。

马来西亚是没有地震也不会有台风的，日本却是每年都有台风光顾，而且，如果台风一次性 24 小时袭击关西新机场的话，国际机场就要完全瘫痪。但若将两个国际机场连接起来，因为台风不会同时来袭两个机场，所以，必有一方仍然能够正常运转。这就意味着，已经将地方性的关西机场（而不是中部新机场），置于西日本重要的国际机场的位置上了。

让尼崎成为"活生生的产业博物馆城市"

在尼崎，活跃于 20 世纪 60 年代的老式工厂，现在还存在不少，很快就要全部退出历史舞台了。"尼崎滨海地区再开发构想"是在多次提出建议后出台的。第一个建议就是"共生"。因为尼崎临海，可以实现与海洋共生的生活。比如从公寓乘电梯下楼，然后再走到自家的快艇处，即可以出行，当然，也可以考虑工业城市与信息城市的共生。

另一个提议，是将尼崎作为与东南亚直接联系的城市。最近，出现了"工业已经不行了"，应该大力发展信息产业、时尚城市的说法，如果真要这样做，就不会有改造后的旧企业与高新产业的重组问题，也就不会出现"共生城市"了。

今后，也应该鼓励并保留生产性的区域，大企业要重视，小企业也应该受到重视。为了进一步提高生产效率，应重视同东南亚地区的合作与协作。在东南亚生产零部件，在尼崎组装，将日本独有的传统产业、手工技艺与先进的技术相结合，并完成产品的生产等，与东南亚组成生产网络，开创并发展新型的制造业。这样，制造业就有活路了。

过去的制造业是通过与东南亚紧密结合，以降低成本为目的的。如果环保、多媒体等新产业，也能够采取同样做法的话，那尼崎市整个滨海地区，自 20 世纪 50 年代开始直到将来，所有的产业发展模式就全都齐备了，简直就是一个"活生生的产业博物馆城市"了。

这样的城市形成之后，东南亚的投资家们就会蜂拥而至。首先在尼崎，各国都有独自的一体化政策，希望尼崎能够成为振兴亚洲新型产业的孵化器之类的城市。

还有兵库县，尤其是神户，那里是欧洲文化最早登陆的城市。因此，计划将整个街区建设成欧洲村，开办国际学校，使之成为国际交流城市。

亚洲的未来，日本的未来

另外，可贵的运河也为尼崎的生活环境及商业贸易带来了很大的魅力与活力。尼崎的运河原为工厂运送货物而开挖，后来又在两侧修筑了道路，期望能成为像阿姆斯特丹那样美丽优雅的商店街。人们来到尼崎，可以在运河两岸一边散步一边逛商店买东西，商店的背后有旧式工厂，但又是最先进的信息产业。尼崎应该成为这样的城市。

民间的游乐场或公园里尽量多栽植落叶树，学习欧洲城市森林的概念，营造自然与城市的共生。

最近，常常听人说对日本的产业空洞化有危机感。这是日本企业全球化造成的，不应该有丝毫的担忧，既有"好的空洞化"也有"坏的空洞化"。

今后，随着日本人口的减少，劳动力也在减少，所以，产业走向国外是件好事。再说，即便到了国外，也还是日本的产业。在马来西亚生产的物品是马来西亚产的不假，但是它仍然属于日本企业的产品。因此，今后应该更多地同国外尤其是东南亚建立密切的合作关系。希望在尼崎建设不仅面对欧美，也要面对整个亚洲的高级研修中心。为利用印度尼西亚的中小企业而开放世界市场的课题，也被提到议事日程上来了。

另外，还期望建设用作培训中心的超高层大楼，每一层都廉价出租给民间的学校。比如日本语学校，民间经营研修所，汽船或飞机驾驶资格培训学校，室内装修、设计、烹调等专科学校等等，将大楼全部塞满。面向民间中小企业的学校，配备公共的运动场、体育馆、服务设施、食堂等等。建立多媒体产业孵化中心之后，民间中小型企业就会实惠多了。21世纪理应成为中小企业的时代，但又不能操之过急，否则也许会使城市变得萧条。

与自然融合的场所是最适于环保、多媒体、城市试验的条件。马来西亚有广阔的海域，有利用热带雨林这样的气候造林的条件。尼崎，面对大海，有运河，而且，附近有大城市，距离大阪机场、关西国际机场又很近，加之神户机场、中部国际机场马上就要投入使用。类似这样的用于未来的试验场所，绝对是不会再有的了。

如果尼崎在环保、多媒体、城市的试验中能够取得成功经验，最好将其作为具体范例，向全亚洲展示并推广。亚洲的未来已经很明确了，只要日本同亚洲携起手来，共同迈出坚定的步伐，就一定会有光明的未来。

18

结束语——从渴爱与无明中解脱

从"共生哲学"到"共生思想"

自1958年开始，我就考虑将"共生思想"系统化。20世纪60年代初，纪伊国屋书店新出版的《城市设计》一书中，也有"共存的哲学"一章，现在转述如下：

"二元论"的确对现代所有领域内的思想、方法都有影响，起着病原体的作用。

简单一句话，不能从欧洲文明中排除基督教，也就是说，欧洲文明就是基督教文明。基督教是以善神和恶神、善良的光神与邪恶的物质世界，或者是以上帝与被造物的二元对立为前提的。这从哲学的系谱上也可以得到验证，希腊很早就出现了以精神和物质为基本原理的哲学上的二元论，到了近代，出现了视心灵和物质为两个有限实体的二元论，这就是笛卡儿的二元论哲学的精髓。严格地划分物质和现象、自由与必然的康德，也是典型的二元论者。

推动工业化与现代化前进的精神支柱，应该是欧洲的理性主义。理性主义的基本点也是二元论，看来我们的思维方式，也被彻头彻尾地二元化了。

灵魂与肉体

艺术与科学

人类与机器

感性与理性

人类在这不同的两个方面不断地追求和探索，一旦发现二者之间存在着明显的断层，就会变得惊慌失措。的确，欧洲的理性主义产生了伟大的现代文明，而现代文明又在对该断层的认识上，以及如何在二者之间架起辩证之桥等方面，做出了努力，取得了成果。

现代设计的发展也是基于二元论的。

美与用

形式与功能

建筑与城市

人的尺度与城市规模

这些都是属于类比的概念，迄今为止，所展开的有关造型方面的讨论，我认为很像两极间的钟摆运动。

被称作功能主义之父的美国建筑师路易斯·康就说过，"形式服从于功能"。从"功能是第一位的，美是相对的"比较理性的说法，到"只有满足功能要求才是美"的，功能至上的观点，对二者关系的定义千差万别。认为现代设计中应该选择前者的为多。

但是二元论认为，无论人性还是感性都具有独特的美，功能不存在另外一个结果。从这一观点出发，认为功能本身就是人类的一种退让，是人性步入了失败之路。因此，才出现了二元论的"只有美才是功能"的完全相反的论点。实际上，像这样的争论，在二元论的作者们看来，只不过是与其中任何一个结果更有关联的问题，不可能成为创造性的理论。

如果想用二元论解决某个问题，就要掺入"调和"这一概念。譬如，在城市空间中有人的尺度，又有人的若干倍的尺度，这是相互矛盾的两个方面。为了缩小或模糊这种差距，就要设定几个尺度等级，让人的尺度逐渐地接近那些大尺度，也就是让两极调和与和谐。

如果两者之间存在着不可调和的矛盾，无论设定多少个等级，二者之间的鸿沟总是无法填补的，反过来说就是如果二者可以调和的话，原本就有的本质上的矛盾和差异也就不存在了。只要把二元论视为创造性的理论，那么归宿也只能是要么"妥协"，要么"逃避"。

18.1 川添登（1926~）　建筑评论家，川添研究室主管，CDI股份公司董事长。主要著作有《平民与上帝的住居》、《建筑与传统》、《设计论》、《象征性的建筑》、《生活学的提倡》、《都市空间文化》。

18.2 大高正人（1923~）　建筑师，大高建筑设计事务所主管，主要作品有香川县坂出市中心再开发、千叶县文化会馆、栃木县议会厅建筑、广岛市基町再开发、群马县立历史博物馆、福岛县立美术馆。

18.3 槙文彦（1928~）　建筑师，槙综合设计事务所主管，东京大学教授。主要作品：名古

我们面临的课题是从二元论迈向多元论，而且，还要进而向没有妥协的"共生理论"挺进。

我在《城市设计》一书中就是这样写的，而且，现在也更加明确了，印度哲学的"绝对不二论"、吠檀多学派的思想、龙树的唯识思想，以及大乘佛教的"空"的概念等等，都是"共生理论"的原点。

更加明确地说，这些就是我的"共生思想"的原型。"共生思想"1958年才真正开始系统化，我陆续编著出版了《动民》、《道的建筑——中间领域》、《格雷的文化》、《游牧时代》、《建筑论——走向日本的空间》、《建筑论——意味的生成》、《花数寄》等书。另外，还发表了多篇论文，如《艺术新潮》特辑中的"两义性的艺术"、《新建筑》中的"利休灰考"、"共生思想"、"从机械时代迈向生命的时代"、"抽象、象征"等等。这些内容构成了《共生思想》的各个章节，德间书店出版的《共生思想》也经过了多次再版、改版，终于有了一定的系统性，现在正在准备出版《新共生思想》。

"共生"的城市，走向解脱之路

20 世纪 50 年代后半至 60 年代初，是我和川添登[18.1]、大高正人[18.2]、槙文彦[18.3]、菊竹清训[18.4]、粟津洁[18.5]、荣久庵宪司[18.6]、东松照明[18.7]等人开始

屋大学丰田纪念讲堂、立正大学熊谷分校、代官山集合住宅、庆应义塾大学日吉图书馆、SPIRAL、京都国立现代美术馆。

18.4 菊竹清训（1928~ ） 建筑师，菊竹清训建筑事务所主管。主要作品有出云大社厅之舍、京都地区居民银行、海上设施、田部美术馆、轻井泽·高轮美术馆。

18.5 粟津洁（1929~ ） 平面设计师，粟津设计研究室主管，武藏野大学教授，京都艺术短期大学教授，国立民族博物馆企划委员。主要著作有《设计中能做什么》、《粟津作品集》、《高迪赞歌》。

筹备新陈代谢[18.8]运动的时期。

新陈代谢是生物学用语，就像生物中的新陈代谢一样，城市或建筑也要通过新陈代谢来建构和发展，这就是该运动的出发点。

新陈代谢运动包括多方面的活动与内容，不是一两句话就能概括的。总而言之，过去、现在和将来的共生，技术与人类的共生，即所谓的通时性与共时性的共生等问题，是研究的基本课题。

正如前面所提到的，我在20世纪50年代后半就开始预言，"机械时代"将会向"生命时代"转变。

生命原理中包括新陈代谢、突然变异和共生。我身为建筑师，四十年如一日，一直在追求具有生命原理的思想、生命原理的城市与建筑。

其中，"共生"可以说是生命原理中最重要的内容。

中学时代我就有"共生思想"的萌动，因为是受到了椎尾先生的影响。先生曾举办过"财团法人共生会"活动，出版《共生法句集参》《共生教本》等著作。其中最能表达共生真谛的是下面的一段话：

"我们要体会共生的现实意义，意欲在共生的净土上有所作为者，无论利钝、强弱，都要相互提携，世上之物与周围的一切，割裂后就不复存在。一切皆因众缘而生存，万物相关联才能成立。我们应该以此原理，一步一步地迈向理想的世界"。

椎尾先生的共生佛教以及对共生的诠释，其基本点就在于，世界上有人

18.6 荣久庵宪司（1929~ ） 工业设计师，GK工业设计所所长，国际科学技术博览会会场设施设计专门委员，日本IBM馆制造者。主要著作有《道具考》、《工业设计》、《幕之内饭盒的美学》、《道具的思想》。

18.7 东松照明（1930~ ） 摄影师，20世纪60年代东京街道特写的鼻祖。"太阳的铅笔"获文部大臣艺术选奖，"11时02分NAGASAKI"等作品。

类、植物、动物，还有矿物等无机物，它们在生存的同时，都在考虑怎样才能生存得更好。

即使是无机物，也有像矿物营养素之类，对人类有重要作用的、日常生活不可缺少的物质。人类就是这样在与动物、植物、无机物的共生中生存，与万物和谐地繁衍发展。椎尾先生把这种佛教所固有的生存方式称作"真生"。

佛教中认为人间的痛苦来自两个方面，即"渴爱"与"无明"。

"渴爱"是指执着心，是对事情的专注与痴迷。

"无明"就是无知，宇宙是什么，自己要做什么，全然不知。

而且，考虑的是自己一个人的生存，所以对自己的生命很执着，对死亡充满恐惧，一句话就是有"渴爱"。

而且，如果认为自己什么都知道，那他也就离"无明"只有半步之遥了。

类似这样的共生佛教，迄今为止，即使在佛教界还不能说受到了重视。但是以"共生思想"为契机，我的母校东海学园也开始了对椎尾先生的"共生"思想进行宣传与评论。知恩院等佛教界、宗教界的学校，也都在宣传"共生思想"，这给了我很多临场宣讲的机会。

我没有涉足佛教界，但却是以世界共通的"共生思想"为目标。今天也是佛教界进一步醒悟的时候，要为社会多作贡献、多做奉献。

《共生思想》一书得以出版，应该归功于德间书店编辑部的守屋弘先生。

18.8 关于新陈代谢的书。1960年成立新陈代谢俱乐部，同年出版《对城市的提案》一书。它也是"共生思想"的起源。

《共生思想》的改版，又为长谷川隆义先生添了很多麻烦，而且，《新共生思想》若没有明石直彦先生的帮助，也就不可能问世。这里我还要特别对为这本厚厚的不好出售的著作的出版给予一贯支持的朋友德间康快先生表示衷心地感谢。

作者

1996 年 12 月冬

· 著书

年度	标题、题目等	发型社等
1965年	都市デザイン	紀伊國屋書店
1969年	ホモ・モーベンス	中央公論社
1972年	メタボリズムの発想	白馬出版
1977年	都市の思想	白馬出版
1981年	共生の時代(日本文化デザイン会議報告)	講談社（共著）
1982年	建築論 I 　—日本的空間へ—	鹿島出版会
1983年	道の建築 　—中間領域へ—	丸善
	時評 　日本の断面	鹿島出版会
1985年	どうする21世紀 1・2	エフエー出版
1987年	共生の思想	徳間書店
	Kisho Kurokawa architecture de la symbiose	Moniteur，フランス
	Kisho Kurokawa architecture of symbiosis	Rizzoli International Publication，アメリカ
1988年	TOKYO大改造	徳間書店
1989年	ノマドの時代	徳間書店
	Rediscovering Japanese Space	John Weatherhill，アメリカ、日本
1990年	建築論 II 　—意味の生成へ—	鹿島出版会
	Kishō Kurokawa1978—1989 現代の建築家　黒川紀章（2）	鹿島出版会
1991年	花数寄	彰国社
	Intercultural Architecture The Philosophy of Symbiosis	Academy Editionss，イギリス、The A.I.A Press，アメリカ
1992年	黒川紀章作品集—代謝から共生へ—	美術出版社
	Kisho Kurokawa—From Metabolism to Symbiosis—	Academy Editionss，イギリス
1993年	建築の詩	毎日新聞社
	New Wave Japanese Architecture	Academy Editionss，イギリス
1994年	The Philosophy of Symbiosis	Academy Editionss，イギリス

年度	刊登杂志	课题、标题
1967年	芸術生活 '67.6	共存の美学
1970年	Industrial Japan '70.1	Concord of Man and Technology
1976年	建築雑誌 '76.5	共存の思想と技法
1977年	熊本日日新聞 '77.5.9	欠落した共有の思想
	新建築 '77.7	共存の技法
	日経アーキテクチュア '77.7.25	歴史的風土との共存
	The Japan Architect '77.10-11	The Pyilosopy of Coexistence
1980年	日刊福井 '80.4.14	正言 共生の時代へ
	財界公論 '80.6	建設特集① 評論 快適環境めざす都市骨相学——共生の時代へ民間主導の第三セクターを——
	サンケイ新聞'80.7.14	共生の時代へ——第1回日本文化デザイン会議横浜会議から——
1981年	山陽新聞 '81.3.31 他地方新聞	対立から共生へ
	Winds '81.8	特集 都市の思想——人間性回復を求める共生都市——
	シンポジウム えひめ '81 報告書	21世紀は共生の時代
1982年	世界日報 '82.1.1	"共生の時代"が到来した
	共生斗建築 '82.5	共生斗建築
1983年	Montana State Architectural Review '83.Spring	Architecture of Symbiosis
	共生建築論	共生の建築
1984年	日本経済新聞（夕）大阪版 '84.1.31	文楽劇場 伝統と現代が共生
	東京大学 教養学部報 '84.4.16	第11回教養学部公開講座 「共生」の思想
	新建築 '84.5	歴史と現代の共生——国立文楽劇場の設計意図——
1985年	建築文化 '85.1	共生の思想——国際様式から共生様式へ——
	The Japan Architect '85.2	The Philosophy of Symbiosis : From Internationalism to Interculturalism
	中日新聞 '85.3.29	暮らしの中のエネルギー——21世紀は"共生"の時代に——
	横浜商工月報 '85.7	シンポジウム 連携する都市・その未来基調講演——共生の時代の都市——
	arquitetura urbanismo '85.11	integrar a parte eo tado

1986年	新建築 '86.7	共生の建築——二面神ヤヌス
	UNIVERSIDAD DE BELGRANO IDEAS EN ARTE Y TECNOLOGIA '86. No. 4	La arquitectura de la simbiosis
	新建築別冊 '86. No. 10 現代建築家シリーズ	共生の思想
1987年	SOKA健康と人生 '87. Vol. 7	文化祭——新しい文化と価値の共生の世界
	odra '87. 7-8	Architektura Symbizy
	住友建設月報 '87.11.20	講演　共生の思想
1988年	新建築 '88.1	共生の建築へ
	夕刊読売新聞 '88.1.14	歴史と現代の共生　ベルリン日独センター
	FESAE Journal '88.5	The Architecture of Symbiosis
	新建築 '88.7	歴史と現代の共生
	日経アーキテクチュア '88.7.11	異質文化の共生
	Weekly Report The Rotary Club of Nagoya '88. No. 276	共生の思想
1989年	狩 '89.3	共生の思想
	京都新聞 '89.3.15	京都再考その3　伝統と未来の共生を
	新建築 '89.6	自然・歴史との共生
	歴史街道 '89.9	機能性と装飾性の共生
	三井シンポジア トゥモロウ '89. No. 10	三井シンポジア講師25人のテーマエッセイ ——共生の思想——
1990年	新建築 '90.1	建築論壇　共生の時代の開化
	50億 '90.2	地域の自立が日本を変える——異質文化を "共生" させる街づくり——
	A&I Report '90. 24	対立する光の共生
	三井シンポジア トゥモロウ '90. No. 11	共生の思想
	共生の都市づくり パレブラン高志会館刊	パレブランシンポジウム——共生の都市づくり——
	新建築 '90.9	地域性と世界性の共生
	新建築 '90.9	歴史と現代の共生
	VIA 11	Shadows, Symbiosis, and a Culture of Wood
	時代の建築家II 単行本　アイカ工業刊	アイカ現代建築セミナー——国際様式から共生様式へ——
1991年	毎日新聞 '91.1.1	ライト回顧展—自然と技術の共生めざしたライト
	新建築 '91.3	共生の思想
	現代建築の潮流について　大蔵省関東財務局管財第2部刊	公務員宿舎研究会第2回講演要旨　現代建築の潮流について——共生の思想——

1991年	共生の思想　小冊子	おてつぎ講演集1　共生の思想
	総本山知恩院刊	
	approach'91. Winter	メタボリズム1960—1990特集「共生の思想」
		——メタボリズムからシンビオシスへ——
	Limmaginario tecno-	La Filosofia Della Simbiosi
	logico metropolitano	
	単行本Fronco Angel刊	
1992年	The Japan Architect	機械の時代から生命の時代へ——共生の思
	'92. 3、No. 7	想——
	毎日新聞 '92. 4. 6	私見直言　21世紀への懸け橋「共生の思想」
	Light Up '92. 4	21世紀への提言——東京と地方の共生——
	平河フォーラム '92. 9	第62回平河フォーラム　世界が注目し始めた
		私の「共生の思想」
	月刊Keidanren '92. 10	共生の思想
	文藝春秋 '92. 10	誤解される「共生」論議
1993年	建築師 '93. 1	建築的共生観
	サンサーラ '93. 3	コメは日本の聖域か——コメの護持こそ共生
		への道だ——
	中外日報	共生の思想と現代文明 1～5
	'93. 3. 23～3. 31	
	なにわ '93. 6	共生の思想
	岐阜県県職員建築関係技	共生の思想
	術協議会十周年記念講	
	演会記録集	
	宝石 '93. 10	「日本の政治」ドカンと55人の大論争——細川
		さん「共生の思想」で明日の日本を——
	経団連クラブ会 '93. 10	共生の時代
	No. 276	
	りぶる '93. 11	エッセイ　奈良市写真美術館——歴史の街に
		未来との共生を図る——
	月刊Keidanren '93. 11	経済界に求められる哲学と行動　共生の哲学
		の是非
	時代建築 '93. 4期	抽象的相互美系
	(中国上海)	
	武蔵工大だより '93. 12.	1993年度第3回文化講演会—共生の時代—
	第110号	
1994年	ポワル '94. 8号　新春	こころの羅針盤⑧私が祈る時——共生へのイ
		メージ——
	新建築 '94. 1	アブストラクト・シンボリズム
	転換期を生きる	二十一世紀は共生の時代だ
	—七人が語る現代—	
	交詢雑誌 '94. 4No. 362	共生の思想
	和歌山新報 '94. 5. 19	歴史. 自然と建築の共生　上
	和歌山新報 '94. 5. 20	歴史. 自然と建築の共生　下
	ふるさと創生文化講演	共生の時代
	会「共生の時代」平成	
	6年度講演シリーズ1	

1994年	新都市ジャーナル '94.6.15No.24	共生思想を語る
	東五会会報 '94.9	我等還暦の寿──共生の思想──
	新建築 '94.10	アブストラクト・シンボリズムⅡ
	日本の論点 '94 単行本 文藝春秋社	西欧合理主義の限界を越えるのは日本から発信する「共生」の思想だ
	朝日新聞 '94.12.18	いま何が問われているのか──生命の時代の建築──
1995年	サンサーラ '95.1	アジア・ルネッサンスと共生の思想（上）
	新建築 '95.1	アブストラクト・シンボリズムⅢ
	JIA NEWS '95.1	建築設計論──共生の思想──
	サンサーラ '95.2	アジア・ルネッサンスと共生の思想（中）
	NTTプラザ '95.2	エコ・メディア・シティ
	サンサーラ '95.3	アジア・ルネッサンスと共生の思想（下）
1995年	Japan Forum '95.24号（韓国）	共生の思想(サンサーラ '95.1、2、3月号の韓国語訳)
	Louvre Auditorium ミュゼ＝ミュゼ	愛知・名古屋の美術館──共生の思想と美術館──
	京都新聞 '95.4.15	文化の風土（245） 共生の時代へ⑬
	Cahiers du Japon '95.No.64	Le concept de symbiose et l'architecture des musees
	The Japan Architect '95.Vol.18	The Architecture of the Age of Life Principle 生命の原理の時代の建築
	第4回豊田インターシティフォーラム '95	基調講演ここち都市─共生の時代の都市像─
	ふるさと創生文化講演会 平成6年度総集編	共生の時代
	大阪府職員研修所30年のあゆみ '95	新研修所開所記念講演会──共生の時代における都市計画──
	L&G レディス＆ジェントルメン '95.12	男の憧景──共生の美意識──
	中日新聞 '95.12.17	東海学園大学開学記念フォーラム──21世紀の地球社会〈共生〉と〈競争〉をめぐって

・座談会、対談

年度	刊登的杂志等	课题、标题等	其他出席者
1978年	光明世界 '78.7	共存と調和の世界	後藤管長
1979年	財界公論 '79.6	住宅特集 都市と農村共存の田園都市構想 平らに住むか立体的に住むか	渡海元三郎
1984年	日刊建設通信 '84.9.21	共生の時代へ	村松貞次郎
1987年	住まい面白発見 単行本 森本毅郎著 丸善刊	共生の思想	森本毅郎

474

1988年	臨床のあゆみ '88.3	視点 対立を超えて「共生の時代」へ	渥美和彦
	Let's Love Oita '88. Vol. 33	L. L. O TALK　共生の時代	平松守彦
1989年	網走市勢要覧	BIG対談　網走21世紀 共生する人間都市づくり	安藤哲郎
1990年	DHL WORLD '90. Vol. 18	トップインテリジェントと語る　8 「共生の思想」を皆のものに	百瀬進一
1991年	国際協力 '91.1	変化する国際社会と日本 共生の時代に向けて	柳谷謙介
	日本文化デザイン会議 '91島根 しまねに集う文化とデザイン	文化懇話会 歴史と先進性の共生、新しい「しまね文化」の創造へ	澄田信義、 青山恵子
1992年	人生を語る　単行本 吉崎四郎著　雷鳥会刊	共生の都市づくり	金岡トモコ、吉崎四郎
	都・市・み・ら・い '92. Summer Vol. 14	いま、なぜ「共生」なのか	五代利矢子
1993年	日本の選択 '93. Vol. 17 No. 39	共生の時代と日本の役割	三好正也、宍戸寿雄、愛知和男、樋口久喜（司会）
1994年	団談文庫1　拡張するデザイン　単行本 栄光教育文化研究所	「デザイン」する共生の思想	浅葉克己、日比野克彦、マリ・クリスティーヌ
	こころの地球儀 単行本　サイマル出版会	共生の時代に向けて	柳谷謙介
1995年	神戸新聞 '95.1.1	新時代の精神を語る 共に生きる思想を世界に	貝原俊民、山本いつ子
	産経新聞 '95.2.3	「教育ルネッサンス」開かれた学校をめざして	伊東順二
	団談文庫9　秩序のダイナミズム　単行本 栄光教育文化研究所	共生する世界	スメット・ジュムサイ、ケン・ヤング

・采访

年度	刊登的杂志等	课题、标题等
1981年	神戸新聞（夕）　'81.3.31	80年代は「共生の時代」
1990年	産経新聞 '90.5.28 ホームリビン '90.6.30	広島市現代美術館の共生の思想について 特別インタビュー　デザインの核は〝共生の思想〟

475

1990年	東洋経済日報 '90.7.6	〝アンニョン〟「共生の思想」韓国にも
1992年	日経エグゼクティブ ライフ '92春Vol.3	広島市現代美術館—生命の共生—
	日本農業新聞 '92.11.6	21世紀へのトレンド 〝共生の時代へ〟上
	日本農業新聞 '92.11.13	21世紀へのトレンド 〝共生の時代へ〟下
1993年	まほろば '93.10.No.33	共生のこころ
	あらきとうりょう '93.10.No.173	感性と共生の時代——日本再構築の構図
1994年	TRI-VIEW '94.7	成熟社会における 〝共生〟とは
1995年	Big Smile '95.4	個性と共生⑧—時代の思想を表現し続ける建築家
	建設通信新聞 '95.5.19	世界観の構築へ
	日本経済新聞 '95.6.19	都市33 第6話 世界との共生—アジア住みやすさ競う
	Intelligence '95.9	Front Interview黒川紀章
	ファムス通信 '95.No.2	インタビュー黒川紀章氏に聞く
	日刊建設工業新聞 '95.9.6	インタビュー21世紀の国土計画を支える「共生の思想」

・讲演、会议

年度	讲演、会议名称	讲演、会议地点等
1976年	歴史的建築、環境保全の理念と技法 —共存の思想と技法—	日本建築学創立90周年記念総合研究協議会
1980年	共生の時代へ	日本文化デザイン会議横浜会議
	共生の時代	名古屋ロータリークラブ
	共生の時代	住友建設
1981年	共生の時代へ	日本リビア友好協会
	シンポジウムえひめ '81 —21世紀は共生の時代—	愛媛新聞
1982年	共生の時代	千葉県柏市
	共生の都市	日本広告業協会
	共生の思想	和歌山県建築設計監理協会
	共生の思想—21世紀の都市づくり—	大阪ガス
	共生の時代	国際商科大学
	共生の思想	宇部市教育委員会
	共生の時代	萩市青年会議所
	共生の時代	横浜教育委員会
	共生の時代	愛媛県教育サービスセンター
	共生の時代	兵庫県小学校国語連盟
	共生の思想	広島県大竹市教育委員会
	共生の都市	読売新聞社、工業技術院筑波管理事務所
	共生の時代	大垣商業高等学校

1982年	共生の都市	ＮＨＫテレビ
	共生の建築	韓国、国土開発研究所
	共生の建築	フランス建築アカデミー（パリ）
	共生の建築	王立オーストラリア建築家協会（シンガポール）
1983年	共生の時代	北海道高校教育研究会
	共生の思想	ＪＭＡサロン
	共生の都市	日本ＹＰＯ
	共生の思想	全国都市監査委員会臨時評議会
	共生の建築	新建築吉岡文庫
	共生の時代	豊業綜合研究所
	共生の建築	韓国、慶尚南道
	共生の建築	ブルガリア建築協会（ソフィア）
	共生の建築	ブルガリア商工会議所（ソフィア）
	共生の建築	イタリア建築協会（ローマ）
	共生の建築	ピストイア文化協会（ローマ）
1984年	共生の思想	最高裁司法研修所
	第11回教養学部公開講座「共生」の思想	東京大学教養学部
	共生の時代	中日信用金庫
	共生の思想	東京大学5月祭
	共生の技法	ミサワホーム綜合研究所
	共生の思想	富士通ファコムファミリー会
	共生の思想	文化女子大学
	共生の建築	鹿島建設
	共生の思想	安城市
	共生の建築	Fratelli Fiorentino社（イタリア、ナポリ）
1985年	共生の時代の都市	横浜市商工会議所
	暮らしの中のエネルギー 21世紀は「共生」の時代に	中日新聞
	共生の思想	沖縄建築士事務所協会
	共生の建築	ルーマニア建築家協会（ブカレスト）
	共生の建築	フィンランド国立建築博物館（ヘルシンキ）
1986年	共生の思想	東京ロータリークラブ
	共生の思想	文京人懇談会
	アイカ現代建築セミナー 国際様式から共生様式へ	アイカ現代建築セミナー実行委員会
	共生の建築	ユーゴスラビア建築家協会（サラエボ）
	共生の建築	ポーランド建築博物館（ブロツラウ）
・采访	共生の建築	香港建築家協会（中国香港）
1987年	共生の思想	静岡コピーセンター
	共生の思想	住友建設
	共生の建築	カリフォルニア大学（ロサンゼルス）
	共生の建築	ロサンゼルス日本総合紹介週間実行委員会（ロサンゼルス）
	共生の建築	ブルガリア建築家協会（ソフィア）
	未来の都市—共生の思想—	グループパノラマ（ブエノスアイレス）

1987年	共生の建築	芸術コミュニケーションセンター（CAYC）
1988年	共生の都市	奈良日日新聞
	共生の思想	狩
	共生の思想	名古屋ロータリークラブ
	共生の思想	カリフォルニア州立ポリテクニック大学
	共生の建築	Domtar Laminated Products Co. Ltd.（バンクーバー）
	共生の思想	ジャパンソサエティ（ニューヨーク）
	共生の思想―インター・カルチャリズムについて―	ソフィア大学
1989年	三井シンポジア―共生の思想―	三井シンポジア
	共生の都市	パレブラン高志会館
	共生の美	日本勧業角丸証券
1990年	共生の思想	近畿大学
	共生の思想	ムサシインテリジェントビル
	共生の都市	福井県、福井市
	共生の時代	三菱自動車
	共生の思想と景観設計	21世紀地域構想研究会
	共生の思想と白馬村の景観	長野県白馬村
	共生の思想	近畿郵政局
	21世紀における日本―共生の都市―	広島商工連合会
	共生の時代	日本IBM
	共生の思想	日本インダストリアルデザイナー協会、朝日新聞社
	共生の思想	総本山知恩院、おてつぎ運動本部
1991年	歴史と未来の共生―世界建築博1998奈良へ向けて―	奈良新聞政経懇話会
	共生の時代	不二サッシ
	共生の街づくり	長崎県建築士会
	共生の思想と建築	東名リース建設
	共生の時代	金浦町
	共生の時代	愛知県知多郡阿久比町
	共生の時代―日本をどうする、東大をどうする―	東大行政機構研究会
	公務員宿舎研究会　第2回講演―現代建築の潮流について「共生の思想」―	大蔵省関東財務局管財第2部
	代謝から共生へ	英国王立建築家教会（ロンドン）
1992年	共生の思想	グレールアカデミー
	共生の思想	NTT都市開発
	共生の思想	紀章会
	第62回平川フォーラム―世界が注目し始めた私の「共生の思想」―	平川フォーラム

1992年	共生の思想	西日本新聞社
	共生の思想	岐阜県職員建築関係技術協議会
	共生の思想	経団連消費者生活者委員会
	共生の思想	四谷ロータリークラブ
	共生の思想	高知県
	淑徳公開講座—共生の思想と現代文明—	大乗淑徳学園
	共生の思想	大阪府警本部
	代謝から共生へ	コロンビア大学（ニューヨーク）
	共生の建築	Chinese Culture University,Taipei,（中国台北）
	代謝から共生へ	デルフト工科大学(オランダ、デルフト)
1993年	共生の思想と花数寄	司法研修所
	共生の思想と花数寄	朝日カルチャーセンター
	共生の思想	東建コーポレーション
	共生の思想	富山県民生生涯学習カレッジ
	共生の建築・都市	パレブラン高志会館
	共生の時代	経団連クラブ
	共生の思想—花数寄—	新潟県県央地域地場産業振興センター
	共生の時代	武蔵工業大学
	共生の思想	前橋市教育委員会
	共生の思想	北海道東海大学建学祭実行委員会
	共生の時代の建築	公共建築協会
	共生の思想	裁判所書記官研修所
	共生の思想—機械の時代から生命の時代へ—	同済大学（中国上海）
	共生の思想—機械の時代から生命の時代へ—	英国王立芸術院（Royal Academy of Arts（ロンドン）
	共生の思想—機械の時代から生命の時代へ—	AAスクール（ロンドン）
	共生の思想—機械の時代から生命の時代へ—	シュトゥッツガルト大学（ドイツ、シュトゥッツガルト）
1994年	共生の思想	交詢社午餐会
	第74回都市経営フォーラム—共生の思想—	日建設計計画事務所
	歴史・自然との共生—和歌山と都市づくり—	和歌山青年会議所
	共生の時代	武蔵工業大学
	共生の時代	別府市ふるさとチャレンジ事業推進協議会
	共生の街づくり	和歌山県
	共生の時代の地域計画	茨城県新国土形成研究会
	共生の時代	樹徳高等学校
	共生の時代へ	淑徳与野高等学校
	共生の時代の都市像	豊田インターシティフォーラム
	共生の思想	世田谷ロータリークラブ
	共生の思想—機械の時代から生命の時代へ—	マレーシア建築家協会（マレーシア、クアラルンプール）

1994年	建築とデザインにおける共生の思想	フィラデルフィア美術館（アメリカ、フィラデルフィア）
	共生の思想—機械の時代から生命の時代へ—	シカゴ美術館（アメリカ、シカゴ）
	共生の思想—機械の時代から生命の時代へ—	ネブラスカ・リンカーン大学（アメリカ、ネブラスカ）
	共生の思想—機械の時代から生命の時代へ—	同済大学（中国上海）
1995年	共生の思想—大阪のまちづくり—	大阪青年会議所
	共生の思想と都市	関西電力
	共生の思想と都市—まえばしの魅力をもっと素敵に—	前橋市
	共生の時代	インテリアセンタースクール
	共生の思想と建築	東京ガス
	住いと自然と人生との共生	日本住情報交流センター
	共生の思想	福井市
	共生の時代における都市計画	大阪府職員研修所
	アジアとの共生	アジア民族造形文化研究所
	共生の時代へ	名古屋工業大学
	共生の時代	犬山商工会議所
	現代建築はどこへ行くか	コマニー
	経済の競争と人間の共生	東海学園大学、中日新聞
	共生の思想と都市計画の新しい理念	クアラルンプール都市計画局（マレーシア、クアラルンプール）
	共生の思想と美術館	ルーブル美術館、愛知・名古屋カゥンシル（フランス、パリ）
	共生の思想	プリンストン大学（アメリカ、プリンストン）
	日本文化と現代建築	フランス学士院（フランス、パリ）
	共生の思想とエコ・メディア・シティ	インフォテック、マレーシア '95（マレーシア、クアランプール）
	日本文化と現代建築	同済大学（中国上海）

· 电视、广播、电影

年度	节目名称等	电视台名称等
1979年	時の話題—共存の時代へ—	NHKラジオ
1980年	時の話題—共生の時代へ—	NHKラジオ
1985年	共生の思想	ブルガリア放送（ブルガリア、映画）
1988年	トレンディナイト—21世紀は共生の時代—	テレビ愛知（堀内守氏と）
1991年	テレビコラム—共生の聖域	NHK教育テレビ
1993年	代謝から共生へ	ブラックウッド・プロ（アメリカ、映画）
1994年	インタビュー　共生の建築	ヴィトーシャ・ラジオ（ブルガリア）

建筑师　黑川纪章

1934年出生于名古屋市，日本艺术院院士。
京都大学建筑学科毕业，东京大学大学院博士学位。
先后获得的奖项有：高村光太郎奖、每日艺术奖、建筑业协会奖、公共建筑奖、日本建筑学会奖、日本艺术院奖、都民文化荣誉奖、法国建筑艺术金奖、理查德·诺伊德拉奖、1997年AIA环太产洋建筑奖、世界最优秀建筑奖。本书获日本文艺大奖。
法国政府艺术文化勋章等。
美国建筑师学会、英国皇家建筑师学会名誉会员。
主要著作有：《城市设计》、《动民》、《建筑论Ⅰ、Ⅱ》、《游牧时代》、《花数寄》、《建筑之诗》、《黑川纪章笔记》
主要作品：国立民族学博物馆、国立文乐剧场、名古屋市美术馆、广岛市现代美术馆、奈良市摄影美术馆、冲绳县厅舍、和歌山县立近代美术馆与博物馆、爱缓县综合科学博物馆、日德中心（柏林）、中日青年交流中心（北京）、墨尔本中央棒球联盟（墨尔本）、太平洋之塔（巴黎）、吉隆坡新国际机场（吉隆坡）、凡·高美术馆新馆（阿姆斯特丹）等。

著作权合同登记图字：01-2008-3750号

图书在版编目（ＣＩＰ）数据

新共生思想／（日）黑川纪章　著；覃力等译．
－北京：中国建筑工业出版社，2008
ISBN 978-7-112-10413-0

Ⅰ．新…　Ⅱ．①黑…　②覃…　Ⅲ．建筑学－哲学思想－研究
Ⅳ．TU－021

中国版本图书馆 CIP 数据核字(2008)第 155806 号

原书名：Philosophy of Symbiosis
原作者：Kisho Kurokawa
原出版社：Tokuma Shoten Publishing Co., Ltd
本书由作者黑川纪章授权我社独家翻译、出版、发行

责任编辑　刘文昕
书籍设计　瀚清堂　张悟静
责任校对　李美娜　王　瑞

新共生思想

[日] 黑川纪章 著／覃力　杨熹微　慕春暖　吕飞　徐苏宁　申锦姬 译／覃力　校

中国建筑工业出版社出版、发行（北京海淀三里河路9号）
各地新华书店、建筑书店经销
南京瀚清堂设计有限公司制版
北京富诚彩色印刷有限公司印刷

开本：787×1092 毫米　1/32　印张：15¹/₈　字数：418千字
2009年7月第一版　2020年7月第五次印刷
定价：65.00元
ISBN 978-7-112-10413-0
　（30183）

编者按

一百多年来，

邻国日本涌现出大批优秀设计家，

他们立足本土，放眼世界，

在建筑、家居、景观、服装、平面等领域，

掀起了席卷国际设计领域的「和の風」。

这套丛书记录这些现代设计领航者的日常工作与

思想行动，

也记录了他们的回忆与梦想，

其中蕴含着影响了数代人的观念和感触，

也隐藏着通往未来的道路。

经销单位：各地新华书店、建筑书店
网络销售：本社网址 http://www.cabp.com.cn
中国建筑出版在线 http://www.cabplink.com
中国建筑书店 http://www.china-building.com.cn
本社淘宝天猫商城 http://zgjzgycbs.tmall.com
博库书城 http://www.bookuu.com
图书销售分类：建筑学（A20）

建工出版社微信

ISBN 978-7-112-10413-0

9 787112 104130

（30183）定价：65.00元